王敬庚

　　1981年6月，北京师范大学数学系拓扑微分几何进修班合影。前排左起：刘继志、余玄冰、杨存斌、王申怀、朱鼎勋、王文湧、王敬庚；第二排左起：凌志英、于纯孝、葛文诚、马承霈、邓南泽、李养成；第三排左起：王立辰、蔡尔阊、方铨、王复兴、彭良坪、程平孙。

　　1992年9月，在北京师范大学举办的大学数学教育研讨会合影。前排自左至右：田孝贵、王德谋、刘来福、林向岩、都长清；左七起：王隽骧、庹克平、杨守廉、王家銮、邝荣雨、王申怀；第二排：左一范秋君、左九至左十一：曾昭著、陈平尚、曹锡皞，左十三王敬庚、左十四马遵路。

1993年8月，在全国第2届初等数学研究学术交流会作大会专题发言。

1996年12月，北京师范大学举办的中学数学骨干教师进修班结业合影。前排左起：王申怀、刘洁民、王敬庚、刘来福、钱珮玲、王琦、左八马波；后排左起：朱同生，曾文艺。

2007年9月30日，王敬庚与本文选主编李仲来教授在革命圣地延安参观时在杨家岭石窑宾馆前合影。

2002年10月26日全家福，自左至右：长子王运生、小孙子王一天、次子媳朱珍、长孙王禹辰、王敬庚、夫人范秋君、次子王松文、长媳陈丽娟。

王敬庚　著

王敬庚

WANG JING GENG

数学教育文选

人民教育出版社

图书在版编目（CIP）数据

王敬庚数学教育文选/王敬庚著. —北京：
人民教育出版社，2011. 12
ISBN 978 - 7 - 107 - 24091 - 1

Ⅰ. ①王…
Ⅱ. ①王…
Ⅲ. ①数学教学—教学研究—文集
Ⅳ. ①O1 - 53

中国版本图书馆 CIP 数据核字（2011）第 253947 号

人民教育出版社 出版发行
网址：http://www.pep.com.cn
人民教育出版社印刷厂印装　全国新华书店经销
2011 年 10 月第 1 版　2012 年 2 月第 1 次印刷
开本：890 毫米×1 240 毫米　1/32　印张：10.5　插页：2
字数：260 千字　　印数：0 001~2 000 册
定价：22.50 元
如发现印、装质量问题，影响阅读，请与本社出版科联系调换。
（联系地址：北京市海淀区中关村南大街 17 号院 1 号楼　邮编：100081）

自序

　　由于受到初中数学老师的影响，我一直喜欢数学，而且也希望将来能当一名中学数学教师。高中毕业时，抱着将来当一名优秀的中学数学教师的梦想进入了北京师范大学数学系。毕业时没有分到中学却留校当了大学数学老师。

　　对教学的浓厚兴趣，推动自己在教学中不断钻研。我的第一篇文章"一般二次曲线为抛物线时位置的确定"，就是在讲《空间解析几何》时，所用北大教材中的一句"很难确定"引起我的兴趣，研究所得写成的。我要求自己每一学期都要结合教学进行研究，后来又发表多篇关于解析几何的教学研究文章。我在讲《高等几何（射影几何）》课时，一个问题总是在脑中挥之不去，既然《高等几何》只在师范院校开设（综合大学没有），那么《高等几何》对于中学数学教学应该是有用的，到底有什么用处呢？为了回答这个问题，我开始认真研究，还利用带学生到中学实习的机会，与中学数学老师探讨这个问题，研究所得写出了"试论射影几何对中学几何教学的指导意义"，后来进一步的深入研究又写出了"射影几何指导解析几何教学举例"，对这个问题从宏观和微观两方面给出了一个较好的回答。

　　由于自己对教学研究的兴趣，参加了系里组织的高等数学教学研究小组，共同的讨论交流，也推动了自己的研究。结合教学，发表了多篇关于高等数学教学内容和教学方法研究的文章，如"点集拓扑课中有关反例教学的点滴体会"、"关于仿射变换和二阶曲线的定义"、"关于单纯逼

近的定义与 Croom 商榷"、"关于笛沙格定理的附注"、"采用齐次向量建立二维射影坐标系"、"努力讲清重要概念产生的背景"、"努力挖掘定理证明中具有普遍意义的方法"、"提出辅助问题，类比，猜想，证明"、"浅谈数学课程函授中的集中面授教学"、"论几何直观与高师数学教学"等。

20世纪初德国著名数学家克莱因就试图研究解决高等数学和初等数学脱节的问题（见《高观点下的初等数学》），这就更加促使我关注用高观点指导中学数学教学的研究。陆续发表了"试论坐标变换在解析几何中的地位和作用"、"关于解析几何是一个双刃工具的思考"、"关于提高中学平面解析几何教材思想性的两点建议"等。这方面的总结性文章"高观点下的解析几何"，分别从射影几何的观点，包括在射影平面上看解析几何；用变换群的观点看解析几何和从方法论的观点看解析几何，进行了系统的分析论述。该论文在1993年于长沙举行的全国第二届初等数学研究学术交流会上作为专题发言并获得大会论文一等奖。我的老师刘绍学先生看了有关这次会议的报导得知我获奖以后，对我说，我们北师大数学系就应该有人来研究初等数学，以前傅种孙先生就重视研究初等数学，给了我很大的鼓励。

我对数学教育发生浓厚的兴趣得益于波利亚的《数学的发现》。第一次在阅览室读到这本书时，波利亚对数学教育的精辟论述使我兴奋不已，改变了我过去认为数学教育只是一堆抽象的教育理论的看法，使我从单纯的对教学研究有兴趣，发展到对某种教育思想的兴趣，并从此下决心要努力宣传和实践波利亚的数学教育思想——"教会年轻人思考"（这个解法是如何想到的?）和重视"数学的发现"（有什么规律性的东西?）。我将研究的重心逐渐转向中学数学教学的研究，并要求自己的研究对中学数学教师提高教学水平有实际的帮助。由此写出了"论反例"、"关于一道

王敬庚数学教育文选

成人高考试题的思考——兼谈解题教学"、"关于分类讨论的教学"、"关于在数学教学中强调通法的思考"、"关于重视几何直观分析的思考"、"先猜后证——证明定值问题的常用方法"、"解析几何中的轮换技巧"、"重视应用定比分点解题"、"对称地处理具有对称性的问题"、"几何中的变换思想"、"用特殊值法解题是有条件的"等文章。我的老师、长期担任《数学通报》编委的郝钠新先生一次对我说，"你在《数学通报》上发表的文章'言之有物'"，这简短的四个字是对我的很大的肯定和鼓励。

我把自己的上述研究心得（包括高观点指导中学数学教学、关于数学思想方法的分析及波利亚数学教育思想的运用）及时地转化为教学内容，在数学系领导的大力支持下，为本科高年级学生开设了选修课程《中学平面解析几何教学研究》，为他们毕业后搞好中学数学教学提供帮助。在1994年于成都召开的第三届现代数学与初等数学学术会议上，向与会代表们介绍了这门应用高等数学观点的新课程。后来又把这个课程推到为中学数学教师举办的校内培训班和专升本的函授班上讲授。讲授中尽力传授波利亚的数学教育思想，并自己身体力行，学员们普遍反映，认为这门课密切联系中学教学实际，又有较高的观点作指导，对提高自己的教学水平很有帮助，并建议将讲义正式出版，作为在职中学数学教师继续教育的教材。这个课后来又充实发展成为《中学数学课题研究》，多次在在职中学数学教师研究生课程班上讲授。

此外，我还多次为本校文科各系的学生开设公共选修课《数学思想方法漫谈》，选取有趣的题材，用通俗直观的讲解，着重阐明其中的数学思想方法，使他们受到一些必要的数学思维训练。按照波利亚的数学教育思想为中学生编写了两本课外读物《解析几何方法漫谈》和《几何变换漫谈》。退休后任《中学生数学》杂志的编委,并为该刊撰写了"波利亚教我们怎样解题"、"欧拉是怎样发现公式$V-E+F=2$的"、"欧拉是怎样解决七桥问题的"、"平分火腿三明治"和"猜字谜与解数学题"等数十篇科普文章。

2003年至2004年我有幸参加了人民教育出版社高中数学新课标教材(A版)的编写工作,为数学必修2具体编写了解析几何《直线》一章,努力让学生领会解析几何的思想和方法;并为选修教材系列3编写出《欧拉公式与闭曲面分类》的书稿,力求通俗直观地向中学生初步介绍拓扑学的思想和方法(后因故未能出版)。

回顾自己几十年的教师生涯,能对数学教育事业做一点事情,取得一些成绩,完全离不开数学系历届领导的支持和关怀;离不开几何教研室的朱鼎勋先生、陈绍菱先生、傅章秀先生、傅若男先生和我的同事与朋友余玄冰、蒋人璧、王申怀、刘继志、杨存斌、孙久茆等同志的关心和帮助;离不开《数学通报》和它的主编丁尔陞先生对我的培养;离不开钟善基先生、曹才翰先生、钱珮玲先生以及数学教育教研室的诸位老师对我的关心和帮助,作者对他们表示衷心的感谢。这部文选的出版,我要特别感谢文选的主编李仲来同志,感谢他长期以来一直对作者的关心,感谢他为出版文选所作的筹划、申请、联络、编辑等辛勤的付出。在此我还要对人民教育出版社中学数学编辑室章建跃主任和本书责任编辑俞求是同志为本文集的出版所付出的辛勤劳动表示衷心的感谢。

王敬庚

2011 年 4 月 6 日

4

王敬庚数学教育文选

工作简介

王敬庚先生 1936 年 12 月 3 日出生于江苏省姜堰市溱潼镇，父亲王应生（1906—1983）是米厂副厂长，母亲丁世珍（1908—1995）是家庭妇女。1951 年江苏省泰县溱潼中学初中毕业，1954 年江苏省泰州中学高中毕业，考入北京师范大学数学系，1956 年加入中国共产党，1958 年大学毕业后留校，担任 1955 级学生年级主任一年，后分配到几何教研室任教，1996 年转入数学教育与数学史教研室。1980～1981 年在武汉大学进修代数拓扑。1988 年 6 月任副教授，1996 年 6 月任教授，1991 年获北京师范大学优秀教育工作者称号。参加编写的《拓扑学》获 1995 年度北京师范大学优秀教材奖。1997 年 4 月退休。从 2000 年 1 月起担任《中学生数学》杂志编委。2002 年 9 月被河北承德民族师范高等专科学校聘为客座教授。

讲授过《空间解析几何》、《射影几何（高等几何）》、《微分几何》、《拓扑学》、《代数拓扑》、《直观拓扑》、《高等数学》等数学类课程，以及《中学解析几何教学研究》、《中学数学方法》、《中学数学课题研究》、《数学思想和方法漫谈》等数学教育类课程。

王敬庚在数学教育方面的工作，主要是研究用高等数学的观点指导中学数学的教学，特别是在几何教学方面。用射影几何的观点指导解析几何的教学，把欧氏平面上二次曲线，放到射影平面上来考查，从而加深了对这几种曲线的认识，能够解释在欧氏平面上无法解释的一些问题。用变换群的观点看待几何，强调在几何教学中应应重视几何变换及变换下的不变性和不变量。认为在解析几何中坐标变换是必不可少的，坐标变换和坐标变换下的不变量对解析几何来说，与坐标系同样重要，是解析几何赖以存在的基础。"试论射影几何对中学几何教学的指导意义"、"射影几何指导中学解析几何教学举例"、"试论坐标变换在解析几何中的地位和作用——对中学《解析几何》课本的一点意见"以及"高观点下的解析几何"等文章，都是这方面研究成果。

关于数学思想方法的研究。王敬庚从笛卡儿作为哲学家创立解析几何的历史中，认识到解析几何的创立是方法论上的一个伟大创造。沟通几何和代数的桥梁——坐标系应该是双向通行的，因此也可以通过坐标系这个桥梁，把某些代数问题变成几何问题来研究，从而使我们加深并提高了对解析几何方法的认识。他的"关于解析几何是一个双刃工具的思考"就是这一研究的成果。此外，"解析几何中的轮换技巧"、"对称地处理具有对称性的问题"、"关于分类讨论的教学"、"几何中的变换思想"等，都是关于数学思想方法的研究方面的。针对不少中学教师误把特殊值法当成一个通用的妙招巧法，王敬庚写了"用特殊值法解题是有条件的"等文章。

王敬庚致力于波利亚数学教育思想的传播和研究。除了在在职中学数学教师的专升本函授班和研究生课程班上介绍波利亚数学教育思想——教会年轻人思考和重视数学的发现以外，他在自己的教学中也努力按波利亚数学教育思想的要求去做，重视启发学生自己发现解法，重视对规律性的归纳总结，重视挖掘和提炼具有普遍意义的方法，等等。在这方面的研究文章有"关于一道成人高考试题的思考——兼谈解题教学"、"关于在数学教学中强调通法的思考"、"关于重视几何直观分析的思考"、"先猜后证——证明定值问题的常用方法"等。他还写了不少关于这方面的科普文章，如"波利亚教我们怎样解题"、"欧拉是怎样发现公式 $V-E+F=2$ 的"、"欧拉是怎样解决七桥问题的"、"猜字谜与解数学题"等。

王敬庚在高等数学教学研究方面，做了不少工作，取得一些成绩。在教学内容方面，例如，对于同一个数学概念，有时教科书中给出几个不同的定义，那么它们应该是互相等价的，然而有些教科书却违背了这一要求（见"关于仿射变换和二阶曲线的定义"）。几本教材中，对同一个重要概念，给出的定义不等价，对其优劣的比较（见"关于单纯逼近的定义与 Croom 商榷"）。对于高等几何中的重要定理笛沙格定理，教科书中说，若只有平面公理是不能证明的，只能作为公理，但有的书上却又都给出了证明，对这种情况如何作出合理的解释（见"关于笛沙格定理的附注"）。此外，如对某一方法的改进（见"采用齐次向量建立二维射影坐标系"），以及他自己在教学中新的发现（见"含一个参数的二元二次方程表示九类不同曲线的例子"）等等。他还重视高等数学教学方法的研究和改进。例如，重视反例的作用（见"点集拓扑课中有关反例教学的点滴体会"）、重视几何直观的分析（见"论几何直观与高师数学教学"、"浅谈数学课程函授中的集中面授教学"）、重视总结一般规律（见"努力挖掘定理证明中具有普遍意义的方法"）、重视启发式（见"提出辅助问题，类比，猜想，证明——关于向量外积分配律证明的教学尝试"）等。

王敬庚重视数学的科学普及，在这方面做了三件事。一是编了一本教材《直观拓扑》，用通俗直观的方式向师范院校的学生和中学数学教师介绍拓扑学的基本思想和方法，

工作简介

姜伯驹院士称赞"这是一本好书"。他指出："题材要引人入胜；讲法要直观易懂；内容又要经得起推敲，不能以谬传谬。这本书兼顾了这几方面的要求，是难能可贵的。"二是在我校多次开设文科公共选修课《数学思想和方法漫谈》，向从此远离数学的文科学生普及基本的数学思想和方法，使他们受到一些必要的数学思维训练。三是编写了两本中学生课外读物《解析几何方法漫谈》（是河南科学技术出版社编辑出版的《让你开窍的数学》丛书中的一本，这本书被河南科技出版社誉为是"独具匠心、颇有特色、国内数学科普著作中不可多得的精品"，这套丛书 1998 年 9 月获第 12 届北方 10 省市（区）优秀科技图书二等奖）和《几何变换漫谈》（是刘绍学主编、湖南教育出版社出版的中学生数学视野丛书中的一本，该丛书 2001 年获第 2 届全国优秀数学教育图书奖特等奖）；翻译了两本前苏联青年数学科普丛书《反演》和《依给定比分割线段》；在《中学生数学》、《科学》和《湖南教育（数学教师）》等刊物上发表科普文章 40 余篇。

王敬庚还编写或参与编写了多部教材：《拓扑学》、《高等几何》、《空间解析几何》、《解析几何》、《高等数学基础》和高中新课标教材《数学（必修 2）》等。

1961 年 2 月 1 日王敬庚和范秋君女士（1936 年 8 月 14 日～　）结婚，她毕业于北京师范大学数学系，和王敬庚是同班同学，后在首都师范大学（原北京师范学院）数学系工作，现已退休。育两子王运生（1965 年 1 月 8 日～　）和王松文（1968 年 12 月 4 日～　），家庭生活美满幸福。

王敬庚数学教育文选

目录

目录

WANG JING GENG SHUXUE JIAOYU WENXUAN

目录

目录

一、高观点指导中学数学教学

■试论射影几何对中学几何教学的指导意义 *

"当一个中学数学教师为什么一定要学习射影几何?","学了射影几何,对中学几何教学有哪些指导意义?",常常有人提出这样的问题。

和其他许多高等数学课程一样,射影几何课程中包含许多基本数学思想,例如关于研究变换和变换下不变性的思想,关于对各种几何加以统一研究的思想,关于对偶性的思想,等等。也包含了多种基本数学能力的训练,例如注意从几何直观上分析问题的能力,以及几何与代数的结合即运用代数方法研究几何的能力,等等。这些和包含在其他高等数学课程中的基本数学思想与基本数学能力一起构成了人们通常所说的"数学修养"。这种修养对于教学上某个具体问题的处理,或某段具体教材的分析,也许不会收到立竿见影的效果。但从高等数学的学习中所获得的对数学的总的认识,以及对数学的基本思想和方法的了解与掌握,却是对搞好教学经常地、长久地起作用的因素,这种指导作用表面上好象看不见摸不着,实际上却是无时不在、无所不在的。这种指导作用虽是抽象的,但是巨大而重要的。这就是人们常说的"后劲"。关于这方面,本文不准备多谈,本文重点探讨射影几何对中学几何教学的具体的指导意义。

---

　　* 本文原载于《数学通报》,1986,(12):29-31.

依照克莱因用变换群刻划几何学的观点，一种变换群下不变性的研究就构成一门几何学，射影几何学是专门研究图形在射影变换下的不变性的一个数学分支。所谓平面上的射影变换，我们可以直观地把它理解为连续施行有限次中心投影所得到的平面到自身的一个变换。射影变换的一个特例是仿射变换，我们可以直观地把它理解为连续施行有限次平行投影所得到的变换，仿射变换下不变性的研究，构成仿射几何学，因此它是射影几何学的一章。仿射变换的一个特例是等距变换，我们可以直观地把它理解为连续施行平移和旋转或者再施行一个轴反射所得到的变换。等距变换下不变性的研究，构成欧氏几何学，因此它是仿射几何学的一章，因而也是射影几何学的一章。平面射影几何只研究平面图形的那些与点和直线的结合关系有关的性质，实际上比欧氏几何学研究的内容更为基本。了解了欧氏几何、仿射几何、射影几何三者之间的关系，也就扩大了我们关于几何学的视野，原来在欧氏几何以外还有一个广宽的几何学的新天地。俗话说"站得高，才能看得远"，学习了射影几何课程，了解了欧氏几何在几何学中所处的地位，有助于我们从几何学的全局与整体上来理解和把握中学的几何教材，即把中学几何教材放在一个更广阔的背景中来加以考虑。

与欧氏几何并列的还有罗巴切夫斯基几何——在其中过已知直线外任一点可以引两条直线与已知直线平行，和黎曼几何——在其中过已知直线外任一点没有任何直线与已知直线平行。因为在欧氏几何中，过已知直线外任一点只能作一条直线与已知直线平行，因此我们把罗氏几何和黎曼几何统称为非欧几何学。这三种几何学表面上互相矛盾，互相排斥，但它们在射影几何中得到统一，它们分别是射影几何的三种不同的特殊情形，都是射影几何的子几

何，它们各有自己的适用范围，这也体现了真理的相对性。学习了射影几何课程，了解了欧氏几何和非欧几何的关系，对中学几何教材的理解和把握就会加深一步。

图形在中心投影下不变的性质，称为图形的射影性质。例如某点在某直线上，或诸点共一直线，诸直线交于一点等等都是射影性质。要研究一个图形的射影性质，可以先通过适当的中心投影，把原图形投射到另一个平面上，以期得到原图形的一个特殊情形，它比较简单因而易于研究。则从这个特殊的新图形所具有的射影性质，就可得到原图形所具有的射影性质。这是射影几何中研究问题的一种方法。历史上，法国年轻的数学家帕斯卡就是用这种方法，通过研究圆的射影性质，从而得到了一个关于一般圆锥截线的射影性质的著名的帕斯卡定理。

想象在欧氏平面上两条平行直线相交在无穷远点，且平面上所有的无穷远点组成一条无穷远直线。这样，若通过中心设影，把图形中某一点（或共线数点）投成无穷远点，则图形中通过该点的诸直线，在新图形中就变成一组平行线，一个只涉及图形中点线结合关系的命题，可以用这种方法，将其变为一个关于新图形的相应的新命题。而后者因为含有一组（或多组）平行线而变得易于证明，从而原命题得证。这种方法具有普遍性，在中学几何中，只要讨论的是图形的射影性质，就可以用这个方法，它至少可以作为教师考虑问题时的一种参考。

平行投影是中心投影的特例，图形在平行投影下不变的性质，称为图形的仿射性质，例如二直线平行，二平行线段的比等等都是仿射性质。一个任意三角形经过适当的平行投影可以变成正三角形，一个任意平行四边形经过适当的平行投影可以变成正方形，一个椭圆经过适当的平行投影可以变成圆。因此若要证明一个有关三角形（平行四边形或椭圆）的仿射性质的命题，都可以选择适当的平行投影，将其变为一个有关正三角形（正方形或圆）的相应的新命题。但是后者比前者特殊，比较易于处理，而只要证明了后者，前者也就得证。通过平行投影证明图形的仿射性质的方法，在初等几何中是可用的。而且中学生一般也是可以接受的。例如：已知△ABC 三边上分别分三边 AB，BC 及 CA 成有相同比值的两个线段的三个分点顺次为 L，M 及 N。求证△ABC 和△LMN 有相同的重心（图 1）。

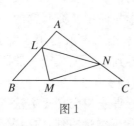

图 1

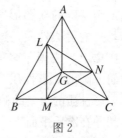

图 2

因为分一线段成两线段的比及三角形的重心都是平行投影下不变的性质，所以我们可以先通过适当的平行投影，将一般三角形 ABC 变成正三角形，然后只要对正三角形 ABC 证明上述命题就行了。而在这种特殊情形下，命题的证明是比较容易的（如图 2，只须证明△LMN 也是正三角形及若 $GA=GB=GC$ 则有 $GL=GM=GN$ 即可）。

如果能以"应用平行投影方法证明初等几何问题"为题目为中学生举办课外讲座，则无论对扩大中学生的知识领域，活跃解题思路，还是对培养和提高中学生的学习兴趣，都是非常有益的。而且在讲这个题目时，还可以结合上述内容进一步加以发挥，向学生阐述哲学上关于"一般寓于特殊之中"这一辩证法思想。充分利用这一段具有深刻的思想性的材料，对学生进行生动的思想教育。

笛卡儿在 17 世纪创立了解析几何，通过建立坐标系把代数应用于几何。在方法上是一个极其伟大的贡献。苏联著名几何学家波格列诺夫曾经明确地指出："解析几何没有严格确定的内容，对它来说，决定性的因素不是研究对象，而是方法。这个方法的实质在于用某种标准方式把方程（方程组）同几何对象相对应，使得图形的几何关系在其方程的性质中表现出来。"[1]在射影几何课程中，上述解析几何的基本方法即解析法将会得到进一步的运用和训练。射影几何课程一般都兼用综合法和解析法（代数法）这两种研究方法，有的则更侧重解析法。我们学习射影几何，一方面要注意培养从几何直观上思考问题的能力，另一方面，我们从几何直观的分析入手，导出重要概念的代数表示。再对其使用代数工具进行研究，最后得到关于几何的结果。这后一方面，概括起来就是借助于坐标系和代数工具，由几何到代数，再由代数到几何。这种研究方法也就是解析法。经过射影几何中的这种训练，就能加深对解析几何基本方法的理解，并大大提高掌握这种方法的熟练程度。这样在中学解析几何教学中就能得心应手、运用自如了。

综上所述，射影几何课程对中学几何教学的具体指导作用，可以归纳为以下三个方面：

一、开阔眼界，通过分析射影几何、仿射几何、欧氏几何三者的关系，了解欧氏几何在几何中的位置，再通过分析欧氏几何和非欧几何之间的关系，就能从几何学的全局上整体上、从对比中加深对中学几何教材的理解和掌握。

二、中心投影和平行投影在初等几何中的应用。

三、对坐标方法也就是解析法加深了解和掌握，指导中学解析几何教学。

苏联当代著名教育家苏霍姆林斯基曾经对教师提出下列建议："应当在你所教的那门科学领域里，使学校教科书里包含的那点科学基础知识，对你来说只不过是入门的常识，在你的科学知识的大海中，你所教给学生的教科书里的那点基础知识只是沧海一粟"。[2]对中学几何教师来说，要实现这个建议，就要不断提高和丰富自己的几何知识，根据以上的分析，我们可以看出，射影几何是几何知识海洋里十分必要不可缺少的一部分，中学几何教师必须通晓和掌握它。

参考文献

［1］波格列诺夫. 解析几何前言，中译本. 人民教育出版社，1982.

［2］苏霍姆林斯基. 给教师的建议（上册），中译本. 教育科学出版社，1980，7.

王敬庚数学教育文选

■射影几何指导中学解析几何教学举例 [*]

论述射影几何对中学平面解析几何教学的指导意义，这是一个十分重要的课题。近年来正在受到人们的重视（参见文[1,2,3]）。本文不对这个问题作全面的探讨，仅举数例浅谈自己的认识。

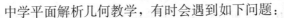

一

中学平面解析几何教学，有时会遇到如下问题：

1. 直线和圆锥曲线一般有两个交点（当两个实交点不同时，称直线为割线；两交点重合时，称直线为切线；两交点为虚点时，称直线与曲线相离）。但当直线与抛物线的对称轴平行时，或直线与双曲线的渐近线平行时，都只有一个实交点。如何解释这种现象，另一个交点何在？

2. 一份由有经验的教师编写的高中解析几何教案中说"椭圆的准线在椭圆的外部，双曲线的准线在双曲线的内部"（见[4]203）。这种说法对吗？

3. 对于椭圆和双曲线的每一条切线，都有与它平行的另一条切线，而对于抛物线的任何一条切线，都没有与它平行的另一条切线。为什么会有这种差别？

4. 存在不存在与双曲线的两支都相切的直线？

＊ 本文原载于《数学通报》，1991，（4）：37-39.

5. 两个不同椭圆最多可以有四个不同的实交点，圆是椭圆的特例，但是，两个不同圆最多只可能有两个不同的实交点。这是什么缘故？

类似问题还可举出一些。所有这些问题的解决，都离不开射影几何。必须将欧氏平面拓广，添加无穷远点和无穷远直线，做成射影——仿射平面，并在其上建立点的齐次坐标和曲线的齐次方程，方可解答上述诸问题。有些问题还须在复射影——仿射平面上才能解决。只要学过射影几何，这些问题都可迎刃而解，不再赘述。

通过这些例子，可说明如果教师的知识只限制在欧氏几何的范围内，解析几何中的许多问题将解释不清。

二

在中学解析几何中，圆锥曲线处于主要的地位。圆锥曲线包括圆、椭圆、双曲线和抛物线。有关圆的命题，哪些可以推广到椭圆，哪些甚至还能推广到双曲线和抛物线，而哪些只对圆成立，不能推广，搞清楚这点，对于教材的处理、讲解以及构造新题，都具有指导意义。这个问题涉及到图形的度量性质、仿射性质和射影性质以及三者之间的关系，这正是射影几何课程所研究的内容。

中学课本中求圆的切线方程是求与过切点的半径垂直的直线方程，而求圆锥曲线的切线方程是求与曲线有重合交点的直线方程，两者采用了不同的方法，讲后者时先对抛物线推导，然后说对椭圆和双曲线同样可得，把圆的切线求法单独分出，其他圆锥曲线的切线求法合在一起。如此处理，理论根据是什么？这是因为前者用到圆的切线垂直于过切点的半径的性质，而这是一个纯度量性质，只为圆所独有。因此，这种求切线的方法不能推广到椭圆、双

王敬庚数学教育文选

曲线和抛物线的情形。而后者只用到直线与曲线有重合交点，这条性质是射影性质，对所有的圆锥曲线皆成立，因此只须对其中一种例如抛物线进行推导，其结论对椭圆和双曲线同样适用。课本的不足之处是少了一句话，即指出重合交点的方法也可用来求圆的切线，而过切点与半径垂直的方法却不能用来求椭圆等圆以外的曲线的切线。强调这一点非常必要，因为圆的上述性质学生在学平面几何时已深深扎根于脑中，而且那时只学过圆这一种曲线。解析几何又使这一性质在学生大脑中再次强化，虽然在学解析几何时会求椭圆的切线，但天长日久，椭圆切线的求法逐渐淡化，只留下圆的切线求法，并误用它来求椭圆的切线。在教大学一年级的空间解析几何课就遇到这种情形，发现不止一个学生用与半径垂直的方法求椭球面的切线，其原因可能与没有强调圆的切线的求法不能推广到椭圆有关。

再举一例：

命题 1 设圆上三点 A，B，C 处的切线依次为 $B'C'$，$C'A'$，$A'B'$。若 $BC /\!/ B'C'$，$AB /\!/ A'B'$，则 $CA /\!/ C'A'$。

证明： 设圆的方程为 $x^2 + y^2 = a^2$。不妨取 $A(a, 0)$，$(a > 0)$（如图 1），则过 A 点的切线 $B'C'$ 的方程为 $x = a$。于是得 $B(-b, -\sqrt{a^2 - b^2})$，$C(-b, \sqrt{a^2 - b^2})$，$(b > 0)$。分别计算出 AB，AC 的斜率 k_{AB}，k_{AC} 以及过 C，B 的切线 $A'B'$，$A'C'$ 的斜率 $k_{A'B'}$，$k_{A'C'}$。由 $k_{AB} = k_{A'B'}$，即可推出 $k_{AC} = k_{A'C'}$，得 $AC /\!/ A'C'$。具体计算从略。

现在问：这个对圆成立的命题能否推广到椭圆？

首先，上述证法对椭圆不再适用。因为圆上每一点的地位完全平等，所以可取任何一点为 $A(a, 0)$，而对椭圆则不行。其次，更重要的是在解析几何内，上述命题能否推广到椭圆无法事先判断，只能实地去证明成立或举出反例

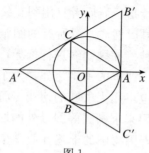

图1

说明不成立。然而，如果学过射影几何，得知圆的仿射对应图形是椭圆，平行是仿射性质，原命题1是只涉及圆的仿射性质的命题，经过仿射变换，圆变成椭圆时仿射性质不变，因此能断定原命题1推广到椭圆时仍然成立。剩下的事只是用解析几何方法加以证明。

命题2 设椭圆上三点 A，B，C 处的切线依次是 $B'C'$，$C'A'$，$A'B'$。若 $BC /\!/ B'C'$，$AB /\!/ A'B'$，则 $CA /\!/ C'A'$（如图2）。

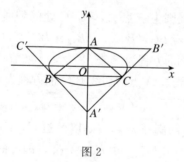

图2

证明： 设椭圆 $\dfrac{x^2}{a^2}+\dfrac{y^2}{b^2}=1$ 上三点 $A(x_1,\ y_1)$，$B(x_2,\ y_2)$，$C(x_3,\ y_3)$，则 BC，CA，AB 的斜率依次为 $k_{BC}=\dfrac{y_3-y_2}{x_3-x_2}$，$k_{CA}=\dfrac{y_1-y_3}{x_1-x_3}$，$k_{AB}=\dfrac{y_2-y_1}{x_2-x_1}$。$A$，$B$，$C$ 点处的切

线 $B'C'$，$C'A'$，$A'B'$ 的斜率依次为 $k_{B'C'}=-\dfrac{b^2x_1}{a^2y_1}$，$k_{C'A'}=$ $-\dfrac{b^2x_2}{a^2y_2}$，$k_{A'B'}=-\dfrac{b^2x_3}{a^2y_3}$。由题设得 $k_{BC}=k_{B'C'}$ 及 $k_{AB}=k_{A'B'}$，得 $a^2y_1(y_3-y_2)=-b^2x_1(x_3-x_2)$① 及 $a^2y_3(y_2-y_1)=-b^2x_3(x_2-x_1)$②。①＋② 整理得 $a^2y_2(y_3-y_1)=-b^2x_2(x_3-x_1)$。于是有 $k_{AC}=k_{A'C'}$，所以 $AC/\!/A'C'$。

若再问：这个结论还能否推广到双曲线和抛物线？乍一看，上述对椭圆情形证明的每一步都可以"完全形式地"照搬到双曲线和抛物线的情形，似乎可以推广。但实际上，该命题的前提条件对于双曲线和抛物线都是不可能实现的，即在双曲线和抛物线上，不存在这样的三点 A，B，C，既使得 A 点处的切线平行于 BC，又使得 C 点处的切线平行于 AB，这是因为在射影几何中可证如下命题：

命题3 设常态二阶曲线 Γ 上三点 A，B，C 处的切线依次为 $B'C'$，$C'A'$ 及 $A'B'$，则 BC 交 $B'C'$，CA 交 $C'A'$，AB 交 $A'B'$ 三个交点所在直线 l 与该曲线 Γ 无实交点（证明略）。

这样，若将命题3中三交点所在的直线 l 投射成无穷远直线，则该常态二阶曲线 Γ 不可能投射成双曲线和抛物线。这是因为在射影—仿射平面上，无穷远直线与双曲线相交。无穷远直线与抛物线相切。只有椭圆与无穷远直线无实交点（如图3）。

椭圆　抛物线　双曲线

图3

根据这个分析，当 Γ 是双曲线和抛物线时，命题3中

的直线 l 不可能是无穷远直线。也就是对于双曲线和抛物线，BC 与 $B'C'$，AB 与 $A'B'$ 不可能同时交于无穷远点，即 $BC /\!/ B'C'$ 与 $AB /\!/ A'B'$ 不可能同时出现。于是判定命题 1 不能推广到双曲线和抛物线的情形。

我们也可以从变换的角度来分析，将圆或椭圆变成双曲线和抛物线，需要经过非仿射变换的射影变换（中心投影是它的特例）。而在射影变换下平行性一般不再保持。因此上述涉及图形纯仿射性质（平行性）的命题，对于经过非仿射变换的射影变换所得到的新图形，一般不再成立。

从本例可知，弄清图形的度量性质、仿射性质和射影性质以及它们之间的关系，可以超越解析几何的局限，居高临下，从而具备判断一个命题能否推广以及构造新命题的能力。这一点对于中学解析几何教学的指导作用，无疑是巨大的。

三

如何理解射影几何对中学数学教学的指导意义，现在有一种看法，好象应用射影几何的方法来证明初等几何的问题就是指导中学数学教学。因此，不少高等几何教材特别强调射影几何的解题方法在初等几何中的应用，举出很多例题。也有些文章，例如文[3]，专门搜集射影几何的方法在初等几何的应用，包括中心投影和无穷远元素的应用，Desargues 定理的应用，透视对应的应用，交比调和比的应用，二次曲线射影性质的应用，二次曲线仿射性质的应用，等等，共列举多例，并指出它比初等几何的解题方法简便得多，文[3]的作者以为这就是高等几何联系和指导中学几何教学的意义所在，我以为上述看法并没有抓住射影几何指导中学几何教学的精髓。如果只限于上述这种"指导"，那么就难怪许多中学教师反映射影几何对中学教学"用不上"或"没有什么用"。因为射影几何的解题方法确实不能搬到中学去。

《高等几何》[5]在前言中指出："射影几何与初等几何、解析几何有极其密切的联系。这种联系主要反映于从欧氏平面引入无穷远元素以建立射影平面概念和射影坐标系，提供了射影几何的直观解释和理论基础，以及根据变换群观点论述射影几何和仿射几何、欧氏几何的内在联系和根本差别等方面"。前言还指出："以往教材多强调利用射影几何方法解决初等几何和解析几何的问题，这个观点在这里不放在首要位置。"笔者认为，上述看法才较深刻地揭示射影几何指导中学数学教学的精髓所在。所谓"指导"，主要不是指具体解题方法的指导，而是指运用射影几何的观点来分析和处理解析几何中的问题。正如本文举例所做的那样。人们常说要用"高观点"指导中学教学，本文列举的一些例子正是为了说明在中学解析几何教学中有没有这种高观点即射影几何的观点的指导，教学水平是大不一样的。

13

一、高观点指导中学数学教学

参考文献

［1］王敬庚. 试论射影几何对中学几何教学的指导意义. 数学通报，1986，(12)：29-31.

［2］姚似云. 高等几何理论在中学解析几何中的应用. 赵宏量主编：几何教学探索（I）. 重庆：西南师范大学出版社，1989，212-213.

［3］秦炳强. 试论高等几何对中学几何教学的意义. 赵宏量主编：几何教学探索（I）. 重庆：西南师范大学出版社，1989，171-186.

［4］北京师范大学出版社编. 高中数学教案—平面解析几何. 北京师范大学出版社，1987.

［5］钟集. 高等几何. 北京：高等教育出版社，1983 年.

■试论坐标变换在解析几何中的地位和作用[*]

—— 对中学《平面解析几何》课本的一点意见

现行中学课本《平面解析几何》在直线和圆锥曲线之后安排了一章"坐标变换"。先介绍平移变换，并利用移轴化简缺 xy 项的二元二次方程，作为选学内容，介绍旋转变换，利用移轴和转轴化简一般二元二次方程，并总结出利用判别式 B^2-4AC 判别方程类型的一种方法。课本在该章小结中指出，"坐标变换是解析几何的一种重要工具"。从课本内容安排上，讲坐标变换完全是为了化简二元二次方程，或者说，坐标变换是化简方程的一个工具。

解析几何的《教学参考书》也指出，坐标变换这一章的教学要求是："1. 使学生理解坐标变换的意义和应用，掌握坐标轴的平移公式，并能熟练地应用它化简方程；2. 对于基础较好的学生要能掌握旋转公式，并会应用平移和旋转公式化简方程，同时能用判别式 $\Delta=B^2-4AC$ 判别一般二元二次方程的类型；能选择适当的方法化简一般二元二次方程。"从上述要求看，第一条中所说的坐标变换的意义，也是指应用它可以化简方程。

笔者认为化简方程只是坐标变换的一项具体功能，坐标变换在解析几何中的地位和作用，远比"化简方程的工具"重要。

---

* 本文原载于《数学通报》，1991，(9)：8-10.

解析几何的方法就是通过坐标系，将图形用方程（或方程组）表示出来，运用代数方法进行研究，从而解决图形的几何问题。因此，解析几何离不开坐标系，所以也有人把解析几何就称为"坐标几何"。在取定坐标系之后，点有坐标，曲线有方程。如果坐标系选取得不同，同一点（或一条曲线）在不同的坐标系中就会有不同的坐标（或方程），那么会问，用坐标和方程来研究图形的几何性质时，坐标系的不同取法对研究结果有无影响？也就是，根据同一点（或曲线）在不同坐标系中的不同坐标（方程），所得到的点与曲线的有关几何性质（包括几何关系及几何量）相同吗？如果这个问题得不到肯定的回答，整个解析几何的基础将被动摇。回答这个问题，就必须研究同一点（曲线）在不同坐标系中的坐标（方程）如何变化，亦即必须研究坐标变换。因此，从理论基础上来讲，坐标变换是解析几何中必不可少的内容。

　　试举两例：

　　例 1 两点间的距离公式。设在取定坐标系中 A，B 两点的坐标分别为 $A(x_1, y_1)$ 和 $B(x_2, y_2)$，则

$$|AB| = \sqrt{(x_2-x_1)^2+(y_2-y_1)^2}。$$

这是解析几何中最基本的公式之一，是用解析法研究几何问题的基础。如果有学生问，另取一个坐标系，得 A，B 两点的新坐标分别为 $A(x_1', y_1')$ 和 $B(x_2', y_2')$，仍旧应用上述公式，所得结果

$$\sqrt{(x_2'-x_1')^2+(y_2'-y_1')^2} \text{ 与 } \sqrt{(x_2-x_1)^2+(y_2-y_1)^2}$$

一定总是相等的吗？为什么？教师将怎样回答呢？

　　例 2 直线间的夹角公式。设在取定坐标系中，二直线 l_1 及 l_2 的方程分别为 l_1：$A_1 x + B_1 y + C_1 = 0$，l_2：$A_2 x + B_2 y + C_2 = 0$（$B_1 \neq 0$，$B_2 \neq 0$，$A_1 A_2 + B_1 B_2 \neq 0$），且设 l_1 到 l_2 的角为 θ，则

$$\tan\theta = \frac{A_1 B_2 - A_2 B_1}{A_1 A_2 + B_1 B_2}。$$

如果有学生问：若在另一个不同的坐标系中，上述两条直线 l_1 及 l_2 的新方程分别为 l_1：$A_1' x + B_1' y + C_1' = 0$，$l_2$：$A_2' x + B_2' y + C_2' = 0$，计算 $\dfrac{A_1' B_2' - A_2' B_1'}{A_1' A_2' + B_1' B_2'}$ 所得的值与上述

$\dfrac{A_1 B_2 - A_2 B_1}{A_1 A_2 + B_1 B_2}$ 的值一定总是相等的吗？为什么？老师将怎样回答呢？

如果上述两个问题得不到肯定的回答，学生能承认这两个公式是正确的吗？

再例如，当用解析法证明平面几何题时，如证明三角形的三条高交于一点，选取不同的坐标系，三角形三边及三边上的高的方程就不相同。我们选取一个合适的坐标系，可使上述诸直线的方程系数最简，证明起来较为简便。但这个证明可信吗？也就是，证明中能自由选择坐标系的根据何在呢？

要回答上述诸问题，我们就必须证明，上述用坐标及与坐标有关的量，如直线方程的系数来表示的 $\sqrt{(x_2 - x_1)^2 + (y_2 - y_1)^2}$ 及 $\dfrac{A_1 B_2 - A_2 B_1}{A_1 A_2 + B_1 B_2}$ 的值，都与坐标系的选取无关。也就是，对于任意坐标变换（包括平移和旋转），总有

$$\sqrt{(x_2' - x_1')^2 + (y_2' - y_1')^2} = \sqrt{(x_2 - x_1)^2 + (y_2 - y_1)^2}，$$

$$\frac{A_1' B_2' - A_2' B_1'}{A_1' A_2' + B_1' B_2'} = \frac{A_1 B_2 - A_2 B_1}{A_1 A_2 + B_1 B_2}。$$

即它们都是经过坐标变换以后不改变的量。把这种量称为坐标变换下的不变量。除了上述表示两点间距离和二直线间夹角是坐标变换下的不变量之外，对于任意三点 $A(x_1, y_1)$，$B(x_2, y_2)$，$C(x_3, y_3)$，

$$\frac{1}{2}\begin{vmatrix} x_1 & y_1 & 1 \\ x_2 & y_2 & 1 \\ x_3 & y_3 & 1 \end{vmatrix}$$

的绝对值也是坐标变换下的不变量。对于任意一点 $P_0(x_0, y_0)$ 及任一直线 $l: Ax+By+C=0$，

$$\frac{|Ax_0+By_0+C|}{\sqrt{A^2+B^2}}$$

也是坐标变换下的不变量。前者是 $\triangle ABC$ 的面积，后者是点 P_0 到直线 l 的距离。由它们得到的点在直线上的条件，三点共线的条件，以及二直线垂直、平行和重合的条件等等，都是坐标变换下的不变量，都与坐标系的选择无关。凡是用坐标以及与坐标有关的量的一个式子来表示某个几何关系或计算某个几何量，则这个式子的值就应该是坐标变换下的不变量，而且也只有这种不变量才能用来表示几何关系和计算几何量。

　　因此，坐标变换的概念以及坐标变换下的不变量的概念，它是解析几何的最基本的概念，它们与坐标系的概念，以及坐标的概念和曲线方程的概念一起，共同组成解析几何的基础。我们说，解析几何通过建立坐标系，将图形与方程联系起来，运用代数的方法，研究图形的几何性质，而这些性质都是与坐标系的选取无关的，也就是坐标变换下的不变量。

　　根据以上分析，现行课本把坐标变换只作为化简方程的一个工具，看来是不尽妥当的。

　　是否可设想作如下调整，将平移和旋转提前到第一章直线的最后，并以两点间的距离公式及二直线间的夹角公式为例介绍坐标变换下的不变量的概念。至于第四章，标题可改为"用坐标变换化简二元二次方程"。用平移和旋转化简一般二元二次方程仍定为选学内容。经过上述改动，

解析几何这门课程的思想性和理论性，我想会得到提高。

在课本未作改动之前，建议教师在讲解坐标变换这一章时，不仅把它作为化简方程的工具来处理，而且要阐述它在理论上的重要性，在讲了平移和旋转以后，可以两点间的距离公式和两直线间的夹角公式为例，介绍坐标变换下的不变量的概念，以及它在解析几何中的作用——建立坐标系用解析法研究几何问题的根据和保证。通过教师讲解，力求使学生对坐标变换及坐标变换下的不变量在解析几何中的重要地位和作用有一个较为清楚的认识，以加深对解析几何基本思想的理解。

18

■关于解析几何是一个双刃工具的思考*

　　法国数学家笛卡儿从方法论的高度把代数和几何结合起来，通过坐标系这个桥梁，将曲线用方程表示，运用代数方法研究几何问题，创立了解析几何，极大地推动了近代数学的发展。桥梁总是双向通行的。同时是哲学家的笛卡儿理所当然地也会考虑，将代数中的方程看成某个坐标系中的曲线，反过来用几何方法解决代数问题。于是他发现了用抛物线和圆的交点求三次和四次代数方程的实根的著名的笛卡儿方法[1]，对代数也作出了贡献。可见自从解析几何来到人世间，就肩负着双重的使命：从几何到代数，也从代数到几何，即它是一个双刃的工具。然而在我们的解析几何教学中，长期以来，把"从代数到几何"附属于"从几何到代数"，即只把它看成是用代数方法解决几何问题的第二个步骤，对于解析几何在解决代数问题方面的重要作用重视不够。可喜的是近年来不少作者已经注意到这个问题，例如文[2,3]和书[4,5]中都有应用解析几何方法解决代数问题的很好的例子，然而却都只限于解法举例。本文是笔者关于解析几何是一个双刃工具对解析几何教学的意义所作的某些思考，愿与同行们一起探讨。

　　解析几何的重要性在于它的方法，这个方法的实质就是通过坐标系"把方程（方程组）同几何对象相对应，使

一、高观点指导中学数学教学

---

　　* 本文原载于《数学通报》，1993，（5）：6-8.

图形的几何关系在其方程的性质中表现出来"[6]。把这个方法应用于几何，将几何问题转化为代数问题来解决，这是解析几何的主要功能，而且这种方法是普遍有效的，它已经成为几何研究中的一个基本方法了。把这个方法应用于代数，即通过解析几何将代数问题转化为几何问题来解决，这也是解析几何的一个功能。不过在这里，它是碰巧才能奏效的，其前提条件是这个代数问题具有几何意义，否则它就不能转化成几何问题。

认识到解析几何具有上述两方面的功能，即它是一个双刃的工具，对于解析几何的教学具有重要意义。

王敬庚数学教育文选

首先，只有意识到解析几何也有将代数问题转化为几何问题的功能，才会用解析几何的眼光来审视代数问题，头脑中有没有这个意识是大不一样的。有一些代数问题，只要我们用解析几何眼光去看，一眼就能看出其几何意义，将问题转化成几何问题很快就解决了，但如果想不到用解析几何，只知用代数方法，其运算可能很繁难，这样的例子是很多的。

例1 已知实数 a，b，c，d，求证对于任意实数 m，n，有

$$\sqrt{(a-m)^2+(b-n)^2}+\sqrt{(c-m)^2+(d-n)^2}\geqslant$$
$$\sqrt{(a-c)^2+(b-d)^2}。$$

例2 已知实数 a_1，b_1，a_2，b_2，求证：

$$\left|\sqrt{a_1^2+b_1^2}-\sqrt{a_2^2+b_2^2}\right|\leqslant|a_1-a_2|+|b_1-b_2|。$$

例3 已知 x，y 适合 $2x-8y-5=0$，求函数

$$f(x,y)=\sqrt{(x+2)^2+(y-1)^2}+\sqrt{(x-5)^2+(y-5)^2}$$

的最小值。

例4 已知 x，y 适合 $x^2+y^2-6x-8y+24=0$，求函数 $f(x,y)=3(x^2+y^2)$ 的最大值和最小值。

如果我们"想到"用解析几何的眼光来审视问题，马

上可以看出上述诸例所具有的明显的几何意义，画出图来（见图1）问题很容易解决。因此，对于这类问题来说，关键就在于你要用解析几何的眼光来看它，这就要求我们在教学中要通过例题向学生阐明解析几何除了具有解决几何问题的功能以外还具有解决代数问题的功能，也就是解析几何是一个双刃的工具，要注意培养学生具有用解析几何眼光审视代数问题的意识。只有具备这种意识，才会去分析代数问题的几何意义，否则，即使面前代数问题有十分明显的几何意义，你也根本不会发现，更何况对于几何意义不很明显甚至很不明显的问题了。

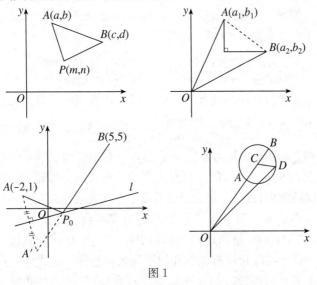

图1

其次，由于一个代数问题能用几何方法来解的前提是它具有几何意义，因此，在解析几何教学中还要注意培养学生分析和寻找代数表示式的几何意义的能力。分析某个代数表示式所具有的几何意义，最简单的方法是直接翻译法，即在某个坐标系中考虑，观察这个代数表示式是不是某个几何图形的方程，或某个几何图形的某个量或某个关

一、高观点指导中学数学教学

系的代数表示式，例如前面的例 1 至例 4，通过直接翻译就可看出几何意义。为此要求我们在教学中不仅要训练学生熟悉各种常见曲线的方程，这些曲线的常见的量与关系的代数表示式，而且要训练学生反过来，一看到这些代数表示式，马上就能说出它们的几何意义。更多的时候，我们所遇见的代数问题，其几何意义不是一眼就能看出的，也就是说只靠直接翻译不行了，需要灵活地运用解析几何知识，有时还要适当变形，或进行猜想，总之要想方设法，尽可能地使面前这个代数表达式具有几何意义，从而转化成几何问题来解决。看下面几个例子：

例 5[4]   已知实数 a, b, c, d, $(a-c)^2+(b-d)^2\neq 0$, 对于任意实数 $m\neq -1$, 证明

$$\frac{|ad-bc|}{\sqrt{(a-c)^2+(b-d)^2}}\leqslant\sqrt{\left(\frac{a+mc}{1+m}\right)^2+\left(\frac{b+md}{1+m}\right)^2}。\quad (1)$$

用解析几何的观点来分析，(1) 式右端的几何意义容易看出，点 $M\left(\dfrac{a+mc}{1+m},\dfrac{b+md}{1+m}\right)$ 是分以点 $A(a, b)$, $B(c, d)$ 为端点的线段 AB 为定比 m 的分点，右端的根式表示原点 O 到点 M 的距离 $|OM|$。(1) 式左端的分式的分母是 A, B 两点间的距离 $|AB|$，但分子以及整个分式表示什么呢？几何意义很不明显。为了寻求它的几何意义，我们画出图来看看（见图 2），OM 是原点 O 到线段 AB 上一点 M 所连线段，回忆与这个线段长度有关的几何不等式，想到"直线外一点与线上各点所连线段的长度以垂线段为最短"，于是猜想 (1) 式左端的分式可能表示垂线段之长 $|OH|$。有了这个目标，运用解析几何知识，具体求出 O 到线段 AB 的距离 $|OH|$，注意到 OH 是 $\triangle OAB$ 的边 AB 上的高，而 $\triangle OAB$ 的面积 S 等于 $\dfrac{1}{2}\begin{vmatrix} a & b & 1 \\ c & d & 1 \\ 0 & 0 & 1 \end{vmatrix}$ 的绝对值即 $\dfrac{1}{2}|ad-bc|$，于是 $|OH|=$

$$\frac{S}{\frac{1}{2}|AB|} = \frac{|ad-bc|}{\sqrt{(a-c)^2+(b-d)^2}}$$ 恰是（1）式左端的分式。这样（1）式转化为几何不等式 $|OH| \leqslant |OM|$，而这是几何上早已证明过的。

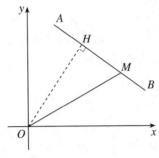

图 2

例 5 告诉我们，为了看清代数表达式所具有的几何意义，有时候需要将原式分离为各个片段，首先找出那些具有明显几何意义的部分，然后回忆与其有关的几何知识，猜想整体的几何意义，并据以猜想出其余部分可能具有的几何意义，有了目标以后，再通过计算进行验证。

例 6 设 $|u| \leqslant 2$，$v > 0$，求函数 $f(u, v) = (u-v)^2 + \left(\sqrt{2-u^2} - \dfrac{9}{v}\right)^2$（2）的最小值[5]。

与前面的例 3 及例 4 不同，从变量满足的条件看不出几何图形。我们先从函数 $f(u, v)$ 的表达式来分析：（2）式右端是两点 $P\left(u, \sqrt{2-u^2}\right)$ 与 $Q\left(v, \dfrac{9}{v}\right)$ 之间的距离的平方，再分析动点 P，Q 是什么样的点，有没有几何意义。设 P 的坐标是 (x, y) 则

$$\begin{cases} x = u, \\ y = \sqrt{2-u^2}, \end{cases} \quad |u| \leqslant 2$$

即 $x^2 + y^2 = 2$（$y \geqslant 0$）（3），即点 P 在上半圆（3）上；设

一、高观点指导中学数学教学

Q 的坐标是(x, y)，则

$$\begin{cases} x=v, \\ y=\dfrac{9}{v}, \quad v>0 \end{cases}$$

即 $xy=9$（$x>0$，$y>0$）(4)，即点 Q 位于双曲线 $xy=9$ 在第一象限的一支（4）上。于是问题转化为求上半圆（3）和双曲线的一支（4）上的点之间的最小距离的平方。由图形（如图 3）可知当 P 为（1，1），Q 为（3，3）时 $|PQ|=\sqrt{8}$ 最小，于是 $f(u, v)_{\min}=8$。

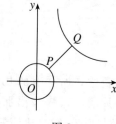

图 3

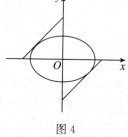

图 4

例 7 已知 x，y 适合 $x^2+2y^2=8$ (5)，求函数 $f(x, y)=x-y$ (6) 的最大值和最小值。

条件（5）表示一椭圆。函数表达式（6）的右端 $x-y$ 是点的横坐标与纵坐标之差，但看出这一点并不能帮助我们从几何上解决它。于是我们换一个角度来分析，令 $f(x, y)=m$，(6) 式变成 $x-y=m$，表示斜率为 1 的直线，m 是该直线在 x 轴上的截距。于是问题转化为当 P 点沿着椭圆（5）变动时，求过 P 点斜率为 1 的直线在 x 轴上的最大截距和最小截距，从几何上分析，只须求直线 $x-y=m$ 与椭圆（5）相切时的 m 值（如图 4），得 $m=\pm 2\sqrt{3}$。于是 $f(x, y)_{\max}=2\sqrt{3}$，$f(x, y)_{\min}=-2\sqrt{3}$。

例 7 中分析 $f(x, y)=x-y$ 的几何意义的方法是很巧妙的，且具有一般性，对于求函数 $f(x, y)=ax+by$，

$f(x, y) = \dfrac{y}{x}$, $f(x, y) = \dfrac{ax+by}{cx+dy}$ 的最值问题，都可以作类似的分析，化成几何问题来解（参见文[3]）。

例 5 中的猜想，例 6 中圆和双曲线的参数方程的应用，例 7 中把函数表达式看成方程，都是很巧妙地运用解析几何的范例。在解析几何教学中，要通过这些典型的例子，培养学生思维的灵活性，不断地提高他们巧妙地运用解析几何知识将某些代数问题转化为几何问题的能力。当然也应该告诉学生，并不是所有的代数问题都能转化为几何问题，能这样做的只是一小部分。尽管如此，在教学中重视进行某些代数问题的解析几何解法的训练，对于学生分析问题和解决问题能力的培养和提高，仍具有重要的意义。

根据以上的思考，笔者建议，把"应用解析几何方法解决某些代数问题"明确地列入解析几何的教学要求之中，为此就需要在解析几何的综合练习部分适当配备用解析几何方法解决代数问题的例题和习题（当然，在代数教学中也应有这类例题和习题）。

参考文献

[1] 亚历山大洛夫等. 数学—它的内容、方法和意义（第 1 卷）. 科学出版社，1958.

[2] 钟焕清. 代数问题的几何解法. 数学通报，1990，（6）：20-22.

[3] 张光华. 几类条件最值的解几求法. 武汉：数学通讯，1989，（7）：18-20.

[4] 曾放等. 高中解析几何重点知识及验收. 长春出版社东北民族教育出版社，1990.

[5] 张程. 高中数学学习途径与解题方法. 北京师范大学出版社，1990.

[6] 波格列诺夫. 解析几何. 人民教育出版社，1982.

■关于提高中学平面解析几何教材思想性的两点建议[*]

一、重视坐标变换在解析几何中的地位及作用

解析几何通过坐标系将平面上的点与一个数对（即该点的坐标）对应，将平面上的曲线与一个二元方程相对应，从而把几何问题变成代数问题来解决。而坐标和方程一般都是随坐标系的改变而改变的，因此，对于同一个几何问题，选取不同的坐标系进行研究，会不会得到不同的几何结果？也就是说在某一个坐标系下导出的各种几何量（如两点间的距离、二直线的夹角，点到直线的距离，三角形的面积等等）和几何关系（如二直线平行、垂直、三点共线等等）的代数表示式，它们的值会不会因为坐标系的改变而发生变化？这是一个直接关系到用解析法研究几何问题可信不可信的根本问题，必须给出此问题肯定的回答，解析几何的方法才能被接受。为此，在建立了坐标系之后就必须研究坐标变换，即同一点在不同坐标系下的坐标是如何改变的，而且必须证明那些用来表示几何量和几何关系的代数表示式的值经过坐标变换之后是不会改变的，也就是说，它们是坐标变换下的不变量。从另一方面看，因为图形的几何量和几何关系是图形本身所固有的，与坐标系的选取无关，所以也只有坐标变换下的不变量才能用来表示图形的几何量和几何关系。从这个意义上我们可以说，

＊　本文原载于《学科教育》，1994，(6)：4-6。

王敬庚数学教育文选

通过建立坐标系用代数方法研究几何问题，实际上就是研究坐标变换下的不变量。由以上分析可以看出，"坐标变换"以及"坐标变换下的不变量"的概念与"坐标系"及"曲线与方程"的概念同样是解析几何中具有基础意义的概念，占有极其重要的地位。

像通常的解析几何课本那样，现行的中学平面解析几何教材，把坐标变换也仅仅看成是"化简方程的工具"，坐标变换下的不变量的思想也仅仅局限在判别二元二次方程表示何种类型曲线的判别式上，我以为这种安排没有正确地反映坐标变换在解析几何中的基础地位，削弱了坐标变换的作用，没有全面体现解析几何中的一个非常重要的基本数学思想——关于坐标变换下的不变量的思想，因而降低了解析几何教材应有的思想性。

为了弥补上述不足，提高解析几何教材的思想性，我曾经设想过一个改动的方案，在第一章直线之后，第二章圆锥曲线之前，介绍坐标变换的概念，具体讲坐标系的平移变换和旋转变换，再以两点间距离公式及二直线交角公式为例，证明在坐标系的平移和旋转变换下它们的值都不改变，从而引进坐标变换下的不变量的概念。原来第三章中的用旋转变换化简方程及一般二元二次方程的讨论仍可放在原处作为选学内容，经过这样的改动，在不增加很多内容的情况下，既回答了用解析法研究几何问题为什么可以"适当地"选择坐标系，也就是用解析法解几何题为什么是可信的这个根本问题，而且又具体体现了克莱因关于用变换群刻划几何学的思想（一种几何就是研究一种变换群下的不变量），从而大大提高了解析几何课本的思想性和理论性。

一、高观点指导中学数学教学

二、重视解析几何作为一个双刃工具在方法论上的重要意义

笛卡儿从发现真理的方法论的角度研究了代数方法和几何方法的优缺点，并把它们的优点结合起来，创建了解析几何，对推动数学的发展作出了伟大的贡献。笛卡儿用坐标系作为连接形和数的桥梁，借助坐标系将曲线用方程表示，从而把几何问题变成代数问题来解决，正如苏联著名几何学家波格列洛夫在他编写的《解析几何》前言中指出的："解析几何没有严格确定的内容，对它来说，决定性的因素，不是研究对象，而是方法。这个方法的实质，在于用某种标准的方式把方程（方程组）同几何对象（图形）相对应，使得图形的几何关系，在其方程的性质中表现出来。"用坐标系作桥梁就是他所说的一种标准方式。桥梁总应该是能够双向通行的，作为哲学家的笛卡尔当然不会不考虑这一点。因此，在创建了解析几何之后，他又通过坐标系将代数方程看成坐标系中的曲线，从而把代数问题变成几何问题来解决。他用这种方法发现了通过求抛物线与圆的交点来解三次和四次方程的实根的著名方法（称为笛卡儿方法）。这就给我们一个重要启示，解析几何不仅能用代数方法解决几何问题，而且还能用几何方法解决某些代数问题，它实际上是一个双刃工具。

解析几何作为一种方法，它属于"变换—求解—逆变换"模式，著名数学教育家波利亚则把它比喻为一本辞典，供几何和代数之间翻译使用，而且它具有双向翻译的功能。也就是说，借助于坐标系，既可以把几何问题变换成代数问题来解决，也可以把某些代数问题变换成几何问题来解决。当然前者已成为几何研究中的一个普遍方法，而后者则碰巧才能奏效，即对于一个代数问题，设想在某个坐标系中，应用解析几何的知识来分析，若其代数表示式具有

28

王敬庚数学教育文选

几何意义，则可将其"翻译"成几何问题加以解决。因此，在解析几何教学中，不仅要培养学生运用解析几何的方法解决几何问题的能力，而且也应该培养学生注意用解析几何的眼光来分析代数问题，若能使表示式获得几何解释，就可将其翻译成几何问题来解决，这种解法有时还可能很简捷漂亮。例如代数中的某些不等式问题，某些最大值最小值问题，以及某些三角问题，用解析几何的方法就很简便，这种训练，对于扩大学生的解题思路，培养注意从几何直观上思考问题的思维习惯，培养解题的灵活性等方面都是非常有益的。解析几何解决某些代数问题的这种功能，正在越来越受到人们的重视和研究，各种数学教学刊物上提出了很多很好的典型例子。为此，建议在中学平面解析几何教材中适当增加一些解析几何在代数和三角中的应用举例，特别在综合性的练习中，增加这样的内容，并把"应用解析几何的方法解某些代数问题"这一任务明确列入解析几何课的教学要求之中。这样的安排，可以更深刻更全面地体现解析几何的重要性在于它的方法，作为一个双刃工具，它既可以解决几何问题，也可以用来解决某些代数问题。同时这样安排也有助于打破数学各门学科之间的分割状态，加强学生对数学是一个整体的认识。

一、高观点指导中学数学教学

■高观点下的解析几何 *

摘要：尝试用高等数学中变换群的观点，拓广平面的观点，以及从数学方法论的角度等三个方面，来分析与考察中学平面解析几何，以期获得对解析几何更深刻的理解。

关键词：平面解析几何；变换群；拓广平面；数学方法论；高观点

德国著名数学家克莱因曾经告诫我们：只有在完全不是初等数学的理论体系中，才能深刻地理解初等数学。这就是说，初等数学中的许多问题，如果只局限于用初等数学的眼光来看，是永远也看不清的。这大概就是人们常说的：不识庐山真面目，只缘身在此山中。

1. 用变换群的观点来考察解析几何

克莱因用变换群刻画几何学的观点[1]在近代数学中有着非常深刻的影响。所谓变换群，是指由空间中的一种点变换的全体组成的群。研究空间中的图形在某个变换群下的不变量（包括不变的性质）就构成一门几何学。平面上的等距变换，包括点的平行移动，绕定点的旋转，关于定直线的反射，以及这几种变换的复合，它们的全体组成平面上的等距变换群。研究平面图形在等距变换群下的不变

王敬庚数学教育文选

---

* 本文曾在 1993 年 8 月于长沙举行的全国第二届初等数学研究学术交流会上宣读，并被大会评为优秀论文获一等奖。本文原载《数学教育学报》，1994，3（1）：79-83.

量，这就是通常的平面欧氏几何学。平面解析几何是通过坐标系用代数方法来研究平面图形的几何性质的，这些几何性质的代数表示式与坐标系的选取无关，它们都是坐标变换下的不变量。因为坐标系的平移和旋转变换与点的平移和旋转变换，只不过是同一个代数变换式的不同的几何解释而已。因此，平面解析几何是通过坐标系用代数方法来研究的、平面上的欧氏几何。

　　用上述观点来看待解析几何，于是坐标变换和坐标变换下的不变量的概念，在解析几何中就具有非常重要的意义，它们几乎可以说和"坐标系"及"曲线与方程"的概念同等重要，都是解析几何的基础。然而，一般的解析几何教科书，包括现行的中学平面解析几何课本，都只把坐标变换看成是"化简方程的工具"。诚然，化简方程确是坐标变换的一项功能，但据上述分析看，坐标变换对解析几何理论上的意义，远比化简方程重要得多。对于坐标变换下的不变量的概念，一般教科书，也包括现行中学课本，都只把它局限在判别一般二元二次方程表示何种类型曲线的判别式上。殊不知，两点间的距离公式，两直线交角的公式，三角形的面积公式等，凡是用来表示图形的几何量和几何关系的代数表示式，它们的值在坐标变换下都是不变的，它们都是坐标变换下的不变量。正因为这样，我们用解析法研究几何问题时，坐标系才可以"适当选择"，这就为"用坐标法研究几何问题是可信的"提供了理论上的依据。

一、高观点指导中学数学教学

　　其次，根据克莱因用变换群刻画几何学的观点，一种变换群对应一种几何学，因而，一个变换群的子群所对应的几何学，只不过是该子群下的一簇不变量，我们把它叫做原来几何学的一个子几何学。这样，一个几何学中的定理，一定也是它的子几何学中的定理，反过来则不一定对，这是因为变换群中包含的变换越多，则该变换群下的不变量就越少。由于平面上的等距变换群是仿射变换群的子群，仿射变换群和等距变换群又都是射影变换群的子群，于是，等距变换群对应的欧氏几何就是仿射变换群对应的仿射几何的一个子几何，欧氏几何和仿射几何又都是射影变换群对应的射影几何的子几何。我们把图形在等距变换、仿射变换和射影变换下不变的性质，分别称为图形的度量性质、仿射性质和射影性质。这样，图形的仿射性质必是度量性质，射影性质必是仿射性质，因而也是度量性质。反过来却不一定对，这就是说，在图形的度量性质中，只有一部分是仿射性质，其中更少的一部分同时也是射影性质。如果我们把不是仿射性质的度量性质，叫做纯度量性质，把不是射影性质的仿射性质，叫做纯仿射性质，那么，我们在解析几何中所研究的图形的度量性质，实际上可以分离出三个不同的层次，即纯度量性质，纯仿射性质和射影性质。这种区分有什么意义呢？我们以圆的性质为例来说明，若该性质是纯度量性质，则只对圆成立；若是纯仿射性质，则该性质不仅对圆成立，而且对椭圆也成立；若是射影性质，则不仅对圆和椭圆成立，而且对双曲线和抛物线也都成立。例如，过圆上一点求圆的切线，若用求过切点且与该点的半径垂直的直线的方法，因为垂直是纯度量性质，所以这种方法只适用于求圆的切线，不能推广到椭圆等其他曲线的情形；若采用求与圆在已知点有重合交点的直线的方法，因为重合交点是射影性质，所以这个方法不仅对圆、对椭圆，而且对双曲线和抛物线也全都适用。区分图形性质的三个不同层次，有助于我们判断一个命题能否推广和构造新题。

例如，命题："过圆上三点所作的内接三角形和外切三角形，若有两组边对应平行，则第三组也必互相平行。"可

王敬庚数学教育文选

以证明这个命题对圆成立，现在问，这个命题对椭圆也成立吗？再进一步推广，对双曲线和抛物线情形又将怎样呢？如果我们运用射影几何中关于区分图形性质的上述观点，就可以预先作出判断[2]，而若只局限在解析几何的范围内，则无法做到这一点。

2. 在拓广平面上来考察解析几何的内容

对于欧氏平面添加无穷远点和无穷远直线得到拓广平面，并在拓广平面上引进齐次坐标，这样，由于空间的结构发生了变化，因此几何图形的性质也改变了说法。例如，在拓广平面上，二直线平行即相交于无穷远点。椭圆、双曲线和抛物线在拓广平面上都是封闭曲线，区别只是椭圆上没有实的无穷远点，抛物线上只有一个实的无穷远点，而双曲线上则有两个相异的无穷远点。若再引进虚点和虚直线，即在复的拓广平面上，则任意一条直线与任意一条圆锥曲线必相交于两点（或实或虚，或相异或重合，或有穷或无穷）。这样，某些在欧氏平面上不易解释清楚的问题，若放到拓广平面或复的拓广平面上考察，就可以迎刃而解，得到满意的回答了。例如：

2.1 平面上两个不重合的椭圆，最多可以有四个实交点，圆也是椭圆的一种，然而两个不重合的圆，最多只能有两个实交点，这是为什么？——若在拓广平面上考察，采用齐次坐标，则任意一个圆的方程为 $x_1^2 + x_2^2 + ax_1x_3 + bx_2x_3 + cx_3^2 = 0$，于是发现，每一个圆都经过两个虚的无穷远点 $I(1, i, 0)$ 及 $J(1, -i, 0)$，I，J 称为虚圆点。也就是任何两个圆都共有这两个虚的无穷远点 I，J。这样，两圆相交最多也只能再有两个实交点了。

2.2 我们知道，椭圆的焦点在椭圆的内部，准线在其外部，对于双曲线应如何说呢？有的书上说"双曲线的焦点在其外部，准线在其内部"，也就是把双曲线两支之间的部分称为"内部"，不在两支之间的部分称为"外部"，这样来规定双曲线的内部与外部是合理的吗？——圆、椭圆和双曲线在拓广平面上都是封闭曲线，因此它们的内部和外部是可以统一规定的。我们规定，对圆锥曲线能作两条实而异的切线的点，称为外部的点，作两条虚而异的切线的点，称为内部的点，它们各自的集合，分别称为该曲线的外部和内部。这样的规定对于圆、椭圆、双曲线和抛物线都是通用的，与我们通常关于圆和椭圆的内部、外部的规定是一致的。我们知道，焦点是分别从两个虚圆点（1，i，0）及（1，－i，0）向曲线所作的两条（虚）切线的交点，因此，焦点在曲线的内部，而准线是焦点的极线，所以准线在曲线的外部。这对于椭圆、双曲线和抛物线都是一样的。这就是说，和椭圆的情形一样，双曲线的焦点所在的区域应是双曲线的内部，准线所在的区域应是其外部。因此上述关于"双曲线的焦点在其外部，准线在其内部"的说法是不可取的，它对双曲线内部和外部的规定是不合理的，与椭圆内部外部的规定不一致了。

王敬庚数学教育文选

2.3 一个二元一次方程和一个二元二次方程联立，一般情况下有两组解（或实或虚或重合），为什么有时只有一组解（非重合解），有时甚至无解？——从几何上看，当一次方程表示的直线与二次方程表示的抛物线的主轴平行时（记为情形（1）），只有一个交点（非重合交点）；当直线与二次方程表示的双曲线的渐近线平行（不重合）时（记为情形（2）），也只有一个非重合交点；当直线就是双曲线的渐近线时（记为情形（3）），连一个交点也没有了。如果我们在拓广平面上考察，这时方程都写成齐次方程，那么一个三元一次齐次方程与一个三元二次齐次方程联立，总有两组解即两组 $x_1 : x_2 : x_3$，情形（1）和（2）时，有一组解表示无穷远点，情形（3）时，两组解是重合的无穷远点。在欧氏平面上看，当然就是只有一个交点或者没有交点了。

2.4　椭圆和双曲线的每一条切线都有与它平行的另一条切线，而抛物线的任何一条切线都没有与它平行的另一条切线，如何解释这种差别？——在拓广平面上，无穷远直线和抛物线相切。椭圆、双曲线和抛物线的每一条（有穷）切线与无穷远直线 l_∞ 都相交于一个无穷远点（在图 1 中分别为 P_∞，Q_∞ 及 R_∞），过这个无穷远交点向该曲线都可再作另一条切线（示意图见图 1）。

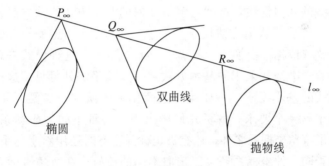

图 1

在椭圆和双曲线的情形下，这条新作的切线不是无穷远直线，且与原切线有公共的无穷远点，所以它们是互相平行的。而在抛物线的情形下，因为过 R_∞ 新作的另一条切线必是无穷远直线，因此在欧氏平面上看，就没有与原切线平行的另一条切线了。

这样的问题还可以举出一些，如果只局限在欧氏平面上，仅用解析几何的知识是解释不清楚的，有时甚至还会出现错误，只有放到拓广平面上，用射影几何的观点加以考察，才能给出满意的回答。

3. 从数学方法论的角度来看待解析几何

解析几何的重要性在于它的方法。正如苏联著名几何学家波格列洛夫所指出的："解析几何没有严格确定的内容，对它来说，决定性的因素，不是研究对象，而是方法。这个方法的实质，在于用某种标准的方式，把方程（方程组）同几何对象（图形）相对应，使得图形的几何关系，在方程的性质中表现出来。"[3] 通过坐标系，使点与数组（坐标）对应，把曲线看成动点的轨迹，由动点坐标的适合的关系式得到曲线的方程，就是这种标准的方式。通过坐标系把曲线用方程表示，然后对方程进行研究，最后得到曲线的几何性质，这就是解析几何的基本方法。从方法论的角度看，这个方法属于"变换——求解——逆变换"的模式（或称"变换——求解——反演"）[4]，这种模式是高等数学中经常采用的基本方法之一，几乎随处可见。这种模式的基本要求，一要使问题简化易于研究，二要可靠。由于第一个要求，解析几何中出现了各种不同的坐标系，除了直角坐标系之外，还有极坐标系，有时还用斜坐标系，对于同一种坐标系还可以选取不同的位置。在直角坐标系和极坐标系中，表示曲线除了用普通方程之外还可以用参数方程。因此，坐标系和曲线与方程的概念是解析几何中最为基础的概念。由于第二个要求，所研究的图形的几何性质和几何量，都应该与坐标系无关，即既要与选用哪个种类的坐标系无关，又要与同一种类的坐标系中坐标系的不同位置无关。这后一种情形就是说，表示图形的几何关系和几何量的代数表示式应该是坐标变换下的不变量。因此，坐标变换和坐标变换下的不变量的概念，同样也是解析几何中最为基础的概念。但是正如本文前面已经指出过的，这一点往往被忽视。

由于"变换——求解——逆变换"中的变换是双向通

行的，这就启发我们想到，既然通过坐标系能把几何问题转化为代数问题来解，那么在合适的坐标系下，某些代数问题是否也能转化成几何问题来解呢？实际上，笛卡儿在创立了解析几何之后，接着就用解析几何的方法解决了求三次四次代数方程的实根这个代数问题。可见解析几何从一创立就是一个既能用代数方法解决几何问题，又能用几何方法解决某些代数问题的双刃工具。许多代数问题，如果用解析几何眼光来分析，即放在某个坐标系中考察，使其具有适当的几何意义，则可转化成几何问题，方便地加以解决。

例 1　已知实数 a，b，c，d，$(a-c)^2+(b-d)^2\neq 0$，对于任意实数 $m\neq -1$，证明：

$$\frac{|ad-bc|}{\sqrt{(c-a)^2+(d-b)^2}}\leqslant\sqrt{\left(\frac{a+mc}{1+m}\right)^2\left(\frac{b+md}{1+m}\right)^2}。\quad (1)$$

例 2　已知 x，y 适合 $x^2+2y^2=8$，求函数 $f(x,\ y)=x-y$ 的最大值和最小值。

例 3　设 $|u|\leqslant\sqrt{2}$，$v>0$，求函数 $f(u,\ v)=(u-v)^2+\left(\sqrt{2-u^2}-\dfrac{9}{v}\right)^2$ 的最小值。

上述这些代数问题（证明不等式、求函数的最大值最小值），若用代数办法来解并不容易，但若将它们放在某个坐标系中来考察，赋予代数表示式以几何意义，转化为几何问题来解，就容易多了。

例如在例 1 中，将 a，b 看成点 A 的坐标，c，d 看成点 B 的坐标，$O(0,\ 0)$ 为坐标原点（请读者自作草图），则不等式（1）右端的几何意义是坐标原点 O 到分线段 AB 具有分比 m 的分点 P 的距离 $|OP|$。不等式（1）左端的几何意义是什么呢？如果我们从几何上思考，想到"直线外一点与直线上每一点所连线段中，以垂线段为最短"这一几何

不等式，于是猜想不等式（1）左端可能就是坐标原点 O 到直线 AB 的距离 $|OH|$。经过计算，证实了这个猜想，它确是 $|OH|$。于是由几何不等式 $|OH| \leqslant |OP|$ 即可得到代数不等式（1）成立。

在例 2 中，若令 $x - y = m$，则 m 的几何意义是直线 $x - y = m$ 在 x 轴上的截距。于是问题转化为当直线 $x - y = m$ 沿着椭圆 $x^2 + 2y^2 = 8$ 平行移动时，求直线在 x 轴上的截距 m 的最大值和最小值。由几何分析知当直线与椭圆相切时，m 取得最大值和最小值（图略），从而得 $f(x, y)_{\max} = 2\sqrt{3}$，$f(x, y)_{\min} = -2\sqrt{3}$。

在例 3 中，$f(u, v)$ 的表示式所具有的几何意义是两点 $P(u, \sqrt{2 - u^2})$ 与 $Q\left(v, \dfrac{9}{v}\right)$ 距离 $|PQ|$ 的平方。而 P 与 Q 又是怎样的两点呢？由 $\begin{cases} x = u \\ y = \sqrt{2 - u^2} \end{cases}$ 得知 $P(x, y)$ 在半圆 $x^2 + y^2 = 2$（$y \geqslant 0$）上；由 $\begin{cases} x = u \\ y = \dfrac{9}{v} \end{cases}$ 得知 $Q(x, y)$ 在双曲线 $xy = 9$（$x > 0$）即其位于第一象限的一支上（也请读者自作草图）于是易知当 $P(1, 1)$，$Q(3, 3)$ 时 $|PQ|$ 最小，$|PQ|_{\min} = \sqrt{8}$，故 $f(u, v)_{\min} = 8$。

解析几何作为一个双刃工具，把几何问题变成代数问题来解，这一功能是主要的，基本的，普遍可用的，而把代数问题变成几何问题来解，只是前者的一个应用，是碰巧才能奏效的。虽然如此，后者仍不失为解题的一种思路，即注意从几何直观上思考问题，这也是学习解析几何应注意培养的一种能力，也是从方法论的角度看待解析几何给我们的又一个重要启示。

参考文献

［1］克莱因著，北京大学数学系数学史翻译组译. 古今数学思想（第3册）. 上海：上海科学技术出版社，1980. 341.

［2］王敬庚. 射影几何指导中学解析几何教学举例. 数学通报，1991，（4）：37-39.

［3］波格列洛夫著，姚志亭译. 解析几何. 北京：人民教育出版社，1982.

［4］伊夫斯著，欧阳绛等译. 数学史上的里程碑. 北京：科学技术出版社，1990. 189-193。

Abstract

This paper tried to analyze and examine the analytical geometry of plane in the middle school from the viewpaints of higher mathematics. Using the viewpoint of transmation group. The extended plane and the methodology of mathematics，we expected to acquire a deeper understanding of analytic geometry.

39

一、高观点指导中学数学教学

二、中学数学思想方法和教学研究

■在中学解析几何教学中注意灌输不变量的思想[*]

  在我们用解析几何的方法证明平面几何的命题时，如果坐标系建立得合适，做起来会简单得多。例如，证明"三角形三边上的高交于一点"时，建立如图1的坐标系，就比建立如图2的坐标系简便。但随之而来的问题是：如何保证在如图1的坐标系中所证明的结论，在如图2的坐标系中仍然成立，即"三角形三边上的高交于一点"这个事实与证明时如何建立坐标系无关，解决了这个问题，证明才能令人信服。

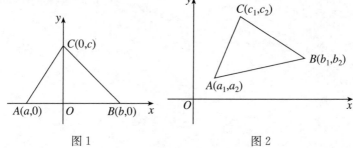

图1   图2

  先看一个简单的问题。设有两条直线 l_1 和 l_2，在给定的坐标系 Oxy 中，它们的方程为

$$l_1: \qquad A_1x + B_1y + C_1 = 0 \qquad\qquad (1)$$

$$\text{和}\quad l_2: \qquad A_2x + B_2y + C_2 = 0 。$$

---

  [*] 本文原载于《数学通报》，1984，(10)：17-18.

设 l_1 和 l_2 的交角为 α，则有

$$\tan \alpha = \frac{A_1 B_2 - A_2 B_1}{A_1 A_2 + B_1 B_2} \text{。} \tag{2}$$

$$\left(\text{分母 } A_1 A_2 + B_1 B_2 = 0 \text{ 时，} \alpha = \frac{\pi}{2}\right)\text{。}$$

即两条直线交角的正切值，是由这两条直线的方程中的诸系数之间的一个关系式表出的。而方程的系数，一般是和坐标系的选择有关的。例如，在另一个坐标系 $O'x'y'$ 中，直线 l_1 和 l_2 的方程分别变为

$$l_1: \qquad A_1'x' + B_1'y' + C_1' = 0, \tag{3}$$

和　l_2：　　　$A_2'x' + B_2'y' + C_2' = 0$,

则根据在坐标系 $O'x'y'$ 中相应的公式（2），计算它们的交角的正切值的表示式应为

$$\frac{A_1'B_2' - A_2'B_1'}{A_1'A_2' + B_1'B_2'}, \tag{4}$$

它和在原坐标系 Oxy 中计算交角正切值的表示式

$$\frac{A_1 B_2 - A_2 B_1}{A_1 A_2 + B_1 B_2} \tag{5}$$

的值会不会不相等呢？即会不会同样两条直线在不同的坐标系中，由公式（2）计算出不同的交角呢？

我们知道，平面上的两条直线，虽然随着坐标系选择的不同，直线的方程会变化，但二直线的交角是与坐标系的选择无关的，因而这个交角的正切值也应与坐标系的选择无关。从这一点看来，公式（5）应该与坐标系的选择无关，证明如下：

事实上，对于平面内的任意两个右手直角坐标系，总可以把一个看成是由另一个经过一个坐标变换而得到，而且，任一个坐标变换，都可以分解为一个平移和一个旋转变换。设坐标系 Oxy 经过坐标变换，变成坐标系 $O'x'y'$，方程组（1）变成方程组（3）。因为经过平移变换

$\begin{cases} x=x'+x_0, \\ y=y'+y_0, \end{cases}$ 方程中 x，y 的系数不改变，所以显然有（4）＝

（5）。对于旋转变换 $\begin{cases} x=x'\cos\theta-y'\sin\theta, \\ y=x'\sin\theta+y'\cos\theta, \end{cases}$ 先计算出新旧系数之

间的关系，代入（4）计算后得到（5），故也有（4）＝（5）。
（当 $A_1A_2+B_1B_2=0$ 时，亦有 $A_1'A_2'+B_1'B_2'=0$）因此我们
得到：对于给定的两条直线，不论坐标系如何选取，用公
式（2）计算出的交角是相同的，即用方程组（1）中诸系
数间的关系式（5）所表示的量与坐标系的选取无关，也就

是方程组（1）中诸系数间的关系式（5） $\dfrac{A_1B_2-A_2B_1}{A_1A_2+B_1B_2}$ 的值

在任一坐标变换下是不变的。我们就称关系式（5）
$\dfrac{A_1B_2-A_2B_1}{A_1A_2+B_1B_2}$ 为两条直线的关于坐标变换的不变量*。这就
是我们能用与坐标系有关的诸量的关系式（5）来表示与坐
标系无关的量（两直线交角的正切值）的根据。

　　同样，我们可以证明，由两点 $P_1(x_1,\ y_1)$，$P_2(x_2,\ y_2)$ 的坐标所决定的代数式

$$\sqrt{(x_2-x_1)^2+(y_2-y_1)^2} \qquad\qquad (6)$$

也是坐标变换下的不变量，即若经过任一坐标变换，P_1，
P_2 在新坐标系中的坐标分别为 $P_1(x_1',\ y_1')$，$P_2(x_2',\ y_2')$，
则有

$$\sqrt{(x_2'-x_1')^2+(y_2'-y_1')^2}=\sqrt{(x_2-x_1)^2+(y_2-y_1)^2}。$$

这个不变量就是两点 P_1，P_2 间的距离公式。

　　此外，如"点在（或不在）直线上"这个几何关系，

---

　　*　一般地，曲线方程系数的一个确定的函数，具体指诸系数间的
一个关系式），如果在任意一个坐标变换下它的函数值不变，那么它
就称为这个曲线的（关于坐标变换的）一个不变量。

"翻译"为解析几何中语言为"点的坐标满足（或不满足）直线的方程"，可以证明后者也是与坐标系的选取无关的。

　　平面几何中的定理，实际上都是建立在距离和角度之上的关系，因此用解析法（坐标法）研究它们时，如何建立坐标系与证明的结果是无关的，这就是回答了本文开头提出的问题。

　　当然，解析几何中研究的量，也有与坐标系选取有关的，例如直线 $Ax+By+C=0$ 的斜率 $k=-\dfrac{A}{B}$，它的值一般要随坐标系而改变的，它就不是直线的（关于坐标变换下的）不变量。

　　总之，解析几何是通过建立坐标系，把几何问题化成代数问题来研究的。因此在解析几何中，只能通过在这个选定坐标系中的某些量（如点的坐标，方程的系数等）之间的某一表达式来表示几何量（如长度、角度等）及几何关系（如点、线之间的关系等），因为几何量及几何关系是与坐标系无关的，所以表示几何量及几何关系的这些表达式也应该是与坐标系的选取无关的，即它们应该是坐标变换下的不变量。而且反过来，也只有坐标变换下的不变量，才有可能用来表示几何量及几何关系，因为后者是与坐标系无关的。

　　关于坐标变换下的不变量的思想，在中学解析几何的教学中，具有重要的意义，如前所述，它解决了"解析法是可信的"这个问题，从这个意义上讲，它是解析几何赖以存在的基础。而且关于坐标变换下的不变量的思想，对将来进一步学习一般二次曲线（和一般二次曲面）的分类，也有重要意义，因为只有坐标变换下的不变量，才可能与几何性质有关，因此可以通过不变量来反映方程所表示的图形的几何性质，这就成为用不变量来对一般二次方程所表示的曲线进行分类的理论根据。（关于如何所寻找这些用

43

二、中学数学思想方法和教学研究

来对二次曲线进行分类的不变量，可参考本刊 84 年第 4 期文[1]）。用不变量对一般二次曲线进行分类，是解析几何中理论性较强的内容之一，如果学生在中学已经初步接触到关于不变量的思想，到那时就比较容易接受和理解了。

不仅如此，在数学中，特别在几何学中，不变量的思想是很根本的思想之一。各种不同的几何学就是研究在各种不同的变换之下的不变量。如欧氏几何和射影几何就是分别研究在刚体运动和射影变换下的不变性和不变量，等等。尽早让学生接触不变量的思想不仅很有好处而且也很必要。

参考资料

[1] 王敬庚、贾绍勤、刘沪. 尽力讲清重要概念产生的背景——关于二次曲线不变量教学的点滴体会. 数学通报，1984，（4）：26-28.

王敬庚数学教育文选

■论反例[*]

一、反例在数学中的地位和作用

所谓反例，通常是指用来说明某个命题不成立的例子。在数学中要证明一个命题成立，要严格地论证在符合题设的各种可能的情况下，结论都成立，也就是要求证明必须具有一般性，分类论证，缺一不可。而要推翻一个命题，却只须指出在符合题设的某个特殊情形下结论不成立，也就是只要举出一个反例就行。

数学发展的整个历史，就是一个不断地提出问题和解决问题的历史。因此我们可以说，数学的真正组成部分是问题和解，而问题的解答又是由给出证明或举出反例来完成的。所以，当一个问题提出以后，"数学的发现，也就朝着两个主要目标——提出证明和构造反例。"[1]在数学中常常有这样的情形，一个重要的猜想，许多数学家很久没有能证明它，结果有人举出一个反例否定了这个猜想，就使问题得到了解决。数学上很多重要贡献正是属于这一类。罗氏几何的创立是最著名的事例之一。

自从欧氏几何创立以来，多少世纪人们力图证明第五公设（即平行公理），结果都失败了，有的以为证明成功了，也发表了论文，但后来又被发现证明是错误的。罗巴切夫斯基（还有高斯和鲍耶）放弃了证明第五公设的目标，转而设法否定它，终于建立了包括与第五公设相反的公理在内的公理系统，彻底推翻了"第五公设是可以证明的"

45

二、中学数学思想方法和教学研究

---

　　*　本文原载于《数学通报》，1989，（9）：17-20.

这个猜想，从而使持续了几个世纪的这一大难题得以解决，对几何学乃至整个数学的发展作出了伟大的贡献。罗巴切夫斯基非欧几何学的建立，充分显示了反例在数学中的重要地位和作用。

二、反例在教学中的应用

由于反例在否定一个命题时具有特殊的威力，因此在教学中充分利用反例的这一特点，适当地运用反例可以收到事半功倍的效果。

1. 正确有效地指出错误是教学的基本内容之一，无论是评判学生对提问的回答，还是批改学生的作业，都需要指出其中的错误，而指出错误最有说服力也最有效的办法是举出反例。

例如初学几何时，学生在证得对角线相等以后，即断定该四边形为矩形。此时如构造一个反例，如图1，$AC = BD$ 但 $ABCD$ 不是矩形，则错误自明，而且印象深刻。若再进一步，分析一下发生错误的原因就更好

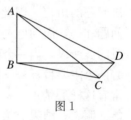

图 1

了。原因在于把矩形的性质定理"矩形的对角线相等"拿来作为判定矩形的根据了，即承认上述定理的逆命题"对角线相等的四边形为矩形"也成立，而这个逆命题是不成立的。上述反例就推翻了这个逆命题，因此一个定理的逆命题在没有证明前切不可作为定理来用。

2. 在概念教学中，对某些重要概念，有时只从正面给出定义并举例说明还不够，为了加深对这个概念所具有的本质属性的理解，有时还要举出不符合定义的例子，这也是反例的一个应用。

例如在函数概念的教学中，对于函数的定义，除了举

46

出是函数的例子以外，最好再举出一些不是函数的例子，让学生判断。

例如，设 $A=\{1,2,3\}$，$B=\{2,3,4\}$。若规定 f 把 1，2，3 都对应到 4，问 $f:A\to B$ 是否为函数？是否为 A 到 B 上的函数？若规定 g 把 A 中每个数 a 对应到 $2a$，问 g 是否为定义在 A 上的函数（或 A 到 B 内的函数）？

又例如，设 A 是非负实数集，B 是实数集，若规定 f 把每个 $x\in A$，让集合 B 中它的平方根 $\pm\sqrt{x}$ 与它对应，问 f 是否为定义在 A 上的函数？

如果是函数，那么需要按定义验证对于定义域 A 中每一点都有值域 B 中唯一一点与之对应。若不是函数，则只须举出一个反例，即找出 A 中一点，它在 B 中没有对应点，或多于一个对应点。最好能让学生自己构造出若干是函数和不是函数的例子。这样通过正反两个方面的比较，就可以加深学生对函数概念的了解和掌握。

3. 在定理的教学中，教给学生正确地使用定理很重要，初学者常常不注意分析定理适用的范围，表现为不留心定理的条件，只是死记结论，往往出现错误。

例如在韦达定理的应用中就常常出现如下错误：只知死记结论——两根之和是一次项系数的相反数，两根之积是常数项，而不顾定理中的题设条件——平方项系数为 1。为了防止发生这类错误，可提问学生："$ax^2+bx+c=0$ 的两根之和为 $-b$，两根之积为 c"对吗？如果学生回答"对"，则可举出反例：$2x^2-x-1=0$ 的两根 $-\dfrac{1}{2}$ 及 1，它们的和不是 1，积也不是 -1；如果学生回答"不对"，再追问为什么不对，这样来加深对韦达定理前提条件的印象，防止使用时发生上述错误。

需要指出，有的作者把反例理解为错误的例子，这是不确切的。如前所说，反例是说明某一命题不成立的例子，而不是指例子本身是错误的。例如文[3]中所举的大多数"反例"实际都是"错例"。当然错例使用得当，在教学中也是很有作用的。

三、反例的构造

反例的构造是一件很有意义而且充满创造性的工作。

构造反例首先需要对所论的概念有比较深刻的认识，抓住其本质的特征，这样才有可能构造出正确的反例来。因此，构造反例是建立在对给出命题所涉及的概念的透彻理解的基础上的，是检查我们对概念理解深浅的一个很好的准绳。例如我们前面所举的关于函数概念的反例及关于矩形判定的反例，如果对函数概念和矩形概念理解不透彻，是构造不出来的。

构造反例通常是设法举出一个在符合题设的某个特殊情形下命题的结论不成立的例子。所谓特殊情形，常常是指某种极端的情形，或者某个具体的情形，而在这些情形下的结论是已经熟悉的，或易于得到的。

例如讲相似三角形的判定时，问：两个三角形有两对对应边成比例，任一对对应角相等，这两个三角形相似吗？

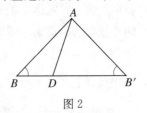

图2

反例构造如下：取题设"两对对应边成比例"的一个极端的情形——两对对应边相等。于是得到"边、边、角"对应相等的两个三角形，而它们是不全等的（因而不相似）。此时有现成的典型的反例，如图2。在等腰三角形 ABB' 中，D 为底边 BB' 上三分之一处的分点，此时△ABD 和△$AB'D$ 边边角对应相等，但它们不全等。∠$BAD \neq$ ∠$B'AD$，所以这两个三角形不相似。

反例实际上是说明命题不成立的一个特例，这是特例的重要作用之一（关于特例在教学中的地位和作用，参见文[4]）。

构造反例还需要发挥创造性和想象力，正如 Steen 在《拓扑中的反例》[2]一书的序言中所说的构造反例包括改造旧例子和创造新例子，都"需要激情和尽可能发挥几何想象力"。在该书中，他搜集整理及构造出说明拓扑中各种问题的反例 143 个。

通常按照自己的需要构造出一个反例比举出现成的反例要困难一些，但也更富有创造性，因而也更有趣味。

例如问学生什么是解析几何？学生回答：用代数方法研究几何问题的数学学科分支。但这个回答是不够准确的。如何指出这一点才能使学生信服呢？我们不妨构造一个反例。考虑下列作图题：

求作一线段，使得以它为边的正方形的面积恰为以二已知线段为邻边的矩形的面积。

解：设所求线段长为 x，二已知线段长为 a 及 b。依题意有 $x^2 = ab$，化成比例形式为

$$a : x = x : b,$$

即 x 为 a，b 的比例中项。于是 x 可作，如图 3。

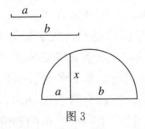

图 3

这是用代数方法解几何作图题，这一类问题属于解析几何研究的内容吗？学生自己就可以得出结论：不属于。此例说明学生上述关于什么是解析几何的回答是不准确的。

正确的回答应该是：通过建立坐标系，使曲线与方程联系起来，通过研究方程来研究曲线的几何性质。

有一个关于多元函数连续性的反例，构造非常巧妙，而且通过对话的形式，把这个反例是如何一步一步想出来的，剖析得很清楚，因为超出中学教学的范围，这里不作介绍，有兴趣的读者可参阅文[5]。

四、反例的适用范围及其局限性

为什么反例在否定一个命题时会具有如此巨大的威力呢？威力来自形式逻辑。

数学中的一个命题，由题设和题断两部分组成，形如"若 A 则 B"，即 A 类中的每一元都是 B 类中的元，用集合来表示则是 $A \subset B$。因此若要论证这一命题成立，就必须按照集合包含关系来证明，即证明属于 A 的每一元都属于 B。而要说明这个命题不成立，即否定这个包含关系，只须指出存在一个元属于 A 而不属于 B，也就是举出一个反例。例如在前述关于矩形判定的例子中，命题是"对角线相等的四边形是矩形"，这里集合 A 与 B 分别由"全体对角线相等的四边形"和"全体矩形"组成。图 1 就是否定 $A \subset B$ 的一个反例，因为图 1 中的四边形是 A 的元而不是 B 的元。

正因为反例的威力来自形式逻辑，因此它只能在遵循形式逻辑的学科领域内扬威，数学正好是它的用武之地。如果超出了上述领域，反例就未必能施展它的威力了。特别是在社会科学领域内，分析各种社会问题时形式逻辑的作用是有所不同的。在社会科学领域内，互相矛盾的现象会同时存在，对于同一个问题，正面和反面的例子都可以找到，这里需要的是分清主要和次要，找出决定事物本质的数量界限等辩证的观点。因此在社会科学领域内只根据形式逻辑得到的结论往往是不正确的，如果看到一个反例就

推翻整个命题，这在社会生活中就会犯"攻其一点不及其余"，"以偏概全"的错误。这正是学数学的人在观察社会问题时易犯的形而上学毛病。因此我们在数学教学中强调反例的重要作用时，必须同时认清反例的适用范围和它的局限性，努力培养辩证唯物主义的思想观点和方法。

五、反例在培养学生能力方面的作用

在数学研究中，最困难的也是最重要的部分之一是正确地提出问题。因此，有人把问题看成"数学的心脏"，这是有道理的[6]。至于要判断提出的问题即猜想对不对，这就需要给出证明或者举出反例。著名数学教育家波利亚也强调教师要教学生学习猜想"[7]。但是在现在的数学教学中往往"过于偏重演绎论证的训练，把学生的注意力都吸引到形式论证（逻辑推理）的严密性上去，这对培养学生的创造力来说，实际是不利的"，因为"发现和创新比命题的论证更重要"[8]

为了克服上述毛病，我们在教学中要鼓励学生敢于提出新问题及自己的猜想，例如要求他们将某个定理的条件改变一下，加强它或减弱它，看一看对结论会有什么影响，猜想能否得到什么新的结果？想一想能否将定理推广等等，总之要求学生不仅限于证明现成的定理及习题，而是着眼于发现和创新，自己提出问题，猜想结果，这样就使得构造和运用反例经常得到用武之地。在这种主动的生动活泼的学习活动中，不仅学习会深入得多，而且也能逐渐培养学生开展数学研究的能力，即提出新问题的能力，发现和创新的能力。本文作者曾在《点集拓扑》课的教学中，有意识地运用反例，并启发学生自己构造反例，从而活跃了学生的思想，也使自己对教学中如何运用反例有所体会[9]。

综上所述，反例在数学教学中有其重要的地位，若能

二、中学数学思想方法和教学研究

在教学中充分发挥反例的作用，对于提高教学质量，对于培养学生的能力，都是非常有益的。

当然，在数学的各个不同学科的教学中如何运用反例，必然会有许多各自不同的特点，这就需要我们充分发挥自己的创造性，并在实践中不断地用心体会和总结。

参考资料

［1］B. R 盖尔鲍姆，J. M. H 奥姆斯特德. 分析中的反例，高枚译. 上海科技出版社，1980.

［2］Lynn Arthur Steen and I. Arthur Seebach, Jr. Counterexamples in Topology, Second Edition. Springer-Verlag，New York，1978.

［3］刘垂玗. 数学教学中的反例. 数学通报，1965，(12)：16-19.

［4］蒋国华. 特例在教学中的地位和作用. 数学通报，1982，(8)：10-13.

［5］陈广卿. 关于举反例的对话. 数学通报，1966，(4)：38-41.

［6］P. R Halmos. 数学的心脏，张静译. 数学通报，1982，(4)：27-31.

［7］G. 波利亚著. 数学的发现（第 2 卷）. 科学出版社，1987.

［8］徐利治著. 数学方法论选讲. 华中工学院出版社，1983.

［9］王敬庚. 点集拓扑课中有关反例教学的点滴体会. 教学研究，1984，(1)：42-45.

王敬庚数学教育文选

■关于一道成人高考试题的思考[*]

——兼谈解题教学

1990 年全国成人高考（理工农医类）最后一道数学试题为：

在直角坐标平面上以原点为中心，以 1 为半径的圆内任取两点 $A(x_A，y_A)$，$B(x_B，y_B)$。设 $(x，y)$ 是以线段 AB 为直径的圆上任意一点，求证 $x^2+y^2<2$。

本文通过对这道题的各种不同解法的分析，探讨解题教学中的有关问题，最后提出关于该题的改进建议。

1. 四种解法

前两种解法是命题者给出的参考答案。

证法一： 由于点 A，B 都在以原点为圆心，半径为 1 的圆内，从而

$$x_A^2+y_A^2<1，\quad x_B^2+y_B^2<1。 \qquad ①$$

因为点 $(x，y)$ 在以 AB 为直径的圆上，从而

$$\left(x-\frac{x_A+x_B}{2}\right)^2+\left(y-\frac{y_A+y_B}{2}\right)^2$$

$$=\frac{1}{4}\left[(x_A-x_B)^2+(y_A-y_B)^2\right]， \qquad ②$$

所以 $x^2+y^2=x(x_A+x_B)+y(y_A+y_B)-x_Ax_B-y_Ay_B。 \qquad ③$

又因为

$$x(x_A+x_B)+y(y_A+y_B)\leqslant$$

———————————

* 本文原载于《数学通报》，1992，（2）：25-27.

$$\frac{x^2+(x_A+x_B)^2}{2}+\frac{y^2+(y_A+y_B)^2}{2},\qquad ④$$

所以

$$\frac{x^2+y^2}{2}\leqslant\frac{x_A^2+x_B^2}{2}+\frac{y_A^2+y_B^2}{2}。\qquad ⑤$$

由①可知 $x^2+y^2<2$。证毕。

证法二: 如图 1,用 P 表示点 $(x,\ y)$,Q 为 AB 的中点,只需证 $|OP|=\sqrt{x^2+y^2}<\sqrt{2}$。显然 $|OP|\leqslant|OQ|+|QP|$。记 $|OQ|=q$ ($0\leqslant q<1$),由于 $|QP|=\frac{1}{2}|AB|$,从而只需证 $q+\frac{|AB|}{2}<\sqrt{2}$。

王敬庚数学教育文选

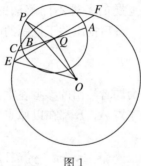

图 1

当 $q=0$ 时,由于 $|AB|<2$,显然有 $q+\frac{1}{2}|AB|<1<\sqrt{2}$。现设 $0<q<1$。过点 Q 作圆 O 的弦 EF,使得 $EF\perp OQ$,延长 AB 交 EF 所对之小弧于点 C,显然 $|QC|>\frac{1}{2}|AB|$。不妨设 B 点在 QC 上。连结 OC 与 OE,因为 $\angle OQE=90°$,$\angle OQC\geqslant90°$,所以

$$|OQ|^2+|QE|^2=|OE|^2=1,$$
$$|OQ|^2+|QC|^2\leqslant|OC|^2=1。$$

所以 $|QC|\leqslant|QE|=\sqrt{1-q^2}$,于是

$$|OP| \leqslant q + \frac{1}{2}|AB| < q + |QC| \leqslant q + \sqrt{1-q^2}, \quad (0 < q < 1)$$

令 $\sin\theta = q\left(0 < \theta < \frac{\pi}{2}\right)$，于是

$$|OP| < \sin\theta + \cos\theta \leqslant \sqrt{2}。$$

证毕。

证法三：先考虑极限情形：设 A_0，B_0 两点在圆上，并且取特殊位置：$A_0 B_0$ 被 x 轴垂直平分，如图 2，设 $A_0 B_0$ 交 x 轴于 Q。设 $A_0(x_{A_0}, y_{A_0})$，则 $B_0(x_{A_0}, -y_{A_0})$，$Q(x_{A_0}, 0)$。设 $P_0(x_0, y_0)$ 是以 $A_0 B_0$ 为直径的圆 $\odot Q$ 上的任意一点，于是 $|OP_0| \leqslant |OQ| + |QP_0| = |OQ| + |QA_0| = |x_{A_0}| + |y_{A_0}|$，因为 $x_{A_0}^2 + y_{A_0}^2 = 1$ 及 $x_{A_0} y_{A_0} \leqslant \frac{1}{2}(x_{A_0}^2 + y_{A_0}^2)$，所以 $x_{A_0}^2 + y_{A_0}^2 + 2x_{A_0} y_{A_0} \leqslant 1 + x_{A_0}^2 + y_{A_0}^2 = 2$。于是 $x_{A_0} + y_{A_0} \leqslant \sqrt{2}$，$|OP_0| \leqslant \sqrt{2}$。

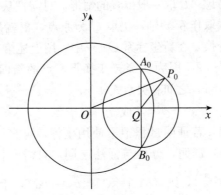

图 2

现在考虑原来的条件：A，B 在圆内，还取特殊位置：AB 垂直于 x 轴。如图 3，向两边延长线段 AB，使与圆交于 A_0，B_0 两点，于是线段 AB 包含在弦 $A_0 B_0$ 内部，以线段 AB 为直径的圆 $\odot R$ 包含在以弦 $A_0 B_0$ 为直径的圆 $\odot Q$ 内部，（此

55

二、中学数学思想方法和教学研究

处 R，Q 分别是 AB 及 A_0B_0 的中点)。设 $P(x,\ y)$ 为 $\odot R$ 上任意一点，因而 P 点在 $\odot Q$ 内部。延长射线段 OP 必与 $\odot Q$ 相交，记交点为 P_0，于是 $|OP|<|OP_0|$。而第一步已证 $|OP_0|\leqslant\sqrt{2}$，所以 $|OP|=\sqrt{x^2+y^2}<\sqrt{2}$，$x^2+y^2<2$。

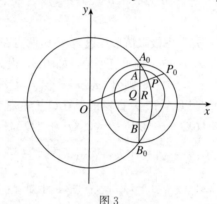

图 3

　　最后考虑 AB 取一般位置的情形，只需把从 O 点向 AB 所作的垂线取作新 x 轴，仍取 O 为原点，也就是将坐标系作一旋转变换，在新坐标系 $Ox'y'$ 中，用上述第二步的结果得 $x'^2+y'^2<2$。因为在旋转变换下，点的新旧坐标（x'，y'）与（x，y）之间有关系式 $x'^2+y'^2=x^2+y^2$，所以在原坐标系 Oxy 中 $x^2+y^2<2$ 成立。证毕。

　　证法四：若证明过程中不使用坐标，可直接对一般情形（如图 4）证明，分析与证法三同，只需设 $|OQ|=q=\sin\theta\left(0\leqslant\theta<\dfrac{\pi}{2}\right)$，则 $|QA_0|=\sqrt{1-q^2}=\cos\theta$，于是 $|OP|<|OP_0|\leqslant|OQ|+|QP_0|=\sin\theta+\cos\theta\leqslant\sqrt{2}$，最后再用坐标表示，得 $\sqrt{x^2+y^2}<\sqrt{2}$，$x^2+y^2<2$。证毕。

2. 对于解法的分析

　　证法一属于解析法。先应用中点坐标公式及距离公式

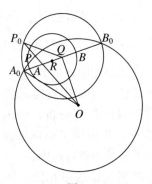

图 4

写出圆的方程，解题的关键一步是应用平均值不等式 $\sqrt{ab} \leqslant \dfrac{a+b}{2}$。应用这个不等式是中学数学中证明不等式的基本方法。

命题者指出本题是考查圆的方程、距离公式、多项式运算与基本不等式知识及综合解题能力，可见采用证法一正是命题者所希望的。从解题思路上分析，证法一的前三步是平凡的，若能想到用不等式 $\sqrt{ab} \leqslant \dfrac{a+b}{2}$ 也就是只要写出不等式④，问题就解决了，这样本题并不算难。但是，若没有想起用这个不等式，则会一筹莫展，陷入困境而无从下手。按命题者给的评分标准规定，写出前三步可得一半分数即 5 分，但从解题思路上来分析，写出前三步并没有使解题获得实质性的进展，这个 5 分并不反映解题已成功一半。这种题会解与不会解完全决定于是否采取了某一步。用这样的题来考查学生的解题能力我认为是不太理想的。另一个缺点是，证明中的关键一步$\left(\text{应用不等式 } \sqrt{ab} \leqslant \dfrac{a+b}{2}\right)$无直观背景，不能从几何分析得到，是纯粹的代数运算。

证法二基本上属于综合法。主要是应用了平面几何的知

二、中学数学思想方法和教学研究

识，也用到一些三角知识，最后也用了平均值不等式 $\sqrt{ab} \leqslant \dfrac{a+b}{2}$，反映了综合的解题能力。但与命题者的本意是考查圆的方程等等解析几何知识相距较远。

证法三属于解析法。先从比较容易的极端的和特殊的情形入手。着重对直观图形的分析，也用到该不等式，然后再回到一般的情形，并使用了坐标轴的旋转变换，但是这最后一步已超出了考试的规定范围。

证法四的基本思路与证法三相同，并且避开了坐标变换，但与证法二一样基本上不属于解析法了。

3. 关于解题教学

阅卷中发现做对本题的考生非常少，多数人最多也就只能写出证法一的开头一两步。由此想到在平时的解题教学中如何培养和提高学生解题能力的问题。现在以本题为例，谈谈如何向学生讲解，以及希望通过本题的讲解教给学生一些什么东西。

王敬庚数学教育文选

这里说一说我自己解这道题的过程。根据已知条件，如同证法一中开头的三步很快就写出了，但是再也无法前进，甚至连思路也找不着了。当时我正好阅读了波利亚的《怎样解题》一书，并准备向学生们——未来的中学数学教师介绍波利亚的解题表。因此我就想实际应用波利亚的解题表来解这道题，以取得第一手的经验，也想试一试这个解题表灵不灵，于是逐个思考解题表中所列的问题，并按照表中"将命题特殊化"的要求，考虑圆内线段 AB 被 x 轴垂直平分的情形，在这个特殊情形下，命题归结为对于圆 $x^2 + y^2 = 1$ 内任一点 $A(x_A, y_A)$，证明 $x_A + y_A < \sqrt{2}$，根据条件 $x_A^2 + y_A^2 < 1$，应用不等式 $x_A y_A \leqslant \dfrac{1}{2}(x_A^2 + y_A^2)$ 完成了证明。波利亚在表中接着问你能利用这个已解决的问题的

方法吗？能利用它的结果吗？于是我就试着将上述证明中使用的方法——平均值不等式用于③式右端，得到了证法一。考虑利用上述特殊情形时的结果，对于 AB 处于一般位置的情形，找出了它与特殊位置的关系，也完成了证明。我就以解这个题的上述思考过程为例向学生讲解了如何具体应用波利亚的解题表。

对于证法一，最要紧的是要讲清你是如何想到对③式右端使用平均值不等式的？前面说了，我是从对特殊情形的证明中受到的启发，对不等式比较熟悉的中学老师也许会很快想到用平均值不等式试一试——要证③式右端小于 2，而右端的式子中包含 x，y，如果能将 x，y 变成 x^2，y^2 则可移到左端，而平均值不等式 $\sqrt{ab} \leqslant \dfrac{a+b}{2}$ 可以把 $\sqrt{a}$，$\sqrt{b}$ 变成 a，b，于是想到不妨用它来试一试：对③式右端的 $x(x_A + x_B)$ 及 $y(y_A + y_B)$ 分别用平均值不等式，结果成功了。

我对于证法三是很欣赏的，因为其中包含了一个一般的解题模式：对于一个困难的问题，先考虑是否有一个与此有关的，比较容易着手的问题，通常称为辅助问题，它可能是原问题的一个极端的情形，也可能是一个特殊的情形，也可能是将原问题的已知条件稍加改变（本题就是先考虑 AB 是一条弦而且又是处于特殊位置——被 x 轴垂直平分的情形）。这个特殊的命题解决以后，再利用它来解决原来的一般命题。这个模式中包含两点：一是先找出特殊情形加以解决，二是再找出特殊情形与一般情形之间的关系。波利亚把这种解题模式形象地比喻为利用踏脚石过河，一条小河挡住去路，河当中正好有块合适的石头，我们可以利用它作为临时的踏脚石，用两步跨过河去[1]。通过证法三，就是要向学生讲授这个一般模式，以提高他们的解题能力，这样就避免了解题教学中常犯的就事论事，以及重视个别技巧而忽视总结一般规律的通病。如果我们在日常的解题教学中使学生经常受到这种关于解题的思想方法的训练，他们的解题能力就会很快提高的。

4. 改进建议

如果主要考查解析几何与不等式的解题能力，并且避开使用坐标旋转变换，建议将本题作如下修改，修改后可作为一道典型的例题：

"用解析法证明：已知 A，B 为以 O 为圆心 1 为半径的圆内任意两点，P 为以线段 AB 为直径的圆上任意一点，求证 $|OP| < \sqrt{2}$ 。"

修改后的这道题，首先要求建立合适的坐标系，这也是解析几何解题能力中应包括的要求。若坐标系选择合适，则难度可大大降低，而原来要训练的内容并没有因此而减少，证法一和证法三都能得到训练。

参考文献

［1］波利亚著，阎育苏译. 怎样解题. 科学出版社，1982.

王敬庚数学教育文选

■关于分类讨论的教学 [*]

——以有向线段数量公式的教学为例

分类的思想或分类讨论的思想是数学的基本思想。由于解析几何是通过坐标系把几何问题转化为代数问题来研究的，而代数方法具有一般性，例如用一个字母表示实数时，这个数可以是正数、负数或零，这样，含有字母的一个式子，对应到几何上，可能表示各不相同的好几种情形。因此，在解析几何中，分类讨论就显得特别重要，这就要求我们在解析几何教学中更加重视分类讨论的教学。

有向线段数量的公式是解析几何课本中第一个出现的重要公式。课本在给出了有向线段数量的定义（根据有向线段$\overline{AB}$与它所在的有向直线 l 同向或反向，分别把它的长度加上正号或负号，这样所得的数，叫做有向线段$\overline{AB}$的数量，记为AB，且 $AB = -BA$）之后，提出了一个问题："对于数轴上任意一条有向线段，怎样用它的起点坐标和终点坐标表示它的数量？"接着给出解答："设$\overline{AB}$是 x 轴上任意一条有向线段，O 是原点。先讨论两点 A，B 与 O 都不重合的情形。如图 1，它们的位置关系只可能有六种不同情形。点 A，B 的坐标分别用 x_1 和 x_2 表示，那么 $OA = x_1$，$OB = x_2$。"然后对图 1 中的情形（1）和（2），分别导出 $AB = x_2 - x_1$，并指出"同样可以证明，对于其他四种情形这个等式也成立。容易验证，当点 A 或 B 与原点 O 重合时这个等式

＊ 本文原载于《数学通报》，1994，（6）：30-33.

同样成立。因此，对数轴上任意有向线段$\overline{AB}$，它的数量 AB 和起点坐标 x_1、终点坐标 x_2 有如下关系：$AB = x_2 - x_1$。"

图 1

这是要进行分类讨论的一段典型的教材。我们应该如何来进行教学呢？为了使议论能结合实际，笔者手边正好有一本发行较广的由各地有经验的教师编写的《高中数学教案·平面解析几何》，现结合其中讲授这一内容的一篇教案，说一说我对分类讨论的教学的几点看法。该教案的有关段落抄录如下：

"4. 有向线段的数量。

（教案在给出有向线段的数量的定义之后写道：）这时向学生提问：在数轴 Ox 上，任取两点 A 和 B，①从位置关系上看，有多少种取法？②数轴上点 A 的坐标 x_1 实际上代表什么？③数轴上点 B 的坐标 x_2 实际上代表什么？

说明：根据上述提问之①，经过整理归纳把六种情形一一画在黑板上，如图1。根据上述提问之②，经过启发学生得出点 A 的坐标 x_1 是以原点 O 为起点、A 为终点的有向线段$\overline{OA}$的数量，即 $OA = x_1$，然后启发学生准确地回答出上述提问之③。

5. 有向线段的数量公式。

如果 A，B 两点的坐标分别是 x_1 和 x_2，那么 $AB = x_2 - x_1$。

当问题提出以后，教师根据同学们的回答，做如下总结：

设 $\overline{AB}$ 是 x 轴上的任意一条有向线段，那么就 A，B 两点与 O 都不重合的情形，显然它们的位置关系只可能有上述六种不同情况（如图1）。根据已知条件，如果 A，B 两点的坐标分别是 x_1 和 x_2，那么 $OA=x_1$，$OB=x_2$，是否都满足 $AB=x_2-x_1$ 呢？

这时教师可引导学生证明图1六种情况中的两种：

证明：（教案中写出对图1中情形（1）和（2）的证明，这里略去——王注）

启发学生用同样的方法证出其他四种情况。

教师进而指出，当 A 或 B 与原点 O 重合时，这个等式同样成立。

总之，对于数轴上任意有向线段 $\overline{AB}$，它的数量 AB 和起点坐标 x_1、终点坐标 x_2 有如下关系 $AB=x_2-x_1$。"

现在来说一说我对这一段教学的意见。

首先，课本上提的问题是："如何用有向线段端点的坐标来计算该有向线段的数量？"这是一个寻找公式的问题。讲授时，如果我们直接给出公式 $AB=x_2-x_1$，让学生来证明（即验证）这个公式是正确的，如上述教案中所做的那样，就把一个要求"发现"未知公式的问题变成了一个"验证"已知公式的问题，而这是两个不同层次的问题，前者要求我们在讲课时，要在如何引导学生一步步地去发现并找出有向线段的数量与它的端点坐标之间的关系上下功夫，而后者不要求发现和寻找，只要求验证。因此这样的处理，就把原来课本上的要求大大地降低了。

其次，如果一个问题在解决过程中，必须对各种不同情况分别加以讨论，那么我们在进行这个问题的教学时，首先就要阐明分类讨论的必要性，并引导学生学会判断一

个问题要不要分类讨论，因为只有确定了要分类讨论，然后才能谈到怎样分类。

以本问题为例。已知 $A(x_1)$，$B(x_2)$ 如何计算 AB?

"对于数量 AB，我们知道些什么呢?"

"只知道它的定义。"

"那么，数量 AB 的定义又是如何叙述的呢。"

"若 $\overline{AB}$ 与 x 轴同向，则 $AB=|AB|$，若 $\overline{AB}$ 与 x 轴反向，则 $AB=-|AB|$。"

"这就要求我们必须区分 $\overline{AB}$ 与 x 轴同向和反向两种情况来讨论。那么，同向时，长度 $|AB|$ 又如何计算呢? 我们已知什么?"

"A，B 两点的坐标 x_1 和 x_2。"

"x_1 和 x_2 的几何意义是什么呢?"

"x_1 是 OA，x_2 是 OB。"

王敬庚数学教育文选

"知道 OA 及 OB 能算出 $|AB|$ 吗?"这就要看 O，A，B 三点在 x 轴上是如何排列的了。如果从左至右按 OAB 顺序排列，画出图 1 中的 (1)，从图中可以得到 $|AB|=|OB|-|OA|=OB-OA=x_2-x_1$，又因为这时 $\overline{AB}$ 与 x 轴同向，所以 $AB=|AB|$，所以 $AB=x_2-x_1$。如果从左至右按 AOB 顺序排列，画出图 1 中的 (2)，这时长度 $|AB|\neq|OB|-|OA|$ 而是 $|AB|=|OB|+|OA|$，因为 $x_2=OB=|OB|$，而 $x_1=OA=-|OA|$，所以仍有 $|AB|=x_2-x_1$，因而仍有 $AB=x_2-x_1$。计算长度 $|AB|$ 的过程（即 $|AB|$ 与 $|OA|$，$|OB|$ 的关系）与 O，A，B 三点在 x 轴上的排列顺序有关，那么，当 $\overline{AB}$ 与 x 轴同向时，O，A，B 在 x 轴上的排列顺序一共有几种不同的情形呢? 共有三种，除了上述两种情形即图 1 中的 (1) 和(2)之外还有情形 (3)。当 $\overline{AB}$ 与 x 轴反向时，O，A，B 也有三种不同的排列（即图 1 中的 (4),(5),(6)）。全部共有且只有这六种不同的情形，

对于这六种情形，我们都能得到 $AB = x_2 - x_1$。

(1)
$$\begin{array}{c}\xrightarrow{\quad O\ A\qquad B\qquad} x\end{array}$$

图 1 (1)

(2)
$$\begin{array}{c}\xrightarrow{\qquad A\ O\qquad B\qquad} x\end{array}$$

图 1 (2)

(3)
$$\begin{array}{c}\xrightarrow{\qquad A\qquad B\quad O\qquad} x\end{array}$$

图 1 (3)

在上述一步步的分析过程中，不仅讲清楚了分情况讨论的必要性，而且这种分情况讨论就如同是学生自己发现的，而不是老师强加于他的了。然而"强加于人"是分类讨论教学中常见的毛病之一。老师不去分析必须分情况讨论的理由，而是直接让学生去分情况（例如上述教案中提问①的应用），或者干脆把情况分好拿出（例如课本所为），这样，学生从教师的讲课中，就很难学到如何去判断何时需要分情况讨论。因而当他自己拿到一个问题时，也就不会决定要不要分情况讨论了。为了解决这个问题，在讲授需要分情况讨论的内容时，教师首先应着重分析需要分情况讨论的理由，最好启发学生自己得到必须分情况讨论的结论。如果每次都这样做，久而久之，学生自己拿到一个问题时，就能决定要不要分情况讨论了。

第三，在需要分情况讨论时，如何分情况，即根据什么来分情况，这是分类讨论中的核心问题。为了导出 AB 的计算公式，课本先对最一般的情形进行讨论，即 $x_2 \neq x_1$ 且 x_1，x_2 皆不为零的情形，在几何上就是 A，B 两点不重合，且它们和原点 O 都不重合的情形。待对一般情形推导出公式以后，再验证对那些特殊情形也成立就行了。

所谓分情况（或说分类）就是先确定一个分类的标准，把讨论对象分组，使每一个对象属于且只属于一组，且同一组的对象有相同的性态，不同组的对象性态不同。依问

二、中学数学思想方法和教学研究

题的具体意义确定合适的分类标准，使讨论不重不漏，这是分类的关键所在。在本问题中，分类的标准应如何选择呢？由于数量 AB 的定义是分两种情形给出的，所以我以为首先应区分 $\overline{AB}$ 与 x 轴同向还是反向，同向属于一类，反向属于另一类。在同向时，由于计算长度 $|AB|$ 过程中的表示式不同，又按 O，A，B 三点的排列顺序分为（1）OAB，（2）AOB，（3）ABO 三种不同的情形（即图 1 中的前三种情形）。同样在反向时，O，A，B 也有三种不同的排列顺序（即图 1 中的后三种情形）。在这个分类中，如果把 $\overline{AB}$ 与 x 轴同向和反向称为第一级分类的话，那么每一种情况下 O，A，B 的不同排列顺序就是第二级分类了。这样，图 1 中的六种情形就分别属于两组，如下表

第一级分类	第二级分类
$\overline{AB}$ 与 x 轴同向 $(AB=\|AB\|)$	$OAB\ (\|AB\|=\|OB\|-\|OA\|)$ $AOB\ (\|AB\|=\|OB\|+\|OA\|)$ $ABO\ (\|AB\|=\|OA\|-\|OB\|)$
$\overline{AB}$ 与 x 轴反向 $(AB=-\|AB\|)$	OBA BOA BAO

讨论中尽可能分出层次，即分出不同的分类等级，这一点特别在情况较多的分类中更显得重要。这样做可以使条理清楚，不致把情况搅乱。

第四，在分类讨论中，要尽可能利用已讨论过的结论，再加上已有的性质，将未讨论的情形归结为已讨论过的情形，这样可以使分类的情况大大简化。例如在本问题中当我们通过讨论对 $\overline{AB}$ 与 x 轴同向时的各种情形得到 $AB=x_2-x_1$，即正向线段 $\overline{AB}$ 的数量 AB 等于终点（B）的坐标减去起点（A）的坐标。利用这个结论，再加上性质 $BA=-AB$，对于与 x 轴反向的线段 $\overline{AB}$ 就不必再分类讨论了。因

为这时$\overline{BA}$就与 x 轴同向，根据已得结论，正向线段$\overline{BA}$的数量 BA 就等于终点（A）的坐标减去起点（B）的坐标，即 $BA=x_1-x_2$，再由 $BA=-AB$，所以仍有 $AB=x_2-x_1$。因此本问题不必象课本和上述教案那样不分层次地将 O，A，B 六种不同排列全部列出，根据如上分析，实际上后三种情况可以不列出，从而使讨论简化。

总之，关于有向线段的数量公式的推导，是一个进行分类讨论教学的很好的具有典型意义的材料，如果处理得当，可以在阐述分类讨论的必要性方面，如何选择分类标准进行分类方面，如何使分类区分出不同层次，以及如何利用已讨论的结果尽可能使分类简化方面，都可以使学生学到很多东西，从而为他们在整个解析几何的学习中自觉地重视学习分类讨论打下一个很好的基础。

解析几何课程为分类讨论提供了非常丰富的材料，只要我们重视分类讨论的教学，并在本文前面提到的几个方面加以注意，我们一定可以使学生较好地掌握关于分类讨论的思想，大大提高学生进行分类讨论的能力。

参考文献

［1］北京师范大学出版社编. 高中数学教案·平面解析几何. 北京师范大学出版社，1987 年，7-11.

■解析几何中的轮换技巧 *

如果一个问题的已知条件及结论中的各项，包括诸元素（点与直线）及其相互关系，其地位都是平等的，那么选择合适的坐标系，运用轮换技巧，可以大大减少解题过程中演算的工作量，收到事半功倍的效果。

例1 已知 $\triangle ABC$ 三边 BC，CA，AB 上的高分别为 AD，BE，CF，求证直线 AD，BE，CF 共点。

证明：以 D 为原点，BC 和 AD 所在直线分别为 x 轴和 y 轴，建立坐标系（图1）。设各点的坐标为：$A(0, a)$，$B(b, 0)$，$C(c, 0)$。由 AC 的斜率为 $-\dfrac{a}{c}$，得 BE 的方程为 $y = \dfrac{c}{a}(x-b)$ (1)。同理，CF 为 $y = \dfrac{b}{a}(x-c)$ (2)。由 (1)、(2) 解得 $x=0$，说明 BE 与 CF 的交点在 y 轴（即 AD）上。证毕。

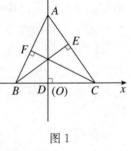

图1

在上述证明中，推导出 BE 的方程 (1) 后，说"同理"就直接写出了 CF 的方程 (2)。所谓同理，即可用与导出 BE 方程同样的方法和步骤导出 CF 的方程。因为在图1的坐标系中，B 和 C、AC 和 AB、BE 和 CF 地位都是平等的，因此有关的坐标和方程在形式上完全相同。推导 CF 过程中每一步的结果都相当于在推导 BE 的相应结果中将 b 换

* 本文原载于《湖南数学通讯》，1993，(1)：15-17.

68

王敬庚数学教育文选

成 c，c 换成 b。因此最后所得 CF 的方程就与在 BE 方程中将 b 换成 c，c 换成 b 相同，这样，我们就不必再一步步去推导 CF，而只须由 BE 的方程经过 "b 换 c，c 换 b" 而直接得到，这就是轮换方法及其依据。能够使用轮换方法的前提是所涉及的诸元素在坐标系中是平等的。

如果我们以 B 为原点，直线 BC 为 x 轴建立坐标系（图2），导出 BE 的方程后就不能用轮换方法直接写出 CF 了，原因是在这个坐标系中，B 和 C 的地位是不平等的。这个坐标系注意了特殊性而忽视了平等性，因而丧失了应用轮换方法的好处。

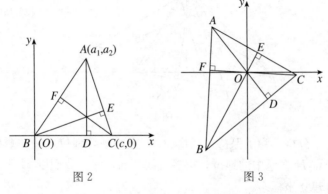

图2   图3

能否既使得 A，B，C 三点完全平等，又使坐标系具有某种特殊位置呢？设两条高 BE 和 CF 交于 O 点，以 O 点为原点建立坐标系，如图3。设各点的坐标为：$A(x_A, y_A)$，$B(x_B, y_B)$，$C(x_C, y_C)$，$O(0, 0)$。要证 AD 也通过 O 点，只须证 $AO \perp BC$。由 $BE \perp CA$ 即 $BO \perp CA$ 得斜率 $k_{BO} = -\dfrac{1}{k_{CA}}$，$\dfrac{y_B}{x_B} = -\dfrac{x_C - x_A}{y_C - y_A}$，$x_B(x_C - x_A) + y_B(y_C - y_A) = 0$，$x_A x_B + y_A y_B = x_B x_C + y_B y_C$ (1)。同理，由 $CO \perp AB$（将（1）中 a 换成 b，b 换成 c，c 换成 a）得 $x_B x_C + y_B y_C = x_C x_A + y_C y_A$ (2)，由（1）、（2）得 $x_A x_B + y_A y_B = x_C x_A + y_C y_A$

(3)，而（3）说明 $AO \perp BC$，证毕。这个证明和图 1 的证明一样，既运用了轮换技巧，又利用了坐标系的特殊位置带来的方便。

总之，一般情况下坐标系的选择，既要保证所需要的平等地位，又要尽可能具有某种特殊位置。

例 2 已知 H 是 $\triangle ABC$ 的垂心，P 是任意一点。$HL \perp PA$，交 PA 于 L，交 BC 于 X；$HM \perp PB$，交 PB 于 M，交 CA 于 Y；$HN \perp PC$，交 PC 于 N，交 AB 于 Z。求证 X，Y，Z 三点共线（图 4）。

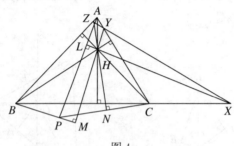

图 4

分析 为了保持 A，B，C 三点的平等地位，又注意到定点 H 在题中的地位，很多直线都通过它，我们以 H 为原点建立坐标系。

证明： 以垂心 H 为原点建立坐标系。设各点的坐标为：$A(x_A, y_A)$，$B(x_B, y_B)$，$C(x_C, y_C)$，$P(x_P, y_P)$，$H(0, 0)$。

$\because PA$ 的斜率 $k_{PA} = \dfrac{y_P - y_A}{x_P - x_A}$，$HL \perp PA$，

$\therefore HL$ 的方程为 $y = -\dfrac{x_P - x_A}{y_P - y_A} x$，即

$$(x_P - x_A)x + (y_P - y_A)y = 0。 \tag{1}$$

$\because BC \perp HA$，$k_{HA} = \dfrac{y_A}{x_A}$，

$$\therefore BC: y - y_B = -\frac{x_A}{y_A}(x - x_B), \text{即}$$

$$x_A(x - x_B) + y_A(y - y_B) = 0。 \tag{2}$$

又 $\because k_{BC} = \dfrac{y_B - y_C}{x_B - x_C}$，$\therefore \dfrac{y_B - y_C}{x_B - x_C} = -\dfrac{x_A}{y_A}$，即

$$x_A x_B + y_A y_B = x_A x_C + y_A y_C。 \tag{3}$$

同理，由 $CA \perp HB$（在（3）中将 a, b, c 轮换）得

$$x_B x_C + y_B y_C = x_B x_A + y_B y_A,$$

于是有

$$x_A x_B + y_A y_B = x_B x_C + y_B y_C = x_C x_A + y_C y_A。 \tag{4}$$

已知 HL 与 BC 交于 X，所以（1）+（2）得

$$x_P x + y_P y = x_A x_B + y_A y_B, \tag{5}$$

这是过 X 的直线。同理，

$$x_P x + y_P y = x_B x_C + y_B y_C \tag{6}$$

及

$$x_P x + y_P y = x_C x_A + y_C y_A \tag{7}$$

是分别过 Y 及 Z 的直线，由（4）可知（5），（6），（7）是同一条直线，故 X，Y，Z 三点共线，证毕。

上述证明中，除运用"轮换"技巧外，还用了"直线束"。选择（1）+（2）来得到过 X 的直线，完全是"凑"出来的（为了使它也过 Y 和 Z，就必须使它经过 A，B，C 轮换后不变）。

例3 证明 $\triangle ABC$ 的重心 G，外心 O，垂心 H 三点共线，且 $OG:GH=1:2$（图5）。

分析：建立坐标系使 A，B，C 三点完全平等。三个定点 O，G，H 中取哪个为原点好呢？

证明：以外心 O 为原点建立坐标系，设外接圆的方程为 $x^2 + y^2 = 1$，设各点的坐标为：$A(\cos \alpha, \sin \alpha)$，$B(\cos \beta,$

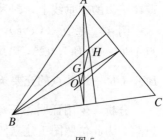

图5

$\sin \beta)$,$C(\cos \gamma,\ \sin \gamma)$。于是，$O(0,\ 0)$，$G\left(\dfrac{1}{3}(\cos \alpha +\right.$

$\left.\cos \beta +\cos \gamma),\ \dfrac{1}{3}(\sin \alpha +\sin \beta +\sin \gamma)\right)$。在 OG 延长线上

取点 H'，使 $OG : GH' = 1 : 2$，只须证明 H' 与 H 重合本题

即得证。$\because GH' : H'O = 2 : (-3)$，$\therefore x_{H'} = \dfrac{x_G}{1-\dfrac{2}{3}} = \cos \alpha +$

$\cos \beta +\cos \gamma$，$y_{H'} = \sin \alpha +\sin \beta +\sin \gamma$，$\because k_{AH'} =$

$\dfrac{\sin \beta +\sin \gamma}{\cos \beta +\cos \gamma}$，$k_{BC} = \dfrac{\sin \beta -\sin \gamma}{\cos \beta -\cos \gamma}$，

$\therefore \quad k_{AH'} \cdot k_{BC} = \dfrac{(\sin \beta +\sin \gamma)(\sin \beta -\sin \gamma)}{(\cos \beta +\cos \gamma)(\cos \beta -\cos \gamma)} = -1$，

$\therefore AH' \perp BC$。即 H' 在 BC 边的高线上，同理得 $BH' \perp CA$，
$CH' \perp AB$，$\therefore H'$ 是三条高线的交点即垂心 H，证毕。

王敬庚数学教育文选

　　你能分析出本题取外接圆心为坐标原点的理由吗？上
述证明中除应用轮换技巧外，还用了"同一法"。要证明 H
与 O，G 共线且 $OG : GH = 1 : 2$，因为直接计算垂心 H 的
坐标比较复杂，而上述两个条件只能确定唯一的 H 点，因
此想到先求出满足这两个条件的点，再证它就是垂心，这
就是同一法。

　　注　本题也可仿例 2 以垂心 H 为原点建立坐标系。取
O' 点，使之满足 $HO' : O'G = 3 : (-1)$，求得 O'，再证 O'
点在三边的中垂线上，即为外心，即 O' 与 O 重合。

　　例 4　塞瓦（Ceva）定理　定理 P，Q，R 分别是
$\triangle ABC$ 三边 BC，CA，AB 或其延长线上的三点，则 AP，
BQ，CR 三线共点的充要条件是 $\dfrac{BP}{PC} \cdot \dfrac{CQ}{QA} \cdot \dfrac{AR}{RB} = 1$。

　　分析　采用证明第三条直线过前两条直线交点的证明
思路，为此仿照图 1 建立使 B，C 具有平等地位的最特殊的
坐标系。

证明：以直线 BC 为 x 轴，过 A 点垂直于 BC 的直线为 y 轴建立坐标系，如图 6。

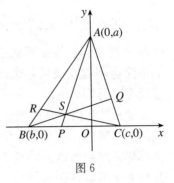

图 6

记 $\dfrac{BP}{PC}=\lambda$，$\dfrac{AQ}{QC}=\mu$，$\dfrac{AR}{RB}=\upsilon$，于是要证明的充要条件变成 $\lambda \cdot \dfrac{1}{\mu} \cdot \upsilon = 1$，即 $\lambda = \dfrac{\mu}{\upsilon}$。

设各点的坐标为：$A(0, a)$，$B(b, 0)$，$C(c, 0)$，于是 $P\left(\dfrac{b+\lambda c}{1+\lambda}, 0\right)$，$Q\left(\dfrac{\mu c}{1+\mu}, \dfrac{a}{1+\mu}\right)$，$R\left(\dfrac{\upsilon b}{1+\upsilon}, \dfrac{a}{1+\upsilon}\right)$。从而 CR：

$$\dfrac{y}{\dfrac{a}{1+\upsilon}}=\dfrac{x-c}{\dfrac{\upsilon b}{1+\upsilon}-c}，$$

即 $a(x-c)-(\upsilon b-c-\upsilon c)y=0$ (1)。同理（将（1）中 c 换成 b，b 换成 c，υ 换成 μ）得 BQ：$a(x-b)-(\mu c-b-\mu b)y=0$ (2)。过（1），（2）交点的直线设为 $[a(x-c)-(\upsilon b-c-\upsilon c)y]+m[a(x-b)-(\mu c-b-\mu b)y]=0$ (3)，使其又过 A 点，将（0，a）代入（3）得 $a\upsilon(b-c)+ma\mu(c-b)=0$，$m=\dfrac{\upsilon}{\mu}$。于是直线 AS：$[a(x-c)-(\upsilon b-c-\upsilon c)y]+\dfrac{\upsilon}{\mu}[a(x-b)-(\mu c-b-\mu b)y]=0$ (4)。直线 AS 与 AP 重合 $\Leftrightarrow$ AS 与 x 轴的交点 P' 与 P 重合。在（4）中令 $y=0$ 得 $(ax-ac)+\dfrac{\upsilon}{\mu}(ax-ab)=0$，解得 $x_{p'}=\dfrac{\upsilon b+\mu c}{\upsilon+\mu}$，即 $P'\left(\dfrac{b+\dfrac{\mu}{\upsilon}c}{1+\dfrac{\mu}{\upsilon}}, 0\right)$。

于是 P' 与 P 重合 $\Leftrightarrow$ $\dfrac{b+\dfrac{\mu}{\upsilon}c}{1+\dfrac{\mu}{\upsilon}}=\dfrac{b+\lambda c}{1+\lambda}\Leftrightarrow\lambda=\dfrac{\mu}{\upsilon}$。证毕。

上述证明中，记 $\dfrac{AQ}{QC}=\mu$ 而不是记 $\dfrac{CQ}{QA}=\mu$，是为了保持 Q 与 R 的坐标在表示形式上的平等，以便于轮换。上述证明中除运用轮换技巧，也用了直线束。若采用斜坐标系，证明会更简单一些。

解析几何由于是借助于坐标系，把几何问题转化成代数问题来解的，因此有一定的程序可依，不需要象综合几何那样冥思苦想地去寻找奇巧的解法，但这并不是说解析几何方法不需要任何技巧。不注意应用技巧，有时也会陷入非常"繁杂"的演算之中，事倍功半，甚至乱成一团得不到预想的结果。因此在解析几何教学中，注意培养学生运用解题技巧也是非常重要的。利用平等地位（或称对称性）进行轮换，就是解题技巧之一。中国科技大学出版社 1989 年出版的单墫、程龙编写的《解析几何的技巧》一书，通过丰富的例题全面介绍了包括轮换技巧在内的各种解题技巧。该书是数学奥林匹克的一本很好的辅导材料，也是一本很好的教学参考书。本文中例 2 和例 3 就取材于该书。

王敬庚数学教育文选

■重视应用定比分点解题[*]

——从1992年全国成人高考的一道考题谈起

1992年全国成人高考文科的一道考题。

已知椭圆 $\dfrac{x^2}{a^2}+\dfrac{y^2}{b^2}=1$ $(a>b>0)$，过点 $A(-a,\,0)$，$B(a,\,b)$ 的直线与椭圆相交于 C，求 $|AC|:|BC|$。

命题者在评分标准中指出：本道题主要考查直线方程，曲线交点，方程组的解法及综合解题能力。命题者给出的参考答案，共列举两种解法，它们都是先定出直线 AB 的方程，与椭圆方程联立，求出交点 C 的坐标 $\left(\dfrac{3}{5}a,\,\dfrac{4}{5}a\right)$，然后，或者直接计算 $|AC|$ 及 $|BC|$，求得比为 $4:1$；或者求出 B，C 在 x 轴上的投影 D，E 的坐标，再由 $|AC|:|BC|=|AE|:|AD|$ 得解（见图1）。

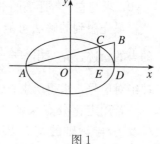

图1

其实，本题若应用定比分点来解，计算要简单得多。直接设 $\dfrac{AC}{CB}=\lambda$，于是 C 的坐标为 $\left(\dfrac{-a+\lambda a}{1+\lambda},\,\dfrac{\lambda b}{1+\lambda}\right)$，代入已知椭圆方程，即可解得 $\lambda=0$（舍去）及 $\lambda=4$，于是所求 $|AC|:|BC|=4:1$。根本无须写出直线方程，无须求曲线交点，解方程组等，这个解法比参考答案中给出的解法

＊ 本文原载于《湖南数学通讯》，1993，(5)：17-19.

二、中学数学思想方法和教学研究

要简单很多。然而，从整个北京市的全部答卷看，用这种解法的考生却非常之少。

从命题者的命题原意中没有把应用定比分点的解法包括进去，以及考生中应用定比分点解法的人非常之少，这两个方面都说明在中学解析几何教学中，对定比分点在解题中的应用重视很不够。

一般的情况是，能用定比分点解的题，往往同时也能用别的方法解。这些别的方法就是诸如由方程解交点以及求距离等等，而这些方法是常见的，因而是熟悉的，首先会想到的。然而计算有时要比用定比分点复杂一些，就如同我们在解上述考题时所遇到的情形那样。

我们再来看几个例子。

例1 已知二平行直线 l_1：$3x+2y-6=0$，l_2，$6x+4y-3=0$，求与它们等距离的平行直线 l 的方程。

最先想到的解法可能是求到两条已知平行直线等距离的点的轨迹，先写出 $\dfrac{|3x+2y-6|}{\sqrt{3^2+2^2}}=\dfrac{|6x+4y-3|}{\sqrt{6^2+4^2}}$，然后去掉绝对值号，求得所求直线方程。

若用定比分点来解，只须由 l_1 及 l_2 与 x 轴的交点 $P_1(2,0)$ 及 $P_2\left(\dfrac{1}{2},0\right)$ 求出线段 P_1P_2 的中点 $P\left(\dfrac{5}{4},0\right)$（见图2），则过点 P 平行于 l_1 的直线 $3x+2y-\dfrac{15}{4}=0$ 即为所求。

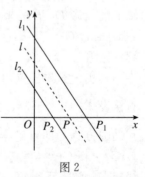

图2

评论 用点到直线的距离来解，式中有绝对值，去掉绝对值记号以后的正负号的选取要进行讨论，应用定比分点则无此麻烦。用定比分点的这一优点在解由例1推广得到的例 2 时更为明显。

例 2 已知二平行直线 l_1 及 l_2 同例 1，求位于 l_1 与 l_2 之间的平行直线 l，使 l 到 l_1 与到 l_2 的距离之比这 1：2。

此例若用点到直线的距离来解，对去掉绝对值记号的正负号的取舍，讨论起来则相当麻烦，而若仿例 1 用定比分点来解则很简便。

例 3 已知不共线三点 $A(a_1, a_2)$，$B(b_1, b_2)$，$C(c_1, c_2)$，求过 C 点的直线 l，使得 l 与线段 AB 相交且与 A、B 等距离。

分析与评论 l 与 A，B 两点等距离，又与线段 AB 相交，则 l 必过线段 AB 之中点 M（图 3），于是 C 与 $M\left(\dfrac{a_1+b_1}{2}\right.$，$\left.\dfrac{a_2+b_2}{2}\right)$ 的连线即为所求。

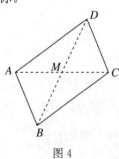

图 3

若用点到直线的距离来解，又遇到绝对值，去绝对值号以后得两条直线，还需判断其中哪条直线与线段 AB 相交（若要求的直线改为到 A 的距离是到 B 的距离的 3 倍，且与线段 AB 相交，则判断哪条直线是所求，就更加复杂了，这时，用定比分点解法的优越性则更加明显）。

例 4 已知 $\square ABCD$ 中三个顶点 $A(a_1, a_2)$，$B(b_1, b_2)$，$C(c_1, c_2)$，求第四个顶点 D 的坐标。

分析与评论 由平行四边形的对角线互相平分，知 AC 的中点 $M\left(\dfrac{a_1+c_1}{2}, \dfrac{a_2+c_2}{2}\right)$ 即为 BD 的中点，如图 4，于是由 B 及 M 再用一次中点公式，就可求得 D 的坐标。本题若用过 A 点平行于 BC 的直线与过 C 点平行于 AB 的直线的交点求 D，须解二

图 4

二、中学数学思想方法和教学研究

元一次联立方程组；若用距离 $|AD|=|BC|$ 及 $|CD|=|AB|$ 来求 D 点，两个二元二次方程联立，有两组解，求得两个点，哪个点符合要求还须判断。

例5 过两点 $A(-3，2)$ 和 $B(6，1)$ 的直线与直线 $l：x+3y-6=0$ 交于 P，求 P 分线段 AB 所成的比。

解：设 $\dfrac{AP}{PB}=\lambda$，于是 $x_p=\dfrac{-3+6\lambda}{1+\lambda}$，$y_p=\dfrac{2+\lambda}{1+\lambda}$。因为 P 在 l 上，所以 $\dfrac{-3+6\lambda}{1+\lambda}+\dfrac{3(2+\lambda)}{1+\lambda}-6=0$，解得 $\lambda=1$。

评论 不少同学做题时首先想到的是距离的比，先求出交点 P，再分别计算出 $|AP|$ 及 $|PB|$，得 $|AP|$：$|PB|$，或者直接应用 $|AP|$：$|PB|=d_1：d_2$，此处 d_1，d_2 是分从 A、B 到 l 的距离（图5）。本题正好 A、B 位于 l 的两侧，所以 $AP：PB=|AP|$：$|PB|=d_1：d_2$，如果不知道 A，B 是否在直线 l 的两侧（见例6），则须分情况进行讨论，而用定比分点则无此麻烦。

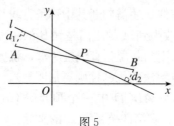

图5

例6 已知 $P_1(x_1，y_1)$，$P_2(x_2，y_2)$ 的连线交直线 $l：ax+by+c=0$ 于 P 点，求证 $\dfrac{P_1P}{PP_2}=-\dfrac{ax_1+by_1+c}{ax_2+by_2+c}$。 (1)

本题若用点到直线的距离之比 $|P_1P|$：$|PP_2|=d_1$：d_2 来解，但由于 P_1，P_2 可能在 l 的异侧，也可能在 l 同侧，因此有 $\dfrac{P_1P}{PP_2}=\dfrac{|P_1P|}{|PP_2|}$，或者 $\dfrac{P_1P}{PP_2}=-\dfrac{|P_1P|}{|PP_2|}$，必须分情况讨论，而若仿例5用定比分点则无此麻烦。

我们顺便介绍一下，应用上述结果（1）可以很简便地证明下述著名的命题：

已知 $\triangle ABC$ 的三边 BC，CA，AB 或其延长线上各一点 D，E，F，若 AD，BE，CF 三线共点 O，则

$$\frac{BD}{DC} \cdot \frac{CE}{EA} \cdot \frac{AF}{FB} = 1。$$

证明：以 O 为原点建立坐标系，设 $A(x_1，y_1)$，$B(x_2，y_2)$，$C(x_3，y_3)$（图 6）于是 AD 的方程为 $y = \frac{y_1}{x_1} x$，即 $y_1 x - x_1 y = 0$，应用例 6 的结果（1）得 $\dfrac{BD}{DC} =$

$-\dfrac{y_1 x_2 - x_1 y_2}{y_1 x_3 - x_1 y_3}$，同理有

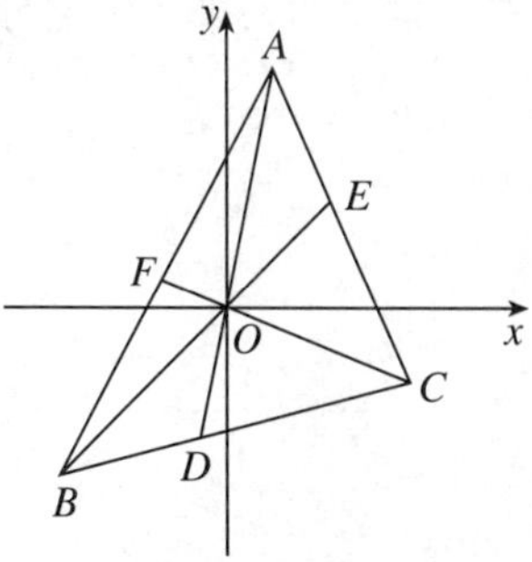

图 6

$$\frac{CE}{EA} = -\frac{y_2 x_3 - x_2 y_3}{y_2 x_1 - x_2 y_1}，\quad \frac{AF}{FB} = -\frac{y_3 x_1 - x_3 y_1}{y_3 x_2 - x_3 y_2}，$$

于是

$$\frac{BD}{DC} \cdot \frac{CE}{EA} \cdot \frac{AF}{FB} = 1。$$

证毕。

在上述几个例子中我们看到，由于两点间的距离公式要开平方，点到直线的距离公式有绝对值记号，都给计算带来麻烦，而应用定比分点公式却无此等麻烦；另一方面，由于定比分点公式是直接用坐标求坐标，有时可以避免求方程再解交点。因此一般地，能用定比分点的时候尽量应用定比分点。

我们的解题教学，不是以教学生会解这道题为全部目的，它还应该教给学生将各种解法进行比较，选择最简单的解法。波利亚要求教师通过手边这道题的解法使学生学到一些对今后解题有用的东西，即揭示出包含在这个解法中的某些规律性的东西。因此，当碰到能用定比分点解的

题，而且这种解法比其他解法简便时（例如上述诸例题），就要引导学生将各种解法进行比较，适当地强调应用定比分点的优越性，并选择适当的例题，有意识地进行这方面的训练，力求使学生学会选择这种方法来解题。这样，再遇到诸如本文开头所引的那道高考题时，我想就绝不会只有非常少的人采用定比分点这种方法了。

王敬庚数学教育文选

■关于在数学教学中强调通法的思考 *

手边有几道平面几何题，对解释"通法"十分合适。

例1　已知两个圆 S_1 及 S_2，一条直线 l，一个已知长度 a，求作直线 m 平行于 l，与二圆分别交于 P_1，P_2，使线段 P_1P_2 具有已知长度 a。

作法：将圆 S_1 沿 l 的方向平行移动距离 a，得到圆 S_1'（见图1）。S_1' 与 S_2 的交点为 P_2，过 P_2 作 l 的平行直线 m 即为所求。

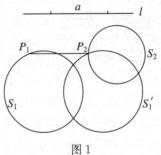

图1

这个题目是用平移变换解题的一个典型。如何进行这道题的教学呢？波利亚要求教师在解题教学中要"从手头上的题目中寻找出一些可能用于解今后题目的特征——揭示出存在于当前具体情况下的一般模式"[1]。那么在上述平面几何题解法中包含的一般模式是什么呢？所谓一般模式，

＊　本文原载于《数学通报》，1995，（5）：13-15.

也就是不仅可以指导解这道题，而且对于解其他的题也有指导意义的通法。越是通用的，越具有指导意义。在上述解法中，是怎么想到用平移的呢？现在我们把本题的求作重新叙述如下：求作一线段，满足下列四个条件：（1）平行于已知直线 l，（2）具有已知长度 a，（3）一个端点在已知圆 S_1 上，（4）另一个端点在已知圆 S_2 上。若要求同时满足好几个条件不易做到，则一般的方法是分两步走，先放弃其中某一个条件来考虑，这时可得很多解，然后在这些解中再找出符合所舍去的条件的那一个。本题先舍去哪个条件呢？我们来考虑"平行于 l"，"有定长 a"，"一个端点在 S_1 上的线段"。满足这些条件的线段有无穷多条，画出它们，就会发现它们的另一个端点也组成一个圆 S_1'（见图2），S_1' 可以看成是由 S_1 沿着 l 的方向平行移动了距离 a 得到的。再把舍去的条件加上，即要求线段的另一个端点在 S_2 上，于是得到所求线段的另一个端点是 S_1' 与 S_2 的交点。那么过 S_1' 与 S_2 的交点平行于 l 的直线即为所求直线。通过上述分析，我们发现平移只是适用于本题具体条件下的一个具体方法，"通法"或"一般模式"应该是"先放弃一个条件考虑"，这是因为先放弃一个条件考虑的结果，不一定都是原图形的平移，依据具体条件的不同，也可能是原图形的中心对称图形，或者更一般地是一个位似图形，等等。

例2 已知圆 S，直线 l 及一点 A，过 A 点求作直线 m，与 S 及 l 分别交于 P，Q，使线段 PQ 以 A 为中点。

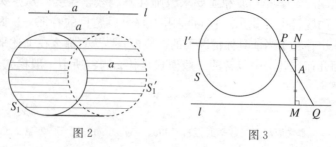

图2   图3

作法一：过 A 作 l 的垂线交 l 于 M，在其上截取 $AN=AM$，过 N 作 l 的平行线若交圆 S 于 P，连 PA 延长交 l 于 Q，则直线 PQ 即为所求。

仿例 1 的思考方法——先放弃一个条件考虑，可得：

作法二：作直线 l 关于 A 点的中心对称图形得直线 l'，若 l' 与圆 S 交于 P 点，连 PA 延长交 l 于 Q，则直线 PQ 即为所求。

上述作法一用的是全等三角形，作法二用的是中心对称图形。对于例 2，应该强调的通法是什么呢？什么方法也能指导解其他的题呢？如果将例 2 中的已知直线 l 也换成圆，那么解法一中应用全等三角形的方法就不再适用了，解法二中应用中心对称图形的方法仍适用，但如果再把以 A 为中点换成以 A 为 $2:1$ 的分点则应用中心对称图形的方法也不适用了。因此对于例 2，通法仍然是包含在例 1 解法中的"先放弃一个条件考虑。"

例 3 已知二圆 S_1 及 S_2，一点 A，过 A 求作直线分别交 S_1，S_2 于 P，Q，使 A 点为内分线段 PQ 为 $2:1$ 的分点。

对于例 3，无论是例 1 中的平移，例 2 中的全等三角形及中心对称，都不能解，而用"先放弃一个条件考虑"得到 S_1 的位似图形 S_1'（见图 4），则可解此题。可见"先放弃一个条件考虑"是解这一类作图题的一个"一般模式"即"通法"。

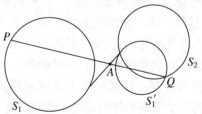

图 4

由上述平面几何题，想到在数学教学中有关强调通法的几个问题。

1. 什么是通法

从对上面几个平面几何题的分析可以看出，所谓通法就是具有普遍意义的方法，不仅适用于解某个题，而且也适用于解其他一些题。一个方法应用的范围越广，则越具有普遍意义。例如前述"先放弃一个条件考虑"就是解几何作图题时常用的一个方法，它比"平移"、"中心对称"、"全等三角形"等方法更具有普遍性，相比之下，后者只是具体的或特殊的方法，前者才是一个通法。通法通常是指解决某一类问题时常用的方法。

2. 关于在教学中强调通法的意义

中学数学教学的目的在于开发一般智力，用波利亚的话说就是"教会年轻人思考"。具体到解题教学，则要注意提高学生的一般解题能力。而现在的情况如何呢？正如《数学通报》为《提倡运用通法，建议淡化特技》一文所加的编者按[2]所指出的"近年来，常见热衷各级招生考试题、竞赛题的归类设术，让学生去'对号入座'，但题海无边，题型纷呈，师生重负，基础反而削弱"。这样做的结果，学生分析问题和解决问题的能力并没有真正得到提高。例如在关于上述平面几何题的教学中，如果我们只强调"平移"、"中心对称"和"全等三角形"等具体方法，并要学生记住，而不对解法进行分析，不强调"先放弃一个条件考虑"的通法，则学生虽然做了大量的题，但一般解题能力还是没有很大提高，题型稍有变化就束手无策了。具体说，如果在例1中强调平移的应用，则遇到例2时学生认为是不同类型的题，不会解了。同样，对于例2如果强调中心

对称的应用,则遇到例 3 学生又不会做了。而如果我们在例
1 的教学中,强调了"先放弃一个条件考虑"的思考方法,
而且让学生掌握了,则遇到例 2 及例 3 学生自己就会解出。
因此教学中强调通法,着眼于培养学生分析解决某一类问
题的一般方法,从而提高学生的一般解题能力,是把师生
从题海中解放出来的可行的好办法。正如上述编者按中指
出的"要让学生真正掌握数学基础知识,基本技能,发展
能力,对那些带规律性全局性和运用面广的方法,就应当
花大力气深入研究,务使学生理解实质,真正掌握,而对
那些局限性大,应用面窄的特殊技巧,则宜淡化。"

3. 如何才能做到突出通法

首先要有突出通法的意识,其次要用心分析寻找出通
法。教师教学生解题有两个目的,一个是解当前这个题,
另一个是教给学生一些解题的一般方法。在这两个目的之
中,第一个是基础,但是不能限于第一个,教师心中必须
有第二个目的,这样才能避免"就事论事"、"照本宣科"
式的教学,或者只强调具体解法的毛病,也才会注意从手
边这道题的解法中,去提炼和总结对今后解题有用的一般
方法即通法。由于教科书通常只给出某道题的具体解法,
并不明确指出通法是什么,所以波利亚要求教师去"揭示
出存在于当前具体情况下的一般模式",这就要从具体解法
中用心分析和寻找出通法。我自己第一次给学生讲上述例 1
和例 2 这两道题时,把它们看成了两种不同类型的题,分别
强调平移和中心对称的应用,最近在思考突出通法时,才
意识到应该强调通法"先放弃一个条件考虑",上述两题都
是应用它解出的,平移和中心对称只不过是具体解法罢了。
可见寻找和揭示通法应着重从得到具体解法的思考方法上
去分析,就如同我们在前面对例 1 所做的分析那样。

4. 通法是相对的

据说笛卡儿曾经试图找出一种解决一切问题的方法，也就是绝对意义下的通法，这无异于寻找点石成金的点金术，当然是不可能有的。然而，对于解决某一类问题的通用的一般方法却是可以总结出来的，这就是说，通法是相对的，有一定的适用范围。就拿前面总结出的"先放弃一个条件考虑"来说，它只是与平移、中心对称、全等三角形等具体方法相比而言是一个通法，而且它也只是解决某一类作图题时的通法，并不能用来解决所有的作图题，强调通法时必须分析该通法的适用范围。

5. 运用通法需要与具体方法相结合

通法往往是分析和思考问题的一般方法，解决问题时还需要具体方法和技巧。例如在考虑例 1 的解时，以圆上每一点为起点作定长的平行线段其终点的轨迹是什么，考虑例 2 的解时，以直线上每一点为起点作以 A 为中点的线段的终点的轨迹是什么，如果这些具体结论不知道，只知"先放弃一个条件考虑"这个一般方法仍然解决不了例 1 和例 2。因此，平移和中心对称这两个具体方法对解例 1 和例 2 来说也是不可忽视的。即使某一方法属于特殊技巧，不蕴含一般性，也不应忽视，马克思主义活的灵魂是具体地分析具体问题。分析事物的特殊矛盾，充分利用其特殊性解决问题，也应包含在"会思考"的要求之中。例如例 2 中解法一所用的全等三角形方法，就是利用了本题的特殊性，解法简捷而漂亮。总之教学中要着重强调一般方法即通法，对具体方法和特殊方法也不忽视，不可将两者绝对对立起来。

以上是笔者关于在教学中强调通法的几点理解，愿与同行们共同探讨。

参考文献

［1］波利亚. 数学的发现（第 2 卷）. 科学出版社，1987，497.

［2］曾家鹏. 提倡运用通法，建议淡化特技. 数学通报 1992，
(8)：16-17.

二、中学数学思想方法和教学研究

■关于重视几何直观分析的思考[*]

　　培养学生从几何直观上分析问题的能力，是中学几何教学的任务之一，然而在解析几何教学中，却往往容易把注意力全部放在如何教学生用代数方法解几何题上，而对如何教学生也要注意从几何直观上分析问题重视不够。因此不少学生拿到一个解析几何题，只知写出方程计算，不注意从几何直观上进行分析，这样，在遇到一些条件比较复杂，关系比较多的题时，计算很繁杂，算了很久也算不出，这种情形在教学中是经常见到的。

　　最近，我的一位学生拿来两道题问我，这两道题她算了很久也没有算出，这两道题是：

　　（1）当 m 取不同的实数时，方程

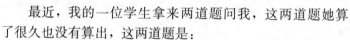

$$4x^2+5y^2-8mx-20my+24m^2-20=0 \qquad ①$$

表示不同的椭圆，试求一直线被这些椭圆截得的弦长等于 $\frac{5}{3}\sqrt{5}$ ；

　　（2）设一组椭圆的左顶点在抛物线 $y^2=x-1$ 上，它们的长轴长都是 4，且都以 y 轴为左准线，求离心率达到最大时的椭圆方程。

　　这两道题确乎比较复杂，涉的关系比较多，不是一眼就能看出怎样解的，也不是一步两步就能算出的。

　　对于第（1）题，首先想到的解法可能是设所求直线为 $y=kx+b$（k，b 为参数），根据它截椭圆所得的弦长为 $\frac{5}{3}\sqrt{5}$，

------

　　* 本文原载于《数学通报》，1995，（12）：23-25.

求出参数 k，b 的值，然而由于椭圆方程中也含有参数 (m)，因此计算会相当复杂，不易算出。我的那位学生是对 $m=0$ 的情形算的，不过一个条件决定不了两个参数 k 和 b，她算了很久也未能算出。我说，我们何不从几何上分析一下这个题中的各个条件。她说，她已经得到椭圆方程①可以化为

$$\frac{(x-m)^2}{5}+\frac{(y-2m)^2}{4}=1, \qquad ②$$

中心坐标为 (m，$2m$)，说明这组椭圆的中心在直线 $y=2x$ 上。除此之外，我们从方程②还能在几何上看出些什么呢？还能看出这组椭圆半长轴长恒为 $\sqrt{5}$，半短轴长恒为 2，长轴恒平行于 x 轴，短轴恒平行于 y 轴。总起来说就是，当 m 变动时，椭圆使其中心保持在直线 $y=2x$ 上，作平行移动，椭圆的形状和大小皆不改变，见图 1。

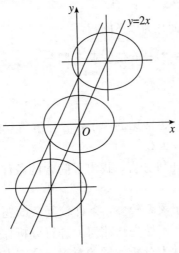

图 1

我们又一起分析了题目中的如下这句话："求一直线被这些椭圆截得的弦长等于 $\frac{5}{3}\sqrt{5}$。"这句话说明要求的这条直

线截组中所有的椭圆所得的弦"等长"。这个条件又告诉我们什么呢？从几何上想一想，我们得到，这条直线必须与这组椭圆的中心所在的直线平行，才有可能与所有的椭圆都相交，且截出的弦等长（见图 1）。根据这个分析，上述这句话中隐含了一个条件：所求直线与这组椭圆的中心所在直线 $y=2x$ 平行。于是这条直线的斜率也是 2，即所求直线可设为 $y=2x+b$，只含一个参数 b。

另一方面，因为所求直线与这组椭圆的中心所在直线平行，即与椭圆平移的方向平行，所以由这条直线被组中某一个椭圆所截得的弦，平移后即可得被其他椭圆所截得的弦。因此这条直线只须满足它被组中某一个椭圆截得的弦长是 $\frac{5}{3}\sqrt{5}$ 即可。当然取组中方程最简单的那个椭圆，即 $m=0$ 时的椭圆 $\frac{x^2}{5}+\frac{y^2}{4}=1$。

于是问题简化为以下问题：

求直线 $y=2x+b$ 使它截椭圆 $\frac{x^2}{5}+\frac{y^2}{4}=1$ 所得弦长为 $\frac{5}{3}\sqrt{5}$。

这就变成一道常见的题了，容易解得参数 $b=\pm2$，所求直线为 $y=2x\pm2$。

我们通过几何分析，找出了隐含的条件，问题就由难变易了。

可见，对于关系较多，条件较复杂的题，直接计算繁杂不易解出时，不妨先从几何上进行分析。这里首先要有注意从几何直观上分析问题的意识，这一点很重要，如果只知一味的计算，不知换一个思路，从几何上想一想，就不可能把题目中隐含的几何条件揭露出来，从而把问题简化。再者，从几何直观上分析时，画出图形常常可以给我们很大帮助。上例中的这组椭圆的中心在一条直线上，且这组椭圆可由平移得到，这个形象帮助我们分析出被所有椭圆截得等长的弦的直线，必须平行于椭圆平移的方向，即与椭圆中心所在直线平行。得到这个条件，上题就迎刃而解了，而这个条件是几何直观图形帮你得到的（当然，图形也可以不画出来，但在你脑中必须有这幅图形，实际上我就是在脑中想象的）。记得一位著名的拓扑学家曾经说过："灵感往往来自几何"，我想这大概就是指思考问题时，从头脑中的那幅生动的图形受到启发的情形。第三点，从几何直观上分析，就是分析几何关系和几何量，找出隐含的几何条件。例如在上例中，从截出的弦等长分析出所求直线平行于椭圆平移的方向。经过几何分析，使问题转化或简化变得易于着手时，再动手计算，这样就可事半而功倍。

对于第（2）题，我的那位学生告诉我，她根据题目所给条件，写出好多关系式，最后得到关于半焦距 c 的一个很复杂的方程（4 次的），不知如何求其最大值。有了第 1 题的经验，我说我们还是先从几何上看一看吧。

已知一组椭圆的左顶点在抛物线 $y^2 = x-1$ 上，长轴长是 4，y 轴为左准线，根据这些条件得到，椭圆的中心也在一抛物线上，即把左顶点所在抛物线 $y^2 = x-1$ 往右平移 2 个单位（半长轴长）所得的抛物线 $y^2 = x-3$。画出图来，见图 2。

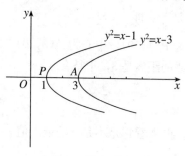

图 2

从图 2 可以看出，由于抛物线 $y^2=x-1$ 及 $y^2=x-3$ 均关于 x 轴对称，因此符合上述要求的椭圆都是成对出现的。若有一个其左顶点（及中心）在 x 轴上方的椭圆满足要求，则必同时有一个其左顶点（及中心）在 x 轴下方的椭圆也满足要求。只有一处例外，即左顶点在抛物线 $y^2=x-1$ 的顶点 $P(1，0)$ 处的椭圆不是成对的。另一方面，观察抛物线上各点性态的变化趋势，只有在顶点处才有发生改变的可能。例如对于抛物线 $y^2=x-1$ 上的点，其横坐标的值只在越过顶点时，变化趋势发生改变，因此在顶点取得最（小）值，而在越过其他点时变化趋势不发生改变，因此不可能取得最值。

于是我们猜想，所求离心率取得最大值的椭圆，可能是左顶点在抛物线 $y^2=x-1$ 的顶点 $P(1，0)$、中心在抛物线 $y^2=x-3$ 的顶点 $A(3，0)$ 的那个椭圆（注意，这只是我们从几何上进行分析得到的一个猜想）。

为了检验上述猜想是不是对的，我们对几何量离心率 $e=\dfrac{c}{a}$ 进行分析，题设长轴长是 4，即 $a=2$，要 e 最大，只须半焦距 c 最大。

已知条件是左准线为 y 轴，左顶点在 $y^2=x-1$ 上，长轴长是 4，前面已经得到中心在 $y^2=x-3$ 上。注意到中心与准线的距离是 $\dfrac{a^2}{c}$，即 $\dfrac{4}{c}$。

当左顶点为 $P(1，0)$，中心为 $A(3，0)$，左准线为 $x=0$ 时，中心到准线的距离是 3，于是有

$$\frac{4}{c}=3,$$

从而得 $c=\dfrac{4}{3}$。再来看它是不是 c 的最大值。

当左顶点是抛物线上除顶点 $P(1，0)$ 以外的其他点

$Q(x, \pm\sqrt{x-1})$ 时，此处 $x > 1$，中心为点 $R(x+2, \pm\sqrt{x-1})$，于是中心到准线（$x=0$）的距离是 $x+2$，于是有

$$\frac{4}{c} = x+2,$$

从而得 $c = \frac{4}{x+2}$。由于 $x > 1$，所以 $c < \frac{4}{3}$。因此 c 的最大值是 $\frac{4}{3}$。

这就证明了上述猜想是正确的。离心率最大的椭圆确是左顶点在抛物线 $y^2 = x-1$ 的顶点 $P(1, 0)$，中心在 $A(3, 0)$ 的椭圆，方程为

$$\frac{(x-3)^2}{4} + \frac{y^2}{\frac{20}{9}} = 1。$$

从几何直观上进行分析，又一次取得了成功。在上述几何分析中，关键的两步是对问题中特殊点情形的猜想和对几何量的运用。前者主要是通过分析，猜想所求的情形可能在抛物线的顶点处发生；后者主要是注意到中心与准线的距离等于 $\frac{a^2}{c}$。本题的解题思路是先猜后证，猜和证都应用了几何分析。

总起来说，我们在解析几何教学中，不仅要教学生学会用代数方法解几何题，而且也要教学生重视从几何直观上分析问题。特别是对于关系较多，条件较复杂的题，首先要有从几何直观上分析问题的意识，养成从几何直观上分析问题的思维习惯。在具体做法上，尽可能画出图形，通过对图形的观察分析找出隐含的条件；从几何上对特殊点的情形的分析，有助于直观地猜想问题的解；注意对几何量和几何关系的应用和分析，促使问题转化和简化。

我猜想有些关系较复杂的题，很可能就是出题者先根

据几何上比较简单的关系，设计出一个题，然后把某些关系复杂化，使原来的简单关系隐藏在其中。上述第1道题很可能就是这样设计出来的。因此，解题时如能注意从几何上加以分析，找出隐含在其中的关系，就能还该题原来的面目。用莱布尼兹的话说，就是找到了"发明的本源"，这时，这个题就如同是你自己设计的一样，关系变得简单而清晰，易于解决。

当你从错综复杂的关系中，通过几何直观分析，最终发现了简单而清晰的关系，找到了解法，在这个过程中，不仅培养和锻炼了你分析问题的能力，而且这个过程本身，也是一次愉快而美好的享受，其乐无穷。

王敬庚数学教育文选

■先猜后证——证明定值问题的常用方法[*]

　　在数学中有关定值的问题，包括证明某组动直线（或曲线）经过一个定点，或证明某些变量的一个关系式的值是定值，由于题目中一般并不告诉你这个定点或定值是什么，所以证明往往比较困难。因此若能先猜出这个定点或定值，则证明上述问题就只须进行验证，而验证往往要容易得多。

　　猜测是数学中比较生动有趣的部分，不仅需要思维的灵活性，有时还需要某种程度的几何洞察力。常用的方法是根据符合条件的某种特殊情形，或者是对条件的某种极端情形（或极限情形）进行考察，猜出可能的定点或定值。

　　我们先来看一个古老的趣味问题。

　　海盗船长带领约翰和乔治偷偷地把一箱财宝埋藏在一个荒岛上，岛上有三棵树，山毛榉离海较近，两棵橡树离海稍远。船长让约翰和乔治从山毛榉各拉一根绳子到一棵橡树，再沿与各自的绳子垂直的方向，向岛内走与绳子长度相等的距离，分别到达甲乙两点的位置，然后就在甲乙两点连线的中点挖洞藏宝（见图1）。

　　一年以后，约翰和乔治秘密商议，决定瞒着船长将财宝挖出捐献给孤儿院。但当他俩潜回荒岛后，发现山毛榉早已被台风刮得无影无踪，只有两棵橡树还在。约翰完全

---

　　* 本文原载于《数学通报》，1996，(2)：6-9.

图 1

泄气了，而乔治胸有成竹地说"只要两棵橡树还在，我们就能找到藏宝地点。"他们在地上画画量量，不一会儿真的挖出了财宝。原来他们是从两棵橡树连线的中点，沿着与连线垂直的方向，向岛内走上述连线长度一半的距离，在所得到的地点挖出财宝的（见图 2）。

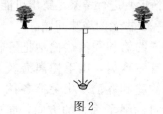

图 2

他们是如何找出上述藏宝地点的呢？你能用数学方法证明上述地点确是藏宝地点吗？

我们先把这个问题变成一个几何题。既然山毛榉没有了也找到了藏宝地，说明藏宝地与山毛榉的位置无关。设山毛榉的位置为动点 Q，两棵橡树的位置为二定点 A，B，藏宝地点记为 P，于是得到下列几何题。

已知 Q 为动点，A，B 为定点，$AC \perp QA$ 且 $|AC| = |QA|$，$BD \perp QB$ 且 $|BD| = |QB|$，P 为 CD 的中点（如

图 3）。求证 P 为一定点。

我们先来猜一猜这个定点可能的位置。假设 P 确是一个定点，即它与 Q 的位置无关，则对于 Q 的任意一个位置，所得 P 点都应该是同一点，也就是那个定点。既然是这样，那么我们只需取某个特殊位置的 Q，由它所得到的 P 就是所求定点了。

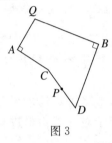

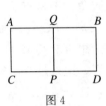

图 3   图 4

我们来考察一个最特殊的情形——Q 就取 AB 连线的中点（如图 4）。由题设条件得 $ABCD$ 是一个矩形，且 $|AB|=2|AC|$，所以 $|CD|=2|AC|$，CD 的中点 P 就在 AB 连线的垂直平分线上，且 $|PQ|=\frac{1}{2}|AB|$。原来乔治和约翰就是这样猜到藏宝地点的。

猜出 P 点的具体位置后，还需要对一般情形进行证明。即对 Q 的任一位置（如图 5），证明 P 与 AB 中点 M 的连线垂直于 AB，且 $|MP|=\frac{1}{2}|AB|$。

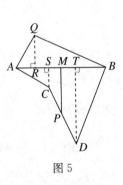

图 5

因为有了具体目标，所以证明要容易得多，图 5 给出了一种证法的辅助线（证明过程略）。

下面我们来看几道解析几何题。

例 1 已知抛物线 $y^2=2px$（$p>0$），在 x 轴上求一点 M，使过 M 的任一条弦 PQ 皆满足 $OP\perp OQ$。

先来猜想点 M 的可能位置。假设点 M 确实存在，即过 M 的任意一条弦 PQ 都有 $OP \perp OQ$，因此过 M 的特殊的弦也应该有此性质。我们考察过 M 且与 x 轴垂直的弦 PQ（如图6），此时有 OP 与 OQ 关于 x 轴对称，由 $OP \perp OQ$ 知 OP 平分第一象限角，OQ 平分

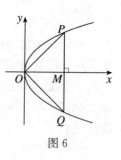

图6

第四象限角。于是点 P 的坐标为 $(2p, 2p)$，Q 的坐标为 $(2p, -2p)$，PQ 与 x 轴的交点 M 的坐标为 $(2p, 0)$。于是我们猜想所求点 M 为 $(2p, 0)$。

注意，这只是一个猜想，是由考察特殊情形得到的一个猜想，这个猜想对不对，还有待于对一般情形进行证明（验证）。

证明：过 $M(2p, 0)$ 的任一直线 $y = k(x - 2p)$ （1）与抛物线 $y^2 = 2px$ （2）交于两点，设为 $P\left(\dfrac{y_1^2}{2p}, y_1\right)$，$Q\left(\dfrac{y_2^2}{2p}, y_2\right)$。将（1）代入（2）整理得

$$y^2 - \frac{2p}{k}y - 4p^2 = 0 。 \qquad (3)$$

于是 y_1，y_2 是（3）的两个根，因而有

$$y_1 y_2 = -4p^2 。 \qquad (4)$$

OP 的斜率 $k_{OP} = \dfrac{2p}{y_1}$，OQ 的斜率 $k_{OQ} = \dfrac{2p}{y_2}$，于是 $k_{OP} \cdot k_{OQ} = \dfrac{4p^2}{y_1 y_2}$。由（4）得 $k_{OP} \cdot k_{OQ} = -1$，即 $OP \perp OQ$。这就证明了 $M(2p, 0)$ 确是所要求的点。

例2 给定抛物线 $y^2 = 2px$ （$p > 0$），证明在 x 轴正向上必存在一点 M，使得对于过 M 的任一条弦 PQ，$\dfrac{1}{MP^2} +$

$\dfrac{1}{MQ^2}$ 为定值。

猜想 假设点 M 确实存在，因为过这个 M 的任一条弦 PQ 都有 $\dfrac{1}{MP^2} + \dfrac{1}{MQ^2}$ 为定值，所以对过 M 的一条特殊的弦——垂直于 x 轴的弦 P_0Q_0 （如图 7）也应该有 $\dfrac{1}{MP_0^2} + \dfrac{1}{MQ_0^2}$ 为该定值。设 $M(x_0, 0)$，$P_0(x_0, y_0)$，$Q_0(x_0, -y_0)$。于是有

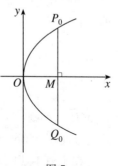

图 7

$$\frac{1}{MP_0^2} + \frac{1}{MQ_0^2} = \frac{1}{y_0^2} + \frac{1}{y_0^2} = \frac{2}{y_0^2} = \frac{1}{px_0}。$$

从这个式子还看不出点 M 是哪个定点。我们再考察弦的一个极端情形——x 轴的正半轴，它也过 M 点，它的一个端点是原点 O，另一个端点可以看成是跑到无穷远处去了，记为 P_∞。这时不能再称它是抛物线的弦了，它是弦的一个极端情形（或极限情形）。此时有 $|MP_\infty| \to \infty$，因此有

$$\frac{1}{MO^2} + \frac{1}{MP_\infty^2} \to \frac{1}{x_0^2}。$$

它也应该是一个定值，且应与 $\dfrac{1}{px_0}$ 相等，由此可得 $x_0 = p$。于是我们猜想定点 M 为 $(p, 0)$。注意，这只是一个猜想，不是证明。接下来还需要验证：对于过 $M(p, 0)$ 的任一弦 PQ，确有 $\dfrac{1}{MP^2} + \dfrac{1}{MQ^2}$ 为定值 $\dfrac{1}{p^2}$。

证明：设过 $M(p, 0)$ 的直线为
$$\begin{cases} x = p + t\cos\theta, \\ y = t\sin\theta, \end{cases} \qquad (1)$$
它与抛物线 $y^2 = 2px$ (2) 交于两点 P，Q。将 (1) 代入 (2) 整理得

$$t^2\sin^2\theta - 2pt\cos\theta - 2p^2 = 0。$$

这个方程的两个根 t_1 及 t_2 几何上分别表示 MP 及 MQ 的值，且

$$t_1 + t_2 = \frac{2p\cos\theta}{\sin^2\theta}, \quad t_1 t_2 = -\frac{2p^2}{\sin^2\theta}。$$

于是有

$$\frac{1}{MP^2} + \frac{1}{MQ^2} = \frac{1}{t_1^2} + \frac{1}{t_2^2} = \frac{t_1^2 + t_2^2}{t_1^2 t_2^2} = \frac{(t_1 + t_2)^2 - 2t_1 t_2}{(t_1 t_2)^2} = \frac{1}{p^2}。$$

这就证明了 $M(p, 0)$ 确为符合要求之定点。

在上述猜想中，把 x 轴的正半轴作为弦的极端情形（或极限情形）来考察起了关键的作用，但这一步不太好想，需要运用运动的极限的思想，或许这就是所说的几何洞察力吧。若运用高等几何（射影几何）中的无穷远点的概念，上述分析是明显的。对于中学生，从几何直观上进行分析，我想也是可以理解和掌握的。

例3 已知 A 是抛物线 $y^2 = 2px$（$p > 0$）上定点，AP_1 和 AP_2 是这个抛物线的互相垂直的两条动弦，求证直线 $P_1 P_2$ 必过一定点。

猜想 先画出图（见图8）想一想它有哪些特殊情形和极端情形。先考察一种极端情形（极限情形）即 P_1 与 A 重合，这时弦 AP_1 变成一条切线（见图9），弦 AP_2 与该切线垂直，此时 $P_1 P_2$ 即为 AP_2。设定点 A 的坐标为 $\left(\frac{y_0^2}{2p}, y_0\right)$，于是点 A 处的切线为 $yy_0 = p\left(x + \frac{y_0^2}{2p}\right)$，从而 $P_1 P_2$（即 AP_2）的方程为

$$y - y_0 = -\frac{y_0}{p}\left(x - \frac{y_0^2}{2p}\right)。 \tag{1}$$

从 $P_1 P_2$ 的方程（1）我们还看不出其上哪一点是所要求的定点。

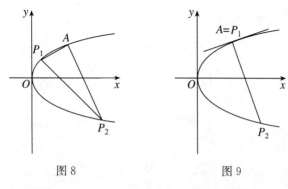

图8   图9

再考察另一个极端情形：$AP_2 \perp x$ 轴（如图 10）。于是 $AP_1 /\!/ x$ 轴，这时 AP_1 与抛物线的另一个交点 P_1 跑到无穷远处去了（这是因为抛物线上任一个（有穷）点与 A 的连线都不会与 x 轴平行），记为 P_∞（叫无穷远点）。这时 P_1P_2 变成 P_2P_∞ 了。我们把互相平行的直线看成是在无穷远处相交，AP_∞ 与 P_2P_∞ 过同一个无穷远点，故把它们看成是互相平行的。于是有 $P_2P_\infty /\!/ x$ 轴，得 P_2P_∞（即 P_1P_2）的方程为

$$y = -y_0 。 \qquad (2)$$

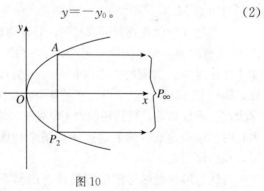

图10

图 9 中的 AP_2 与图 10 中的 P_2P_∞ 都应该经过那个定点，因此那个定点就应该是（1）和（2）的交点 M 了。由（1）和（2）解得交点 M 的坐标为 $\left(2p + \dfrac{y_0^2}{2p}, -y_0\right)$，于是猜想所求

定点为上述 M。

证明：设 A，P_1，P_2 的坐标分别为 $A\left(\dfrac{y_0^2}{2p},\ y_0\right)$，

$P_1\left(\dfrac{y_1^2}{2p},\ y_1\right)$，$P_2\left(\dfrac{y_2^2}{2p},\ y_2\right)$，于是 AP_1 的斜率 $k_{AP_1} =$

$\dfrac{y_1-y_0}{\dfrac{y_1^2}{2p}-\dfrac{y_0^2}{2p}}=\dfrac{2p}{y_1+y_0}$，同理 $k_{AP_2}=\dfrac{2p}{y_2+y_0}$，$k_{P_1P_2}=\dfrac{2p}{y_1+y_2}$，

由 $AP_1\perp AP_2$ 得 $\dfrac{2p}{y_1+y_0}\cdot\dfrac{2p}{y_2+y_0}=-1$，即

$$y_1y_2+(y_1+y_2)y_0+y_0^2+4p^2=0,\tag{3}$$

P_1P_2 的方程为 $y-y_1=\dfrac{2p}{y_1+y_2}\left(x-\dfrac{y_1^2}{2p}\right)$，即

$$2px-(y_1+y_2)y+y_1y_2=0。\tag{4}$$

将（3）代入（4）整理得

$$2px-4p^2-y_0^2-(y_1+y_2)(y+y_0)=0。\tag{5}$$

点 $M\left(2p+\dfrac{y_0^2}{2p},\ -y_0\right)$ 的坐标满足方程（5），说明直线 P_1P_2 确经过定点 M。

　　从上述几个例题我们可以看到，要证明动直线 PQ 过定点 M 的一般方法是，先猜出定点 M 的位置，然后验证任一条 PQ 皆过 M。猜测的思考过程是，先假设该定点确乎存在，即所有 PQ 皆过这个点，于是某个特殊的 PQ 也应该过这个点。不仅如此，我们还假设 PQ 处于极端情形（极限情形）时仍过该定点。然后通过考察某个特殊情形或极端情形，找出该定点。

　　特殊情形一般尽可能取容易计算的情形，考察极端情形（或极限情形）需要某种几何洞察力。

　　从考察特殊情形和极端情形得到的定点，只是猜想，不是证明，这是因为它是在"假设该定点确乎存在"的前提下得到的，而存在定点恰恰是需要证明的，不仅如此，

而且还"假设对于极端情形也成立",而在题设条件中,一般并不包括极端情形(或极限情形),因此这只是猜想,这个猜想是否正确,还需给出证明(验证所有的 PQ 确过该定点)。

著名数学教育家波利亚对教学生猜想极为重视,把它列为对老师的要求之一。他说:"先猜后证——这是大多数情况下的发现过程。你应该认识到这一点。你还应该认识到,数学教师有极好的机会向学生表明猜想在发现过程中的作用,以此给学生奠定一种重要的思维方式。我希望在这方面你不要忽略了对学生的要求:让他们学会猜想问题。"[1]解证有关定点定值的问题是教学生猜想的一个极好机会,有意识地进行"先猜后证"的训练,对于培养学生有益的思维习惯,提高学生的解题能力是大为有益的。

参考文献

[1] 波利亚. 数学的发现,第 2 卷. 刘远图,秦璋译. 北京:科学出版社,1987.

■对称地处理具有对称性的问题 [*]

数学中的对称，不单是指几何图形中的对称，代数表示式中，若各个字母互相替代，表示式不变，也称这个表示式关于这些字母是对称的。例如 $x+y+z$，$x^2+y^2+z^2$，$xy+yz+zx$，$x^3+y^3+z^3$ 等等，都是关于 x，y，z 的对称多项式。

一个问题如果在题设条件中具有对称性，则一般地在题断中也应该具有对称性，不仅如此，在解题过程中，也应该表现出对称性。对称地处理具有对称性的问题，是数学中的一个一般性原则。因此，对于具有对称性的问题，充分利用其对称性，往往可以帮助我们找到解题的方向。

王敬庚数学教育文选

对称性是数学美的重要表现之一。可见追求数学美也是数学发现的一个途径。数学园地处处开放着美丽的花朵，而且这片园地也正是按照美的追求开垦出来的。本文从这片美丽的大花园中，采撷几朵小花——与对称多项式有关的几个例题，奉献给诸位读者。

例 1 设 x，y，z 均为实数，且 $x+y+z=xyz$，求证：
$$\frac{2x}{1-x^2}+\frac{2y}{1-y^2}+\frac{2z}{1-z^2}=\frac{8xyz}{(1-x^2)(1-y^2)(1-z^2)}。$$

分析 本题题设和题断中的等式关于 x，y，z 都是对称的，因此在解题过程中要充分利用这种对称性。

将欲求证的等式左端通分，两端分母相等，因此只须证明两端的分子相等，即证

---

　　[*]　本文原载于《数学教学》，1996，(6)：32-34.

$$2x(1-y^2)(1-z^2)+2y(1-z^2)(1-x^2)+2z(1-x^2)(1-y^2)=8xyz。$$

我们从左往右证，将左端展开，再分组分解合并：

左$=2\{x-xy^2-xz^2+xy^2z^2+y-yz^2-yx^2+yz^2x^2+z-zx^2-zy^2+zx^2y^2\}=2\{(x+y+z)-[xy(x+y)+yz(y+z)+zx(z+x)]+xyz(yz+zx+xy)\}。$

考虑到题设 $x+y+z=xyz$，应用对称性，将中间方括号内的三个小括号都凑成 $(x+y+z)$，变形为：

$$[xy(x+y+z)+yz(y+z+x)+zx(z+x+y)-3xyz]$$
$$=[(x+y+z)(xy+yz+zx)-3xyz]$$
$$=[xyz(xy+yz+zx)-3xyz]。$$

于是得：

左$=2\{xyz-[xyz(xy+yz+zx)-3xyz]+xyz(xy+yz+zx)\}=8xyz=$右。

上述证法中的"加一项，减一项"，"拼拼凑凑"是证明等式时常用的方法之一。怎样加减，怎样拼凑，在具有对称性的问题中，要注意应用和保持对称性。

例2 设 $x+y+z=0$，$xyz\neq0$，试证

$$x\left(\frac{1}{y}+\frac{1}{z}\right)+y\left(\frac{1}{z}+\frac{1}{x}\right)+z\left(\frac{1}{x}+\frac{1}{y}\right)+3=0。$$

分析：注意到题设 $x+y+z=0$，因此若能把要证的等式左端化成具有因式 $(x+y+z)$ 的形式，等式就得证了。

充分利用对称性，将左端前 3 项的每个括号内各加一项，都凑成 $\left(\frac{1}{x}+\frac{1}{y}+\frac{1}{z}\right)$，而减去三项 $\frac{x}{x}$、$\frac{y}{y}$ 及 $\frac{z}{z}$，恰好与式中原有的 3 相抵消。然后可以提出公因式 $\left(\frac{1}{x}+\frac{1}{y}+\frac{1}{z}\right)$。

左$=x\left(\frac{1}{y}+\frac{1}{z}+\frac{1}{x}\right)+y\left(\frac{1}{z}+\frac{1}{x}+\frac{1}{y}\right)+z\left(\frac{1}{x}+\frac{1}{y}+\frac{1}{z}\right)-\frac{x}{x}-\frac{y}{y}-\frac{z}{z}+3=\left(\frac{1}{x}+\frac{1}{y}+\frac{1}{z}\right)(x+y+z)=0=$右。

二、中学数学思想方法和教学研究

例3 分解因式 $(y-z)^3+(z-x)^3+(x-y)^3$。

分析：若按通常的办法，先用乘法公式将式子展开，再设法分组，提取公因式，计算较繁，我们现在应用对称性来解。

用 $y=z$ 代入原式等于零，知原式有因式 $(y-z)$。同理有因式 $(z-x)$ 及 $(x-y)$。因为原式是 3 次齐次对称多项式，而 $(x-y)(y-z)(z-x)$ 亦为 3 次齐次对称多项式，于是可设 $(y-z)^3+(z-x)^3+(x-y)^3=k(x-y)(y-z)(z-x)$，此处 k 为一未知常数。由于两端相同项的系数应相等，因此通过比较两端相同项的系数，即可确定常数 k 的值。例如 y^2z 项的系数，左端为 -3，右端为 $-k$，得 $k=3$。于是分解式为 $(y-z)^3+(z-x)^3+(x-y)^3=3(x-y)(y-z)(z-x)$。

上述解法中，通过分析得到对称多项式因式，然后设出含有未定系数的分解式，再应用待定系数法定出系数，这种方法是解具有对称性的多项式的因式分解问题时常用的方法之一。

例4 分解因式 $a^3+b^3+c^3-3abc$。

分析：用 $a+b=-c$ 代入原式等于零，知原式有因式 $a+b+c$。原式为 3 次齐次对称多项式，而 $a+b+c$ 是 1 次齐次对称多项式，因此原式的另一个因式亦应为对称多项式，且应为 2 次齐次的，故可设为

$$m(a^2+b^2+c^2)+n(ab+bc+ca)。$$

于是有

$$a^3+b^3+c^3-3abc$$
$$=(a+b+c)[m(a^2+b^2+c^2)+n(ab+bc+ca)]。\qquad (*)$$

等式两端相同项的系数应相等，例如比较 a^3 的系数得 $m=1$，比较 abc 的系数得 $n=-1$。代入（*）即得所求的分解式。

例5 已知 $\dfrac{1}{a}+\dfrac{1}{b}+\dfrac{1}{c}=\dfrac{1}{a+b+c}$，　　　　(1)

求证：$\dfrac{1}{a^3}+\dfrac{1}{b^3}+\dfrac{1}{c^3}=\dfrac{1}{(a+b+c)^3}$。　　(2)

分析：由观察发现，只须 a, b, c 中有两个互为相反数，则等式（2）即成立。于是只须证明由条件（1）可得 a 与 b 或 b 与 c 或 c 与 a 互为相反数，亦即 $(a+b)(b+c)(c+a)=0$ (3) 即可。

由条件（1）得

$$\frac{bc+ca+ab}{abc}=\frac{1}{a+b+c},$$

即　　　　$(a+b+c)(bc+ca+ab)-abc=0$。　　(4)

于是问题转化为由（4）式求证（3）式。易知 $(a+b)$,
$(b+c)$, $(c+a)$ 皆为（4）式左端的因式，且（4）式左端是 3 次齐次对称多项式，而 $(a+b)(b+c)(c+a)$ 亦为 3 次齐次对称多项式，故可设 $(a+b+c)(bc+ca+ab)-abc=k$ $(a+b)(b+c)(c+a)$。比较等式两端相同项的系数，例如 a^2b 的系数，得 $k=1$。于是由（4）式可得（3）式，因而（2）成立。

求解本题的过程，是一系列分析转化的过程。最初的一步，即观察出（2）成立的充分条件 a 与 b 互为相反数，需要一定的洞察力。再考虑到关于 a, b, c 的对称性，得到充分条件为 a 与 b 或 b 与 c 或 c 与 a 互为相反数，继而是用明确的数学式子（等式（3））表示上述充分条件。这样就把原问题变成一个易于求解的因式分解题或证明等式题。

例6 已知 $x+y+z=\dfrac{1}{x}+\dfrac{1}{y}+\dfrac{1}{z}=1$，求证 x, y, z 中至少有一个是 1。

分析：欲证的结论等价于 $(x-1)(y-1)(z-1)=0$。于是原题变为已知 $x+y+z=\dfrac{1}{x}+\dfrac{1}{y}+\dfrac{1}{z}=1$，求证 $(x-1)$

$(y-1)(z-1)=0$。而这是一道易于证明的常见题。

由上可见，求解本题的关键在于把用文字叙述的求证，用一个明确的数学式子——一个等式表示出来，使证明变得易于着手。

找出本题与例 5 之间的联系是很有趣的，请读者思考。

例 7 已知 x，y，z 都是实数，且 $x+y+z=a$ （1），$x^2+y^2+z^2=\dfrac{a^2}{2}$ $(a>0)$ （2），求证：x，y，z 都不能是负数，也都不能大于 $\dfrac{2}{3}a$（北京市 1957 年中学数学竞赛题）。

分析：欲证的结论等价于 $0 \leqslant x$，y，$z \leqslant \dfrac{2}{3}a$。由于在问题中 x，y，z 是平等的，因此只须证明 $0 \leqslant z \leqslant \dfrac{2}{3}a$。而这又等价于证明 $z\left(z-\dfrac{2}{3}a\right) \leqslant 0$ （3）。这样，原问题就变成一个证明不等式的问题了。

由（1）得　　　　　　$x+y=a-z$，　　　　　　　　（4）

由（2）得　　　　　　$x^2+y^2=\dfrac{a^2}{2}-z^2$，　　　　　　（5）

$(4)^2-(5)$ 得　　　　$2xy=\dfrac{a^2}{2}-2az+2z^2$。　　　　（6）

再应用平均值不等式 $2xy \leqslant x^2+y^2$，代入（6）得

$$x^2+y^2 \geqslant \dfrac{a^2}{2}-2az+2z^2。 \qquad (7)$$

比较（5）与（7）得 $\dfrac{a^2}{2}-z^2 \geqslant \dfrac{a^2}{2}-2az+2z^2$，

即　　　　　　$3z^2-2az \leqslant 0$，$z\left(z-\dfrac{2}{3}a\right) \leqslant 0$。

这正是所要证明的。

　　（当然，本题也可赋予（4）及（5）几何意义：（4）看作直线，（5）看作圆，然后用解析几何方法来解，读者不妨一试。）

■几何中的变换思想[*]

前苏联几何学家亚格龙曾经指出:"在初等几何中……包含了两个重要的有普遍意义的思想,它们构成了几何学的一切进一步发展的基础,其重要性远远超出了几何学的界限。其中之一是演绎法和几何学的公理基础;另一个是几何的变换和几何学的群论基础。"[1] 几何变换包含了两个思想:转化思想和不变量思想。转化是指将图形进行变换,把一般情形转化为特殊情形,使问题化难为易。不变量是指(图形)经过变换后不改变的性质和量。按照克莱因的观点,一种几何学其实就是研究一种变换群下的不变量。几何变换既是几何学研究的对象,又是几何学的研究方法。

平移、旋转和轴反射是几种常用的几何变换。它们都是等距变换,此外常用的还有位似变换。

例1 已知圆 S_1 和 S_2 及直线 l_1,求作直线 l 平行于 l_1,且使 S_1 和 S_2 在 l 上截得的弦等长。

分析及作法:假设满足要求的直线 l 已经作出,即 $l /\!/ l_1$ 且 l 在 S_1 和 S_2 上截出的弦 P_1Q_1 和 P_2Q_2 等长(图1)。于是必可将线段 P_1Q_1 在直线 l 上(即沿着已知直线 l_1 的方向)平移到线段 P_2Q_2 的位置。平移的距离应是 $|P_1P_2|$($=|Q_1Q_2|$)。$|P_1P_2|$ 如何确定呢?设弦 P_1Q_1 和 P_2Q_2 的中点分别为 M_1 和 M_2,于是 $|P_1P_2| = |M_1M_2|$,而 $|M_1M_2|$ 等于两圆 S_1 和 S_2 的垂直于 l_1 的直径所在的直线 m_1 和 m_2 之间的距离 d。因此,将圆 S_1 沿 l_1 的方向平移距

---

* 本文原载于《数学通报》,1999,(12):24-25.

离 d 所得的圆 S_1' 与圆 S_2 的公共弦所在的直线即为所求（证明略）。

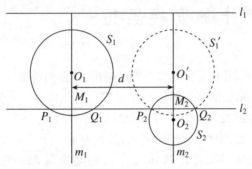

图1

例 2　求单位正方形 $ABCD$ 内一点 P 到三个顶点 A，B，C 的距离之和的最小值，并问点 P 在何处时能得到这个最小值。

分析及解：欲求 $PA+PB+PC$ 的最小值，可设法"搬动"其中两条线段，使三线段组成一折线。

将线段 PB 绕其端点 B 旋转 $60°$，到达 BP' 的位置（图2）。于是 $\triangle BPP'$ 为正三角形，$PP'=PB$。同时在这个旋转下，$\triangle BPA$ 变成 $\triangle BP'A'$，于是 $P'A'=PA$。这样，就将三线段的和 $PA+PB+PC$ 变成折线长 $A'P'+P'P+PC$，而 A' 和 C 是二定点，因此得

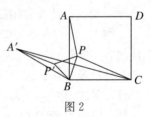

图2

$$PA+PB+PC=A'P'+P'P+PC\geqslant A'C，$$

此处点 A' 是点 A 绕点 B 旋转（向正方形外）$60°$所得，于是所求和 $PA+PB+PC$ 的最小值即为 $A'C$。

由 $\angle CBA'=150°$，$A'B=BC=1$，应用余弦定理得 $A'C^2=2+\sqrt{3}$，$A'C=\dfrac{\sqrt{2}}{2}(1+\sqrt{3})$。

当点 P 和 P' 都在线段 $A'C$ 上时（图3），$A'P'+P'P+PC=A'C$，此时 $\angle BPC=120°$，又 $\angle A'CB=15°$，所以 $\angle PBC=45°$，即当点 P 位于直角 ABC 的平分线与 $A'C$ 的交点处时，$PA+PB+PC$ 为上述最小值 $A'C$。（也可这样想：出于对称考虑所求点 P "应在" $\angle ABC$ 平分线上，由上述分析，所求点 P 应在 $A'C$ 上，这样 P "该是" 两者的交点）。

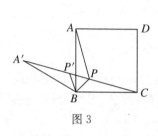

图3

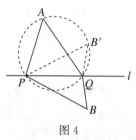

图4

例 3 设点 A，B 位于直线 l 的两侧，P 是 l 上的一个定点，试在 l 上求另一点 Q，使 $\angle PAQ=\angle PBQ$。

分析及解：我们先解决一个易于解决的类似的问题——两点 A 和 B' 位于直线 l 同侧时的情形（图4）。根据同弧所对的弓形角相等，可得过已知三点 A，B'，P 的圆与直线 l 的另一个交点 Q，即满足 $\angle PAQ=\angle PB'Q$。因此对原题即 A，B 两点位于直线 l 两侧的情形，只须先将点 B 对于直线 l 作轴反射变成 B'，于是原题就转化成上述已经解决的情形。

例 4 已知两个同心圆 S_1 和 S_2，求作直线 l 依次交两圆于 A，B，C，D（图5），使 $AB=BC=CD$。

分析及作法：由于圆的对称性，任一直线与二同心圆相交，必有 $AB=CD$，因此，本题只须要求直线 l 满足 $AB=BC$。这样，要解决原问题，只须解决下列问题：过圆（S_2）外一点 A，作圆的割线交圆于 B，C，使 $AB=BC$。

我们知道，当点 C 在已知圆 S_2 上变动时，割线 AC 的

中点的轨迹是圆 S_2 的以定点 A 为位似中心且位似比为 $\frac{1}{2}$ 的位似图形——圆 S_2'（图 6）。通过 A 及 S_2' 与 S_2 的交点 B 的直线即为所求割线（圆 S_2' 与 S_2 有几个交点，本题就有几解）（作法及证明略）。

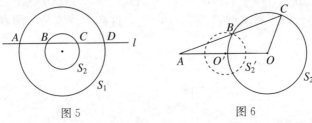

图 5　　　　　　　　　　　　图 6

如果我们不限于等距变换和位似变换，把讨论的范围扩大到平行投影（它是仿射变换的特殊情形），那么变换的应用就更加多姿多采。

例 5　在 $\triangle ABC$ 三边 BC，CA，AB 上顺次各取一点 L，M，N 使 $\dfrac{BL}{LC} = \dfrac{CM}{MA} = \dfrac{AN}{NB}$。试证 $\triangle ABC$ 与 $\triangle LMN$ 重心相同。

分析及证明：由于线段的分比和三角形的重心经过平行投影是不变的，因此我们可将任意 $\triangle ABC$ 投影成正三角形，只须对正 $\triangle ABC$（图 7）证明上述命题。

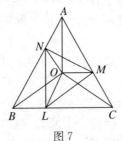

图 7

对于正 $\triangle ABC$ 易证 $\triangle LMN$ 亦为正三角形。由 $OA = OB = OC$ 易证 $OL = OM = ON$。因正三角形的重心与外心合

一，命题得证。

例 6 设 A_1，B_1，C_1，D_1 分别是 $\square ABCD$ 的边 CD，DA，AB，BC 上的点，使 $\dfrac{CA_1}{CD}=\dfrac{DB_1}{DA}=\dfrac{AC_1}{AB}=\dfrac{BD_1}{BC}=\dfrac{1}{3}$。试证由直线 AA_1，BB_1，CC_1，DD_1 相交构成的四边形 $A_2B_2C_2D_2$ 的面积是 $\square ABCD$ 面积的 $\dfrac{1}{13}$。

分析及证明： 由于线段的分比及图形的面积比经过平行投影是不变的，因此可以通过平行投影，把平行四边形变成正方形，只须对正方形 $ABCD$ 证明上述命题（图 8）。

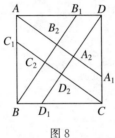

图 8

易证四边形 $A_2B_2C_2D_2$ 亦为正方形。若设 $AB=3$，易证 $B_2C_2=\dfrac{3}{\sqrt{13}}$。于是，$\dfrac{S_{正方形 A_2B_2C_2D_2}}{S_{正方形 ABCD}}=\dfrac{1}{13}$。

有人把这种解题模式简记为"变换-求解-逆变换"。

总之，由于变换思想在几何中的重要地位，所以中学几何的改革要"在综合几何中渗透几何变换的思想。"[2] 展望 21 世纪中学数学教育的内容，有的专家也预言"到了 21 世纪，平面几何将增加趣味性和逻辑性，引人入胜地讲解怎样发现证明，并加强几何变换法和面积法证题的介绍，使几何证明难关变通途，在无形中培养变换群思想，形数转化思想和创造精神。"[3] 这话是很有道理的，适当渗透几何变换的思想，可以为几何论证提供一条新的更为有效的途径，也可为以后与现代数学的衔接创造条件。

参考文献

［1］亚格龙，尤承业译. 几何变换（I）. 北京：北京大学出版社，1987.

［2］现代数学课程理论研究课题组编（丁尔陞主编）. 现代数学课程论. 南京：江苏教育出版社，1997.

［3］21世纪中国数学教育展望课题组编. 21世纪中国数学教育展望（第2辑）. 北京：北京师范大学出版社，1995.

114

王敬庚数学教育文选

■应注意"函数"和"到上函数"的 区别 *

——对高中《代数》第一册（甲种本）的一点意见

"函数"是数学中的一个重要概念，在高等数学中，它是最基本的概念之一。因此给高中学生一个关于函数的正确概念，无疑应该是中学数学教育要达到的要求。

关于用集合和映射来刻画函数的近代定义，高中《代数》第一册（甲种本）[1]是这样叙述的：

"从映射的概念可以知道，映射 $f: A \to B$ 包括三个部分：原象集合 A、象所在的集合 B 以及从 A 到 B 的对应法则 f。当集合 A，B 都是非空的数的集合，且B 的每一个元素都有原象时，这样的映射 $f: A \to B$ 就是定义域 A 到值域 B 上的函数。"（引文中的着重点为引者所加，下同）

这里实际上是给出了一个"到上函数"（也称"满函数"）的定义。

如果我们把使得 B 中每一个元素都有原象的映射 $f: A \to B$ 称为"集合 A 到集合 B 上的映射"，则上述定义实际是用"到上映射"来描述"到上函数"的。

对于什么是一般的"函数"，上述定义中并未加以描述。但课本[1]接下去却说：

"所以函数是由定义域、值域以及定义域到值域上的对应法则三部分组成的一类特殊的映射。"

二、中学数学思想方法和教学研究

---

* 本文原载于《数学通报》，1985，(1)：24-25.

该课本在列举了一些到上函数的例子以后，紧接着说：

"在本书中，将把这类定义域 A 到值域 B 上的特殊的映射 $f:A \to B$ 都叫做函数……"

这样，就用特殊的"到上函数"的概念，代替了一般的"函数"的概念，使二者混淆不清了。这一点，在一些教学参考书中表露得更为明显。

一本广泛使用的《教学参考书》说："由函数的近代定义可知，函数只不过是具有以下两个特点的一种特殊的映射 $f:A \to B$，

（1）集合 A，B 是非空的数的集合；

（2）$f:A \to B$ 是集合 A 到 B 上的映射。"

引文中的"函数"，实际是"到上函数"，这样就把"函数"和"到上函数"二者混为一谈了。

新出版的一本《高一代数辅导与练习》也有类似的毛病，它说：

"对于非空集合 $A \subseteq R$，$B \subseteq R$，映射 $f:A \to B$ 使得 B 中任一元素在 A 中都有原象时，这是一种特殊映射，这种特殊映射就是函数。A 叫做函数的定义域，B 叫做值域。"

引文中的"函数"应是"A 到 B 上的函数"。也把这两个概念混为一谈了。因此该书中所举的是与不是"函数"的例子，实际上只是是与不是"到上函数"的例子。书中所举的例子是：

"例如 $A=[-1, +\infty)$，$B=\bar{R}_+$，从 A 到 B 的对应法则是'对于 A 中的元素 x 加上 1 后开平方取负平方根与 B 中元素 y 对应'（这句话令人费解，"与 B 中元素 y 对应"八个字似应删去——引者注），这种从 A 到 B 的对应就是上述的特殊映射，这个映射就形成了函数 $y=-\sqrt{x+1}$（$x \in [-1, +\infty)$）。"（以上称例一）。"如果把 B 改成 R，这时上述对应仅是映射 $f:A \to B$，但不是函数，因为这时 B 中存

在无原象的元素，例如 $y=1$ 就没有原象。"（以上称例二）。

由于没有注意"函数"和"到上函数"的区别，用
"到上函数"的概念代替了"函数"的概念，这就给学生造
成一个印象：只有到上函数才是函数，而这是不正确的。
如不纠正，将给学生今后进一步学习高等数学造成不必要
的困难。

高中《代数》上册（乙种本）[2]中关于用集合和映射对
函数概念的描述则避免了上述毛病，似乎更为可取。教科
书[2]中是这样写的：

"从映射的概念可以知道，上面所说的函数实际上就是
集合A到集合B的映射，其中A，B都是非空的数的集合，
对于自变量x的定义域A内任何一个值，在集合B中都有
唯一的函数值y和它对应；自变量的值相当于原象，和它
对应的函数值相当于象；函数值的集合C就是函数的值域，
很明显$C \subset B$。"

以上描述告诉我们：当A，B是非空数集时，映射 f：
$A \rightarrow B$ 就叫做函数（有时也称为集合 A 到 B 的函数，或称
为定义在集合 A 上的函数），这里只要求 B 是象所在的集
合，并不要求 B 中每一个元素都有原象，或者说并不要求
集合 B 是函数的值域。按照这个描述，上述《辅导与练习》
中所举例二就被正确地指出是函数了。

当然如果乙种本在上述描述之后，再加上一句：

"特别地，如果 B 就是值域时，即 B 中每一个元素在 A
中都有原象，这时我们就称映射 f：$A \rightarrow B$ 为集合 A 到 B 上
的函数"也就是把甲乙两种本子的写法结合在一起，那样
就更好了。既给出了用集合和映射描述的一般的函数的定
义，又描述了函数的一种特殊情形——"到上函数"。这样
就把一般的"函数"的概念和特殊的"到上函数"的概念
两者清楚地区别开了，从而给学生一个关于"函数"的正

确的概念。

参考文献

［1］高级中学课本（试用），代数，第一册（甲种本）. 人民教育出版社，1983，21-22.

［2］高级中学课本（试用），代数，上册（乙种本）. 人民教育出版社，1983，21.

王敬庚数学教育文选

■用特殊值法解题是有前提条件的[*]

先看两道例题

例1 已知 a，b，c 为非零实数，且 $a+b+c=0$，求 $a\left(\dfrac{1}{b}+\dfrac{1}{c}\right)+b\left(\dfrac{1}{c}+\dfrac{1}{a}\right)+c\left(\dfrac{1}{a}+\dfrac{1}{b}\right)$ 的值。

例2 若 $abc=1$，求 $\dfrac{a}{ab+a+1}+\dfrac{b}{bc+b+1}+\dfrac{c}{ca+c+1}$ 的值。

解这两道题需要一定的变形技巧。有人用特殊值法，就"简单"多了。对于例1，取 $a=2$，$b=c=-1$，代入原式得 $2(-1-1)-\left(-1+\dfrac{1}{2}\right)-\left(\dfrac{1}{2}-1\right)=-4+\dfrac{1}{2}+\dfrac{1}{2}=-3$，故所求值为 -3。对于例2，取 $a=b=c=1$，代入原式得 $\dfrac{1}{3}+\dfrac{1}{3}+\dfrac{1}{3}=1$，故所求值为 1。初看，这种解法真是太简单了，简直使人不禁"拍案叫绝"。然而细想一下，上述解法的根据不足，只由满足条件的一组特殊值计算所得，即认为满足条件的一切值皆得此结果，不是过于武断了吗？

再看两道例题

例3 已知 a，b 是不相等的正实数，试比较 $\dfrac{a+b}{2}$，$\sqrt{\dfrac{a^2+b^2}{2}}$，$\sqrt{ab}$，$\dfrac{2ab}{a+b}$ 的大小关系。

---

* 本文原载于《中学生数学》，2008，(4 下)：10-11.

119

二、中学数学思想方法和教学研究

例 4 已知 $0<a<1$，$-1<b<0$，试比较 $a+b$，$a-b$，$a\times b$ 的大小关系。

用特殊值法。对于例 3，取 $a=2$，$b=1$，代入计算得 $\frac{a+b}{2}=\frac{3}{2}$，$\sqrt{\frac{a^2+b^2}{2}}=\sqrt{\frac{5}{2}}$，$\sqrt{ab}=\sqrt{2}$，$\frac{2ab}{a+b}=\frac{4}{3}$。由 $\frac{4}{3}<\sqrt{2}<\frac{3}{2}<\sqrt{\frac{5}{2}}$ 得 $\frac{2ab}{a+b}<\sqrt{ab}<\frac{a+b}{2}<\sqrt{\frac{a^2+b^2}{2}}$。对于例 4，若取 $a=\frac{1}{2}$，$b=-\frac{1}{2}$，代入计算得 $a+b=0$，$a-b=1$，$a\times b=-\frac{1}{4}$。则由 $-\frac{1}{4}<0<1$ 可得 $a\times b<a+b<a-b$；但若取 $a=\frac{1}{8}$，$b=-\frac{1}{2}$，代入计算得 $a+b=-\frac{3}{8}$，$a-b=\frac{5}{8}$，$a\times b=-\frac{1}{16}$，则由 $-\frac{3}{8}<-\frac{1}{16}<\frac{5}{8}$ 又可得 $a+b<a\times b<a-b$。

选取两组不同的 a，b 值，结果得到两个不同的结论，可见将只由一组特殊值得到的结果作为所有情况下的一般结论不一定正确。

对于前三个例子，虽然结果正确，但根据不足，而对于例 4，连结果也不正确了。说明用特殊值法解题是有前提的，不是普遍可用的。

关于一般和特殊的关系，我们知道，某一类事物的所有成员所共同具有的性质（称为该类事物的一般性质），其特殊的成员也一定具有；反过来，一类事物中的某个特殊成员所具有的性质，并不一定是该类事物的一般性质。例如三角形三内角和为 $180°$，三角形两边之和大于第三边等这些性质都是三角形的一般性质，即一切三角形所共同具有的性质，因此特殊的三角形——直角三角形、等腰三角形、等边三角形也都具有。但反过来，直角三角形、等腰三角形、等边三角形这些特殊的三角形所具有的性质，例如有一个角为直角，两个角或三个角相等，有两个边或三

王敬庚数学教育文选

个边相等，这些性质一般三角形并不一定具有。因此，一般地，我们并不能只根据某个特殊三角形具有某个性质就断言该性质是三角形的一般性质。但如果我们事先已经知道三角形的某个量是一个定值（即该量与三角形的具体形状无关），那么我们只要对某个特殊形状的三角形计算出该量的值，就可断言一般三角形的这个量就是该值。例如我们已知三角形三内角和是一个定值，求这个定值。我们只要取一个特殊的三角形——三内角分别为 $30°$，$60°$ 和 $90°$ 的直角三角形，计算出三内角和为 $180°$，我们就得到一般三角形三内角和为 $180°$。

前面的例 1 和例 2 如果加上条件："所求值为定值"，即与 a，b 或 a，b，c 的取值无关，这时上述特殊值法的确非常有效。对于例 3，若指明大小关系是确定的，则特殊值法同样非常巧妙。至于例 4，对 $a-b$ 与 $a\times b$，由选取不同的值得到不同的结果，可得"它们的大小关系不确定"的正确结论；对 $a+b$ 与 $a-b$ 及 $a+b$ 与 $a\times b$ 的大小比较，运用特殊法则需要加一个前提，它们的大小关系是确定的。

综上所述，特殊值法的应用是有前提条件的。只在已知所求值为定值的前提下求这个值时，才可通过对相关元素的特殊值来推求。因而在不知道所求值为定值的情形下用特殊值法是没有根据的。

对于选择题，如果选择支都是定值，这就暗含所求值为定值，因此用特殊值法也能奏效。对于填空题，如若 $abc=1$，则 $\dfrac{a}{ab+a+1}+\dfrac{b}{bc+b+1}+\dfrac{c}{ca+c+1}$ 的值为 _____。也暗含所求值为定值，可用特殊值法解之。

另外，用特殊值造出反例可以推翻某个一般结论。因此对选择题，也可以用特殊值法排除（推翻）某些选择支。

要证明某个结果是定值时，可以先通过取相关元素的特殊值得出这个值是什么，注意，这只是猜测！正确与否还需再给出一般性证明（即先猜后证）。注意：这时取特殊值得到的只是猜测，而猜测不等于事实。

三、高等数学的教学内容和教学方法研究

■关于仿射变换和二阶曲线的定义 [*]

我们在数学中提出一个基本概念时，必须给出它的定义。通常，同一本书中，对一个概念只给出一种定义，若需要同时给出两种不同的定义时，则必须证明它们是互相等价的。这是数学的基本要求，而这一点，在一些教材中，有时却被忽视了。例如，在有的高等几何教材中，讲述仿射变换和二阶曲线的概念时，就出现了这种情形。

一、关于平面上的仿射变换

几种常见的定义，例如

定义 1　平面上的一一点变换，若能表示为有限个二平面间的透视仿射对应的乘积，则称为平面上的仿射变换。

定义 2　平面上的一一点变换，若满足：（ⅰ）任意共线三点的象仍共线；（ⅱ）任意共线三点的单比保持不变，则称为平面上的仿射变换。

定义 3　平面上建立一个仿射坐标系，平面上任一点 $P(x, y)$ 及它的象点 $P(x', y')$，满足

$$\begin{cases} x' = a_1 x + b_1 y + c_1, \\ y' = a_2 x + b_2 y + c_2, \end{cases} \quad \begin{vmatrix} a_1 & b_1 \\ a_2 & b_2 \end{vmatrix} \neq 0, \qquad (*)$$

由这个关系式所决定的点之间的对应关系，称为平面上的仿射变换。

当采用定义 1 或定义 2 作为仿射变换的定义时，往往都

---

　　*　本文原载于《数学通报》，1988，（7）：28-30.

需要推导其代数表示，这实际上就是要推证定义 1 或定义 2 与定义 3 的等价性，而在关于这个等价性的证明中，起关键性作用的一个根据，是平面仿射变换的决定定理，即平面仿射变换由不共线的三对对应点唯一决定，这个定理包括存在性和唯一性两部分，称为平面仿射几何的基本定理。

教材[1]采用定义 1 作为仿射变换的定义，但在推导其代数表示之前，没有给出上述基本定理，因此推导出的表示式（∗），为什么就是已知仿射变换的代数表示，没有根据，因为书中没有证明任一表示式（∗）都表示（按定义 1 的）仿射变换，即没有说明它是透视仿射的乘积。因此，该书把上述基本定理作为推导表示式（∗）的过程中得到一个推论，也就是不妥当的了。

教材[1]中同时又给出了定义 2，代替证明它与定义 1 的等价性，书中证明了定义 1 的代数表示即定义 3 与定义 2 的等价性，但如上述分析，该书对定义 1 与定义 3 的等价性的证明是不完全的，因而也就使得定义 1 与定义 2 的等价性的证明也是不完全的。

二、关于二阶曲线

几种常见的定义，例如

定义 A　射影平面上，坐标 (x_1, x_2, x_3) 满足二次齐次方程

$$\sum_{i,j}^{1-3} a_{ij} x_i x_j = 0, \qquad a_{ij} = a_{ji}, \qquad (**)$$

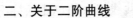

的点的集合，称为二阶曲线。

定义 B　在射影平面上，成射影对应的两个线束的对应直线的交点的集合，称为二阶曲线。（定义 B 通常被称为二阶曲线的射影定义）

教材[1]中，先给出二阶曲线的定义 A，然后，只证明了成射影对应的两个线束的对应直线的交点的全体构成一

条（按定义 A 的）二阶曲线，便据此又给出了二阶曲线的射影定义 B。但并未证明，凡按定义 A 的每一条二阶曲线，即每一个由方程式（＊＊）所表示的曲线，都是某两个成射影对应的线束的对应直线的交点的集合。因此，该书对定义 A 与定义 B 的等价性的证明是不完的。教材[2]中也存在类似的问题。

现将[1,2]所缺部分补充如下，供参考。

定理　对于任意一个三元二次齐次方程（＊＊），必存在两个成射影对应的线束，使其对应直线交点的集合，恰由方程（＊＊）表示。

记方程（＊＊）的系数行列式为 $|a_{ij}|$，现在就 $|a_{ij}|＝0$ 及 $|a_{ij}|\neq0$ 两种情形，分别加以证明。

引理 1　当 $|a_{ij}|＝0$ 时，方程（＊＊）表示两条直线（或二实直线，或重合直线，或二共轭虚直线）。

引理 1 的证明①：将（＊＊）按 x_1 降幂排列得 x_1 的二次方程，简记为

$$a_{11}x_1^2+2Bx_1+C=0,$$

解出

$$x_1=\frac{-B\pm\sqrt{B^2-a_{11}C}}{a_{11}},$$

记

$$B^2-a_{11}C=Q,$$

Q 是关于 x_2，x_3 的二次齐次多项式。由 $|a_{ij}|＝0$，不妨设行列式第一行的元素可表示为其余两行元素的线性组合，即

$$a_{1j}=\lambda a_{2j}+\mu a_{3j},\ j=1,\ 2,\ 3,$$

三、高等数学的教学内容和教学方法研究

———————

①　参考云南曲靖师专马立在 1986 年（西安）全国高等几何教学讨论会上宣读的论文《变态二次曲线与奇异点》.

代入 Q，经过计算整理，得 Q 是下列完全平方

$$Q=[\sqrt{a_{23}^2-a_{22}a_{33}}(\mu x_2-\lambda x_3)]^2。$$

因此，方程（∗∗）左端可以表示为两个一次因式的乘积，由 $a_{23}^2-a_{22}a_{33}$ 的值 >0，$=0$，或 <0，可得（∗∗）分别表示二实直线，重合直线或二共轭虚直线。引理 1 证毕。

根据上述三种情形，可以分别作出成射影对应的二线束，它们或共顶，或不共顶而成透视，使其对应直线交点的集合，恰是上述二直线。具体作法如下：

（ⅰ）当 $a_{23}^2-a_{22}a_{33}>0$ 时，设 $a_{23}^2-a_{22}a_{33}=b^2$，此时（∗∗）表示二实直线：

$$(a_{11}x_1+a_{12}x_2+a_{13}x_3)^2-b^2(\mu x_2-\lambda x_3)^2=0。\quad (1)$$

作两个共顶的线束

$$a_{11}x_1+a_{12}x_2+a_{13}x_3+\alpha b(\mu x_2-\lambda x_3)=0;\quad (2)$$
$$a_{11}x_1+a_{12}x_2+a_{13}x_3+\beta b(\mu x_2-\lambda x_3)=0。$$

建立射影对应

$$\beta=\frac{2\alpha+1}{\alpha+2},$$

则（2）中对应直线交点的集合恰为（1）。亦可作二不共顶的线束

$$[a_{11}x_1+a_{12}x_2+a_{13}x_3+b(\mu x_2-\lambda x_3)]+\alpha[a_{11}x_1+a_{12}x_2+$$
$$a_{13}x_3-b(\mu x_2-\lambda x_3)-x_3]=0,\quad (2)'$$
$$[a_{11}x_1+a_{12}x_2+a_{13}x_3+b(\mu x_2-\lambda x_3)]+\beta[a_{11}x_1+$$
$$a_{12}x_2+a_{13}x_3-b(\mu x_2-\lambda x_3)+x_3]=0。$$

建立射影对应

$$\alpha+\beta=0,$$

此对应为透视对应（因为两顶连线

$$a_{11}x_1+a_{12}x_2+a_{13}x_3+b(\mu x_2-\lambda x_3)=0$$

为自对应线）。$(2)'$ 对应直线交点的集合亦恰为（1）。

（ⅱ）当 $a_{23}^2-a_{22}a_{33}=0$，此时（∗∗）表示二重合直线

$$(a_{11}x_1+a_{12}x_2+a_{13}x_3)^2=0 \text{。} \qquad (3)$$

作二共顶线束

$$a_{11}x_1+a_{12}x_2+a_{13}x_3+\alpha x_1=0 \text{；} \qquad (4)$$
$$a_{11}x_1+a_{12}x_2+a_{13}x_3+\beta x_1=0 \text{。}$$

建立射影对应

$$\beta=\frac{\alpha}{\alpha+1},$$

则（4）中对应直线交点的集合恰为（3）。

（ⅲ）当 $a_{23}^2-a_{22}a_{33}<0$ 时，设 $a_{23}^2-a_{22}a_{33}=-b^2$，此时（∗∗）表示二共轭虚直线（一个实点）

$$(a_{11}x_1+a_{12}x_2+a_{13}x_3)^2+[b(\mu x_2-\lambda x_3)]^2=0 \text{。} \qquad (5)$$

作二共顶线束

$$a_{11}x_1+a_{12}x_2+a_{13}x_3+\alpha b(\mu x_2-\lambda x_3)=0 \text{；} \qquad (6)$$
$$a_{11}x_1+a_{12}x_2+a_{13}x_3+\beta b(\mu x_2-\lambda x_3)=0 \text{。}$$

建立射影对应

$$\alpha\beta=-1,$$

则（6）中对应直线交点的集合恰为（5）。

引理 2 当 $|a_{ij}|\neq 0$ 时，方程（∗∗）表示由两个不共顶的成射影对应而非透视的线束的对应直线交点的集合。

引理 2 的证明： 取不共线三点 A_1，A_2，A_3 组成新的坐标三点形，其中 A_1，A_2 满足方程（∗∗），A_3 不满足方程（∗∗），再适当取 E 作为新的单位点，建立一个新坐标系。在这个新系下，方程（∗∗）变为

$$a'_{33}x_3'^2+2a'_{12}x_1'x_2'+2a'_{13}x_1'x_3'+2a'_{23}x_2'x_3'=0 \quad (\ast\ast)'$$
即
$$(2a'_{13}x_1'+a'_{33}x_3')x_3'=-2(a'_{12}x_1'+a'_{23}x_3')x_2' \text{。}$$

作两个不共顶的线束

$$x_2'+\alpha x_3'=0 \text{；} \qquad (7)$$
$$(2a'_{13}x_1'+a'_{33}x_3')+\beta(a'_{12}x_1'+a'_{23}x_3')=0. \qquad (8)$$

建立射影对应

$$2\alpha+\beta=0. \qquad (9)$$

因为 $|a_{ij}| \neq 0$，所以对于方程（**）′亦有 $|a_{ij}'| \neq 0$，故（8）确为以（0，1，0）为顶点的线束。又因线束（7）、（8）顶点的连线 $x_3' = 0$，在对应（9）下，不是自对应直线，故对应（9）不是透视对应，线束（7）（8）在对应（9）下对应直线交点的集合恰为（**）′。再对方程（7）、（8）施行上述坐标变换的逆变换，即得原坐标系中的两个不共顶的线束，它们在非透视对应的射影对应（9）之下，对应直线交点的集合，恰为方程（**）。引理 2 及定理证毕。

参考文献

［1］梅向明等. 高等几何. 高等教育出版社，1983.

［2］朱德祥. 高等几何. 高等教育出版社，1983.

128

■射影平面的模型和默比乌斯带*

射影几何研究图形在射影变换下的不变性。射影变换可以直观地看成是由连续施行若干次中心投影所得到的变换。为了使中心投影成为两平面的点之间的一一对应，我们必须把通常的欧氏平面加以拓广，添加无穷远点和无穷远直线。即对平面上的一族平行线添加一个无穷远点，且规定平面上所有无穷远点的集合为一条无穷远直线。这种经过拓广以后的平面，若对新添加的无穷远元素与原有的元素不加区别时，就叫做射影平面。这样，二维的射影几何所研究的就是射影平面上的图形在射影变换下的不变性。现在我们要问：射影平面到底是个什么样子的曲面呢？

因为射影平面是由欧氏平面拓广而来，因此从局部看，可以认为它与欧氏平面的局部有相同的结构，但从整体看，它与欧氏平面却有本质的区别。从直观上来想象射影平面的整体形状，无论是从丰富几何的直观想象力，还是从扩大关于几何图形的眼界来说，都是一件十分有趣的事。

本文介绍射影平面的几个不同的但是互相联系的模型；想象射影平面的整体形状；通过射影平面和默比乌斯带的联系，来了解射影平面的一个整体性质——单侧性。

我们在笛氏直角（齐次）坐标系里讨论，射影平面上每一点都有齐次坐标（x_1，x_2，x_3），x_1，x_2，x_3 是不全为零的三个实数。我们把有序的三个数称为一个三数组。任意一个非零三数组皆表示射影平面上的一个点，而且成比例的

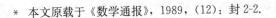

* 本文原载于《数学通报》，1989，(12)：封2-2.

两个三数组 (x_1, x_2, x_3) 及 $(\rho x_1, \rho x_2, \rho x_3)$，$(\rho \neq 0)$，表示射影平面上的同一点。现在如果我们把 (x_1, x_2, x_3) 看成三维空间中过原点的一条直线的方向数，则该直线且只有该直线上除原点以外的所有点的非齐次坐标可以写成 $(\rho x_1, \rho x_2, \rho x_3)$，$(\rho \neq 0)$，即它们都是互相成比例的非零三数组，以这些三数组为齐次坐标的点是射影平面上的同一点。于是我们想到用三维空间中过原点的一条直线来代表射影平面上的一个"点"，这条直线的方向数 (x_1, x_2, x_3) 就是它所代表的"点"的齐次坐标。$(0, 0, 0)$ 不是任何直线的方向数，所以它不代表任何"点"。两个方向数成比例时，由它们决定的过原点的直线是同一条直线，所以代表同一"点"。这样，三维空间中过原点的所有直线的集合，就组成了一个射影平面，称为射影平面的一个模型。在这个模型中，"点"就是过原点的直线（图1），"直线" $a_1 x_1 + a_2 x_2 + a_3 x_3 = 0$ 是过原点的一个平面，它的法向量是 (a_1, a_2, a_3)（图2）。因为空间中过一点的所有直线组成的集合叫一个直线把，所以我们把上述模型叫做射影平面的直线把模型。

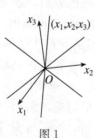

图1

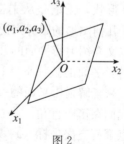

图2

如果我们作一个单位球面与上述直线把相交，那么每一条直线交球面上两个点，且是一对对径点（同一直径的两个端点如图3），因此我们可以用球面来代替上述直线把，不过要把每一对对径点各看成一个"点"。这样，我们就得到射影平面的一个球面模型。在这个模型中，"点"是一对对径点，"直线"是球面上的大圆（图4）。

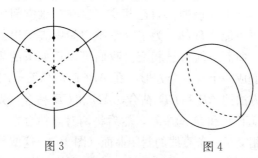

图3　　　　　　　　图4

如果我们只取上半球面，半球面上除赤道以外的点就看作射影平面上的"点"，赤道上仍然是一对对径点看作一"点"。半球面上的半个大圆看作是"直线"，赤道也是一条"直线"。这个模型叫做射影平面的半球面模型（图5）。

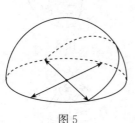
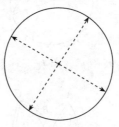

图5　　　　　　　　图6

若将上半球面向赤道平面作垂直投影，半球面就变成一个圆片，圆片内部的每一点就是射影平面上的一个"点"，圆片边界上仍是一对对径点看成一个"点"（图6），这时半个大圆在赤道平面上的投影——半个椭圆是射影平面上的"直线"，圆片的边界圆周也是一条"直线"（图7）。这个模型叫射影平面的圆片模型。拓扑学中通常采用这个模型（不过拓扑学中不研究其上的"直线"）。

现在我们就圆片模型来想象射影平面的整体形象。我们把圆片想象成由极薄的橡皮膜做成，可以任意弯曲和拉

三、高等数学的教学内容和教学方法研究

伸，若将圆片的边界圆周上的每一对对径点各粘合成一个
点，就得到一个射影平面。但是非常遗憾，既要粘合各对
对径点，又不使该曲面自己相交，这在三维空间中是无论
如何也不可能实现的。为了在三维空间中表示出射影平面
的形象，曲面必须自己相交。我们可以作如下的想象：先
将圆片变成一个有一个方形小孔 $ABCD$ 的球面（图 8），再
用如下方法把 AB 和 CD 粘合，AD 和 CB 粘合：先提高 A
和 C，拉下 B 和 D（图 9），然后将两对点粘合在一起，得
到自己相交于一条直线的封闭曲面（图 10），这就是我们在
三维空间中表示出来的、具有一条自交线的射影平面的一
个整体形象。

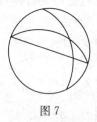

图 7

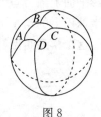

图 8

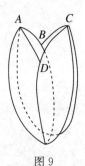

图 9

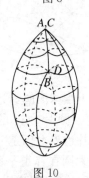

图 10

　　在四维空间内，射影平面完全可以避免自己相交而表
示出来。想象垂直于纸面还有一个第四维数，并且记住纸
面表示通常的三维空间。通过图 10 中自交线的两个面，它
们分别是在图 9 中由粘合 AB 和 CD 及 AD 和 CB 所得到的。

现在想象这两个面中的一个面不动，另一个面保留自交线的两个端点不动，向第四维方向略微弯曲，这样就避免了出现自交线。如果觉得不好理解，可以先看下面的简单情况，或许能够帮助我们想象。两条直线不平行又不相交，这在二维空间中是永远不能实现的，如果要在平面上表示出它们，必定要自己相交（图 11），而在三维空间中就可以避免自己相交而表示出来，只要把垂直于纸面的第三维考虑进去，在图 11 的交点附近，将其中一条直线沿第三维的方向略微提高一些，就消除了交点，如图 12 所示。

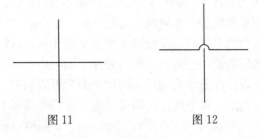

图 11　　　　　　　　图 12

　　射影平面虽然是一个封闭曲面，但不能拿它作容器来装东西，因为它是单侧的。直观通俗地说，即它没有正反面，也就是这个封闭曲面没有里外之分。如果我们捉一只蚂蚁，把它关在射影平面形状的封闭曲面"里面"，则它可以毫不费事地沿着这个曲面爬到"外面"来。为了考察射影平面的单侧性，我们先来看一个典型的，人们早已知道的单侧曲面——默比乌斯（Möbius，1790—1868 年）带。

　　将一个长方形纸条 ABCD 的一端 AB 固定，另一端 DC 扭转半周后，把 AB 和 CD 粘合在一起，如图 13。所得曲面叫默比乌斯带。

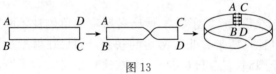

图 13

关于默比乌斯带的单侧性，我们可以作如下直观的了解。如果我们要给用纸做成的默比乌斯带着色，色笔始终沿着曲面移动，且不越过它的边缘，最后我们会发现整个默比乌斯带的"两面"全都被涂上颜色。也就是曲面上存在这样的通路，从它的"正面"出发，不越过边缘可以到达它的"反面"，即正面和反面是同一面，也就是分不出正面和反面，我们暂且这样直观地来了解默比乌斯带的单侧性。如果我们也用上述方法给圆柱面着色，那么我们最终只能把它的一面涂上颜色，如果色笔不越过边缘，则它的另一面永远也涂不上颜色。所以圆柱面不是单侧的。

曲面是单侧的，也叫做不可定向的。以曲面上除边缘外的每一点为圆心各画一个全部在曲面上的小圆，对每一个这样的小圆周指定一个方向，称为相伴于圆心点的指向。若能使相邻两点相伴的指向相同，则称曲面为可定向的，否则称为不可定向的。对于默比乌斯带来说，我们考虑其上的一条闭路 GG'（图 14），其中 G，G' 是重合的。如果给 G 指定一个相伴指向，而且在整个闭路 GG' 上一直延用它，这样当动点沿 GG' 到达 G'（即 G）时，G' 的相伴指向必定与 G 的相伴指向相反（图 14），如果默比乌斯带是可以定向的，则 G，G' 的相伴指向应该是相同的，所以默比乌斯带是不可定向的。

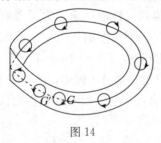

图 14

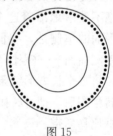

图 15

现在我们已经了解了默比乌斯带的单侧性，而射影平面和默比乌斯带有非常密切的联系，如果在射影平面上挖一个小圆洞，就可以获得一个默比乌斯带。为了看清这一点，我们仍从射影平面的圆片模型出发，在圆片上挖去一个更小的圆片，得到一个平环（图15），当然平环外圆周上的每对对径点须各粘合成一点。我们采用如下的步骤来实现：沿着半径 AB 和 CD 切开平环（图16），使之变成两个矩形（图17），再将外圆周的各对对径点粘合为一点（图18），得到一个长方形（图19），再按图中相同的字母将长方形的两端粘合起来，即得默比乌斯带（图20）。默比乌斯带有一个边缘，如图20中的封闭曲线 ACA，在上述过程中，它是由平环（图15）的内圆周即射影平面上被挖去的小圆片的圆周变来的。因此反过来，若沿默比乌斯带的边缘（圆周）粘上一个圆片，我们又可以得到封闭曲面射影平面了。这样，我们就可以直观地从默比乌斯带的单侧性得到射影平面也是单侧的了。

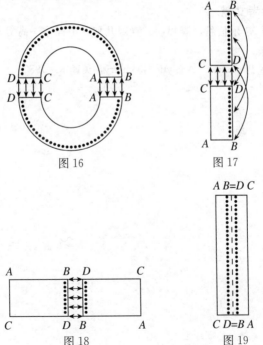

图16

图17

图18

图19

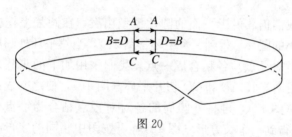

图 20

总之，射影平面从整体看，它是一个具有单侧性的封闭曲面，而从它的局部看却与通常欧氏平面相同。因为在射影几何中，我们不研究射影平面的整体性质（射影平面的整体性质属于拓扑学研究的内容），射影几何中研究的图形都是局部位置上的，所以我们可以仍然象在通常的欧氏平面上一样来画图。

参考文献

［1］希尔伯特，康福森. 直观几何，中译本. 高等教育出版社，1964.

［2］Postnikov. Analytic Geometry，英译本. 1982.

王敬庚数学教育文选

■关于笛沙格定理的附注[*]

摘要：笛沙格定理在平面射影几何中必须选作公理，然而一般的高等几何教科书又都用投到无穷远法或解析法对它加以证明。本文从几何基础的角度指出了这种处理的合理性。

关键词：笛沙格定理；希尔伯特公理系统；笛沙格数系

笛沙格（Desargues）定理：两个三点形，若三对对应顶点的连线共点，则三对对应边的交点共线（图1）。

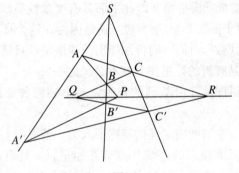

图 1

笛沙格定理在射影几何中非常重要，可以说它是"有价值的射影定理的第一条"[1]。用综合法证明该定理时，必须先对两个三点形不共面的情形根据空间的关联公理进行证明，然后再应用这个结果，对两个三点形共面的情形进行证明。对于后一种情形，若只用平面的关联公理是不能

　＊　本文原载于《北京师范学院学报（自然科学版）》，1990，11
（4）：76-79.

证明的。因此，差不多所有的高等几何教科书，在讲该定理时，都要加一个附注，明确指出："若只就平面射影几何而言，笛沙格定理必须选作公理"[2]。

但是，对于平面上的笛沙格定理，不少教科书还给出其他证明方法。例如，通过一个射影变换，使直线 PQ 的象是无穷远直线，得到一个特殊图形，笛沙格定理变成相应的一个特殊形式的命题，只须对这个新命题加以证明即可。这种方法通常称为投影到无穷远的方法（以下简称证法 1）。再例如，建立坐标系，用解析法进行证明（以下简称证法 2）。这与前述关于"笛沙格定理在平面射影几何中是不能证明的，必须选作公理"的说法是否相矛盾？如何给出恰当的解释呢？对于证法 1，[3] 指出这是因为"利用了相似形，即把平面看成欧氏平面（即此平面具有度量性质）来加以证明的"。对于证法 2，[4] 解释说，这是因为在这个证明中"利用了线性代数"，而 [5] 则特别指出笛沙格定理只是"在综合几何（不是解析的）里作为基本公理之一"。

王敬庚数学教育文选

本文试图从几何基础的角度，对上述两种证法分别给予解释。

证法 1 中笛沙格定理的特殊形式为：若平面上两个三角形的三对对应顶点的连线共点或互相平行，且有两对对应边互相平行，则第三对对应边也互相平行。

这是欧氏平面几何中的一个定理，我们仍称它为笛沙格定理。

对于三对对应顶点连线共点的情形（图 2），证明如下：

$$
\left.
\begin{array}{l}
\because\ AB /\!/ A'B',\ \therefore\ \dfrac{OA}{OA'}=\dfrac{OB}{OB'}。\\[2mm]
\because\ BC /\!/ B'C',\ \therefore\ \dfrac{OB}{OB'}=\dfrac{OC}{OC'}。\\[2mm]
\therefore\ \dfrac{OA}{OA'}=\dfrac{OC}{OC'},\ \therefore\ AC /\!/ A'C'。
\end{array}
\right\}\quad (\ *\ )\qquad 证毕。
$$

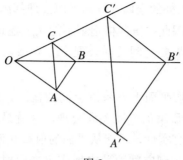

图 2

下面我们将使用希尔伯特的公理系统：$I_{1\sim8}$ 为关联公理（其中 $I_{1\sim3}$ 为平面公理，$I_{4\sim8}$ 为空间公理）；$II_{1\sim4}$ 为顺序公理；$III_{1\sim5}$ 为合同公理（其中 $III_{1\sim3}$ 为直线公理，$III_{4\sim5}$ 为平面公理）；IV 为平行公理（或 IV^* 为较精确的平行公理）；$V_{1\sim2}$ 为连续公理[1]。

我们已经知道，笛沙格定理是公理 I，II，IV^* 的推论，即根据空间关联公理 $I_{4\sim8}$ 可以证明笛沙格定理。

另一方面，若在一种平面几何中，合同公理 III 也成立，即公理 $I_{1\sim3}$，$II\sim IV$ 都成立，则在合同公理的基础上，可以建立欧几里得的比例论[1]，证法 1 中的诸结果（*），就是根据比例论中的一个基本定理[1]得到的。

因此在证法 1 中，暗含了承认平面上合同公理的存在。如果我们的射影平面正是由欧氏平面添加无穷远元素拓广得到的，也就是在这个拓广平面上，将有穷远元素和无穷远元素不加区别，就得到一射影平面。因此在射影平面上，指定一条直线为无穷远直线，并将其去掉，就又重新回到欧氏平面。而证法 1，正是通过一个射影变换，将一条直线变成无穷远直线并将其去掉，因此就变成欧氏平面，合同公理自然成立，这就是能使用证法 1 的前提和根据。

希尔伯特的研究指出：有一种平面几何存在，在这种几何中，公理 $I_{1\sim3}$，II，$III_{1\sim4}$，IV^*，V，即除去三角形

合同公理Ⅲ₅以外的全体直线和平面公理都满足，而笛沙格定理不成立。因此，笛沙格定理不能从上述这些公理推证，它的证明或者需要空间关联公理Ⅰ₄₋₈，或者需要三角形合同公理Ⅲ₅。[1]

由于在射影平面上不考虑合同的概念，所以要证明笛沙格定理就必须添加空间关联公理，这就是说，平面上的笛沙格定理的真实性，不能从平面的射影几何公理推导出，所以想要不过渡到空间而独立地作出平面射影几何，我们就应该把笛沙格定理作为新的公理，添加到平面关联公理上去。

笛沙格定理不成立的"非笛沙格平面几何"是确实存在的，孟尔敦（Moulton）曾经举出一个简单的模型。[1, 6]

证法 2：（即解析法）如图 1，设 A，B，C，A'，B'，C'，S，P，Q，R 诸点在某个（平面）射影坐标系中的齐次坐标分别为 a，b，c，a'，b'，c'，s，p，q，r。由题设 AA'，BB'，CC' 交于点 S，即 A，A'，S；B，B'，S 及 C，C'，S 皆三点共线，于是有

$$s=la+l'a', \quad s=mb+m'b', \quad s=nc+n'c',$$

因而有 $la-mb=-l'a'+m'b'$，这说明 $la-mb$ 恰为 AB 与 $A'B'$ 的交点 P 的坐标，即有 $t_1p=la-mb$，此处 $t_1\neq0$。同理，$mb-nc$ 及 $nc-la$ 恰为 BC 与 $B'C'$ 的交点 Q 及 CA 与 $C'A'$ 的交点 R 的坐标，即有 $t_2q=mb-nc$，$t_3r=nc-la$，此处 $t_2\neq0$，$t_3\neq0$。从而得到 $t_1p+t_2q+t_3r=0$，所以 P，Q，R 三点共线。证毕。

为什么用上述解析法能够证明平面笛沙格定理呢？

希尔伯特在他的《几何基础》第五章中，从一种平面几何出发，其中公理Ⅰ₁₋₃，Ⅱ，Ⅳ*都成立，即除去合同公理Ⅲ和连续公理Ⅴ之外全部公理都成立，不依赖于合同公理，而根据笛沙格定理引进一种新的线段计算，在这个新

的线段计算中，加法交换律和结合律，乘法结合律和两个分配律都成立。所有的不同线段组成了一个复数系，它具有由全体实数构成的体系所具有的性质中除去乘法交换律和连续公理之外的全部性质。希尔伯特把这样的数系叫做笛沙格数系。用笛沙格数系中的数组成的三数组表示空间中的点，由通常的解析法建立一种空间几何，它满足全体公理 $I_{1\sim8}$，II，IV^*。由于笛沙格定理是公理 $I_{1\sim8}$，II，IV^* 的推论，所以得到：对于一个笛沙格数系 D，用解析方法建立一种平面几何，在这个几何中，数系 D 的数组成依一定方式引进的线段计算中的元素，而公理 $I_{1\sim3}$，II，IV^* 都满足，所以在这种平面几何中，笛沙格定理恒成立。

而实数系是一个笛沙格数系，所以以实数系为基础用解析法建立的平面几何是一种空间几何的一部分，因此在这个平面几何中，笛沙格定理恒成立。这就是为什么用解析法能证明平面笛沙格定理的原因。

钟集在《高等几何》[6]中具体给出了二维实射影几何的公理体系，包括笛沙格定理作为平面关联公理之一，并且以实数域为基域用解析方法建立了二维实射影几何的算术模型，也就是用解析方法给出二维实射影空间（即实射影平面）的定义。关于笛沙格定理的上述证法 2（即解析证法），只不过是验证在上述算术模型中笛沙格定理确实成立而已。就如同验证在这个模型中二相异直线确实交于一点一样，都只是为了说明以实数域为基域用解析法建立的系统确是符合二维实射影几何公理系统的一个模型。这与笛沙格定理必须作为平面射影几何的公理并不矛盾。

希尔伯特的研究得到：设在一种平面几何中，公理 $I_{1\sim3}$，II，IV^* 都满足，在这种情况下，笛沙格定理的成立是下述事实的充分必要条件：这个平面几何可以看作是满足全体公理 $I_{1\sim8}$，II，IV^* 的一种空间几何的一部分[1]。

这就说明了，对于平面几何来说，笛沙格定理可以说是标志着消去空间公理的结果。这就是笛沙格定理的意义所在。

参考文献

［1］希尔伯特著，江泽涵，朱鼎勋译. 几何基础，第 2 版（上册）. 北京：科学出版社，1987，1-28，44-59，72-89，163.

［2］梅向明，刘增贤，林向岩. 高等几何. 北京：高等教育出版社，1983，47.

［3］项武义，王申怀，潘养廉. 古典几何学. 上海：复旦大学出版社，1986，172.

［4］朱德祥. 高等几何. 北京：高等教育出版社，1983，60.

［5］苏步青. 高等几何讲义. 上海：上海科学技术出版社，1964，61.

［6］钟集. 高等几何. 北京：高等教育出版社，1983，210-215，230-234.

142

A Note on Desargues Theorem

Wang Jinggeng

（Department of Mathematics，Beijing Normal University）

Abstract：In plane projective geometry，Desargues theorem is always chosen as an axiom. Nevertheless，it can be proved by using the method of infinite projectivity，or by analysis as shown in ordinary higher geometry textbooks. This paper makes an analysis and indicates that，from geometrical foundation's point of view the usual treatment is reasonable.

Key words：Desargues theorem；Hilbert axiom system；Desargues numerical system

王敬庚数学教育文选

■关于单纯逼近的定义与 Croom 商榷 *

摘要：将 Croom 关于多面体之间的连续映射的单纯逼近的定义与一般通常采用的定义进行比较，指出这两种定义是不等价的，由于 Croom 的定义减弱了条件，不要求满足星形性质，因而不能反映"逼近"的程度，致使应用该定义时不得不补足条件。

关键词：单纯映射；单纯逼近；星形性质；同调群上的诱导同态

分类号　G 642.33

在一般的代数拓扑教科书中，关于单纯逼近的定义，通常采用如下两种之一。为了便于比较，我们使用了统一的记号。

定义 1A　设 K 与 L 是两个单纯复形，$\varphi: |K| \to |L|$ 是连续映射，$f: K \to L$ 是单纯映射（注意：$f: K \to L$ 也表示 $f: |K| \to |L|$，下同）。若对于 $|K|$ 的每一点 x，$f(x)$ 总落在 $\varphi(x)$ 在 L 中的承载单形中，即 $f(x) \in \mathrm{Car}_L \varphi(x)$，就称 $f: K \to L$ 是 φ 的一个单纯逼近（1A）。

注 1　单纯逼近后加一个括号注明号码，表示它是由相应的定义所界定的单纯逼近。

———————————

　　* 本文原载于《北京师范大学学报（自然科学版）》，1991，27（3）：257-261.

注2 $x\in|K|$，K 中包含点 x 的最低维单形（只有一个），叫做点 x 在 K 中的承载单形，记为 $\mathrm{Car}_K x$。

江泽涵、Armstrong 及 Naber 在各自的书[1~3]中均采用定义 1A。由定义 1A 马上得到

命题1 若 $f: K\to L$ 是 $\varphi:|K|\to|L|$ 的单纯逼近（1A），则 $f:|K|\to|L|$ 与 φ 同伦[2]。

命题2 若 $f: K\to L$ 是 $\varphi:|K|\to|L|$ 的单纯逼近（1A），则对于 K 的每个顶点 v，有 $\varphi(\mathrm{st}_K v)\subset\mathrm{st}_L f(v)$[1]。

注3 K 中所有以 v 为顶点的单形的内点的并集，叫做 v 在 K 中的开星形，记为 $\mathrm{st}_K v$。对于连续映射 $\varphi:|K|\to|L|$，若对于 K 的每个顶点 a，存在 L 的至少一个顶点 b，使得

$$\varphi(\mathrm{st}_K a)\subset\mathrm{st}_L b, \tag{$*$}$$

就称 φ 具有星形性质，或 K 关于 φ 与 L 星形相关。于是，命题 2 可以叙述为

命题2′ 若 $f: K\to L$ 是 $\varphi:|K|\to|L|$ 的单纯逼近（1A），则 φ 具有星形性质。

命题3 若连续映射 $\varphi:|K|\to|L|$ 具有星形性质，则 φ 有单纯逼近（1A）$f: K\to L$（f 是由星形性质（$*$）所决定的 K 与 L 的顶点间的单值对应 $f_0: a\to b$ 所决定的单纯映射）[1]。

说明：由命题 2 及 3 得到，星形性质是连续映射 φ 有单纯逼近（1A）的充要条件，而且 φ 的任一单纯逼近（1A）都可以根据 φ 的星形性质关系式（$*$）通过 f_0 而得到。

定义 1B 设 K 与 L 是 2 个单纯复形，$\varphi:|K|\to|L|$ 是连续映射，若单纯映射 $f: K\to L$ 使得对于 K 的每个顶点 v，$\varphi(\mathrm{st}_K v)\subset\mathrm{st}_L f(v)$，就称 f 是 φ 的一个单纯逼近（1B）。

Munkres 及 Maunder 在各自的书[4,5]中，采用的均是

定义 1B。根据定义 1B，可以得到

命题 4 若 f：$K{\rightarrow}L$ 是 φ：$|K|{\rightarrow}|L|$ 的单纯逼近 (1B)，则对于 $|K|$ 的每一点 x，L 有 1 个单形 τ，使得 $\varphi(x)$ 是 τ 的内点，而 $f(x)\in\tau^{[4]}$（也就是 $f(x)$ 总落在 $\varphi(x)$ 在 L 中的承载单形中）。

于是，由命题 2 及命题 4 可知，定义 1A 与定义 1B 是等价的，也就是单纯逼近（1A）与单纯逼近（1B）是等价的，为说话方便，今后两者都用单纯逼近（1A）代表。

与上面 2 种互相等价的定义不同，Croom 在[6]中对单纯逼近给出了另外一种定义。

定义 2 设 K 与 L 是 2 个单纯复形，φ：$|K|{\rightarrow}|L|$ 是连续映射，一个同伦于 φ 的单纯映射 f：$K{\rightarrow}L$，叫做 φ 的单纯逼近（2）。

由命题 1 马上得到，凡单纯逼近（1A）必是单纯逼近（2）。但反过来却不对了。我们就 Croom 在[6]中所举的单纯逼近的例子来分析。

例 1 设 L 是 p-单形 $\sigma^p=\langle a_0\cdots a_p\rangle$ 的闭包，K 是任意复形，那么任意连续映射 φ：$|K|{\rightarrow}|L|$ 有一个使整个 K 压缩到顶点 a_0 的常值映射 f：$K{\rightarrow}L$ 作为它的单纯逼近（2）。

事实上，由于 $|L|$ 的凸性，对于一切 $x\in|K|$，$t\in I=[0,1]$，只须定义同伦 H：$|K|\times I{\rightarrow}|L|$ 为 $H(x,t)=(1-t)\varphi(x)+ta_0$，就得到 f 同伦于 φ，于是 f 是 φ 的单纯逼近（2）。

然而，设 $\varphi^{-1}(a_2)$ 不空，对于 $|K|$ 的点 $x_1\in\varphi^{-1}(a_2)$，$\varphi(x_1)=a_2$ 在 L 中的承载单形为 $\langle a_2\rangle$。这时，点 $f(x_1)=a_0$ 就不落在 $\mathrm{Car}_L\varphi(x_1)=\langle a_2\rangle$ 中了。于是，这个常值映射 f 就不是 φ 的单纯逼近（1A）。

再来看 Armstrong 在[2]中所举的一个没有单纯逼近的例子。

例2 设 $|K| = |L| = [0, 1]$，K 在 0，1/3，1 处有顶点，L 在 0，2/3，1 处有顶点。设已给的连续映射 φ：$|K| \to |L|$ 为 $\varphi(x) = x^2$，则 φ 不允许有单纯逼近（1A）。

事实上，假设 s：$K \to L$ 是 φ 的单纯逼近（1A），则在 L 各顶点的逆像上，s 必须与 φ 一致，即 $s(0) = \varphi(0) = 0$，$s(1) = \varphi(1) = 1$。又由于 s 是单纯映射，所以必有 $s(1/3) = 2/3$。因此 s 把线段 $[0, 1/3]$ 线性地映满 $[0, 2/3]$，把 $[1/3, 1]$ 线性地映满 $[2/3, 1]$。再考查 $|K|$ 中的点 $1/2$，$\varphi(1/2) = 1/4$ 在 L 中的承载单形为 $[0, 2/3]$，而 $s(1/2)$ 却在 $[2/3, 1]$ 中，产生矛盾。所以 φ 没有单纯逼近（1A）。

然而，由于 $|L|$ 的凸性，把整个 K 压缩到一点 0 的常值映射 f：$K \to L$ 就是 φ 的单纯逼近（2）。

以上例子说明，定义 2 与定义 1A 不等价，它们所定义的单纯逼近概念是不同的，二者相比，单纯逼近（2）的外延要大得多。

现在，我们从如下诸方面进行分析，比较这两个定义的优劣。

一、就"逼近"的涵义来分析

译为"逼近"的英文原文 approximation 就是"近乎准确"、"近似"、"接近"的意思。因此，一个连续映射的单纯逼近，直观上就应该是指与该连续映射"足够接近"的单纯映射。这样说来，只有能反映"接近程度"的定义，才是较好的。定义 1A 要求 $f(x)$ 总落在 $\varphi(x)$ 的承载单形中，因此 L 的单形直径的最大值，就表明了 f 与 φ 接近的程度。而定义 2 只要求 f 与 φ 同伦，反映不出接近的具体程度。

特别地，当连续映射 φ 本身就是单纯映射时，与它最接近的单纯映射很自然地就是 φ 自己了，而且只有它自己，即唯一的。采用定义1A时，结论正好与此直观上的自然想法相一致，而采用定义2时，结论却与此不符，因为此时由它界定的单纯逼近（2）可以不止一个。

是不是上述反映具体的"接近程度"的要求无关紧要呢？事实并非如此。例如 Lefschetz 不动点定理，即连续映射 $f:|K|\rightarrow|K|$，若 Lefschetz 数 $\lambda(f)\neq 0$，则 f 有不动点，在其证明中就要用到能明确表示"接近程度"的单纯映射 $g:Sd^{(m)}K\rightarrow K$，即对一切 $x\in|K|$，使得 $f(x)$ 与 $g(x)$ 总落在 K 的同一个单形中。因此，在[1]中证明该定理时，可以直接说"f 的单纯逼近（1A）g"，而在[6]中，证明该定理时，对于 g 就不得不加上定语，限定它是具有上述接近程度的那个单纯逼近（2）g。因为一般意义下的任意一个单纯逼近（2）并不具有上述接近程度，而限定了上述接近程度以后，实际就等于是说单纯逼近（1A）g 了。

二、就单纯逼近概念的使用来分析

因为复形之间的单纯映射，可以诱导同调群之间的同态，因此对多面体之间的连续映射定义其在同调群之间的诱导同态时，需要单纯逼近作为过渡。于是要讨论多面体之间的连续映射存在单纯逼近的条件。

命题3指出，若 $\varphi:|K|\rightarrow|L|$ 具有星形性质，也就是 K 关于 φ 与 L 星形相关，则 φ 有单纯逼近（1A）f。于是我们就用 φ 的任一个单纯逼近（1A）f 所诱导的同调群之间的同态 $f_*:H_q(K)\rightarrow H_q(L)$ 作为 φ 的诱导同态 $\varphi_*:H_q(K)\rightarrow H_g(L)$ 的定义。这个定义是合理的，因为对于单纯逼近（1A），我们有

命题5 如果单纯映射 $f,g:K\rightarrow L$ 都是连续映射 $\varphi:|K|\rightarrow|L|$ 的单纯逼近，则 f 与 g 是连接的[1]。

而对于连接的单纯映射，我们又有

命题 6 若 f, g: $K \to L$ 是 2 个连接的单纯映射，则 f 与 g 诱导相同的同态 $f_* = g_*$: $H_q(K) \to H_q(L)$[1]。

如果 K 关于 φ 与 L 不星形相关，则 φ: $|K| \to |L|$ 不存在单纯逼近 (1A)。这时，只须对 K 施行适当次数 m 的重心重分，使得重分后所得复形 $Sd^{(m)}K$ 关于 φ 与 L 星形相关，再由命题 3，映射 φ: $|Sd^{(m)}K| \to |L|$ 存在单纯逼近 (1A)。于是得到下述

单纯逼近定理 (1) 设 K 与 L 是 2 个复形，φ: $|K| \to |L|$ 是连续映射，则存在一个整数 $m \geqslant 0$，使得映射 φ: $|Sd^{(m)}K| \to |L|$ 具有星形性质，因而 φ: $|Sd^{(m)}K| \to |L|$ 具有单纯逼近 (1A) f: $Sd^{(m)}K \to L$[1]。

我们就用这个单纯逼近 (1A) f 所诱导的同态 f_* 作为 φ: $|K| \to |L|$ 的诱导同态 φ_*，严格地讲

$$\varphi_* = f_* Sd_*^{(m)}: H_q(K) \to H_q(L)。$$

这里 $Sd_*^{(m)}$ 是 m 个重分同构 $H_q(K) \to H_q(SdK) \to \cdots \to H_q(Sd^{(m)}K)$ 的积，且 φ_* 与重分次数 m 及单纯逼近 (1A) f 的容许选择无关。

对于定义 2 的情形，由于单纯逼近 (1A) 必是单纯逼近 (2)，因此，φ 具有星形性质也是它存在单纯逼近 (2) 的条件。于是有

命题 7 设连续映射 φ: $|K| \to |L|$ 具有星形性质，则 φ 有单纯逼近 (2) f: $K \to L$[6]（此处 f 由命题 3 决定）。

单纯逼近定理 (2) 设 K 与 L 是 2 个复形，φ: $|K| \to |L|$ 是连续映射，则存在一个整数 $m \geqslant 0$ 及连续映射 f: $|Sd^{(m)}K| \to |L|$，使得 f: $Sd^{(m)}K \to L$ 是单纯映射，且 f 同伦于 φ[6]。（按定义 2，这个 f 就是 φ 的单纯逼近 (2)，不过它仍然是单纯逼近定理 (1) 中由星形性质决定的那个 f。）

和定义 1A 的情形一样，参考文献[6]中连续映射

$\varphi: |K| \to |L|$ 的诱导同态也是由单纯逼近定理（2）所决定的单纯逼近（2）f 所诱导的同态来定义的。注意到命题 7 中的星形性质只是 φ 有单纯逼近（2）的充分条件，而非必要条件，即 φ 的单纯逼近（2）不一定都能由星形性质关系式（＊）所决定的顶点映射 $f_0: a \to b$ 得到，这和单纯逼近（1A）的情形不同（见命题 3 后的说明）。因此这 2 个概念在使用上产生下列差别：

由单纯逼近定理（1），命题 3 后的说明，命题 5 及命题 6 得到，对于定义 1A，我们能够说，连续映射 φ 的诱导同态由它的任一个单纯逼近（1A）f 决定。特别地，当 $\varphi: |K| \to |L|$ 本身就是单纯映射时，φ 的诱导同态就是它自己作为单纯映射 $\varphi: K \to L$ 所诱导的同态。

然而对于定义 2 的情形，我们却不能说，连续映射 φ 的同态由它的任一个单纯逼近（2）决定。即使对于最简单的情形，当 φ 本身就是单纯映射时，它的诱导同态也不能一般地说由它的单纯逼近（2）决定，因为这时 φ 的单纯逼近（2）不是只有 φ 自己。我们只能说，连续映射 φ 的诱导同态由命题 7 或单纯逼近定理（2）中存在的那个单纯逼近（2）来决定。

我们定义概念的目的是为了使用方便，而在 Croom 的书[6]中，凡是用到单纯逼近的地方，如诱导同态的定义及其合理性的证明，Brouwer 度定理及 Lefschetz 不动点定理的证明等，都不能直接使用单纯逼近（2）的概念，而总要特别另加限制，限定是单纯逼近定理（2）中所决定的那个单纯逼近（2），或者干脆连单纯逼近都不提，只说是单纯逼近定理（2）中所决定的那个单纯映射。而单纯逼近定理（2）中所决定的那个单纯逼近（2）或单纯映射，正是定义 1A 所界定的单纯逼近（1A）。这样，从使用的角度来看，单纯逼近（2）这个概念就失去了存在的意义。

三、关于为什么会采用定义 2 的分析

应用单纯逼近（1A）可以证明

命题 8 多面体之间同伦的连续映射，诱导同调群之间相同的同态[1]。

于是相差一个同伦对于诱导同态没有影响。这似乎可以用来解释为什么想到并且能够只用"与 φ 同伦的单纯映射"来作为 φ 的单纯逼近的本质特征，即定义 2。

但是，这样定义的单纯逼近（2），对于研究诱导同态并不能给我们带来什么好处。首先，我们并不能指望通过这样定义的单纯逼近（2）能够很自然地由同伦的连续映射有相同的单纯逼近，得到它们有相同的诱导同态。这是因为，同一个映射的不同的单纯逼近（2）诱导同调群之间的同一个同态，这实际上正是命题 8 要证明的。其次，只有证明了命题 8 之后，我们才能如同采用定义 1A 的情形一样地说，连续映射的诱导同态由它的单纯逼近（2）所决定。不过到这时候才能这样说，对于在此以前引入的诱导同态的定义是毫无帮助的。

综上所述，Croom 将通常采用的关于单纯逼近概念的定义 1A 或 1B 的条件减弱，变成定义 2，即扩大了单纯逼近概念的外延。这样做，一方面失去了"逼近"所具有的即通常所说的"接近"、"靠近"的直观涵义，而另一方面，又因为他并未建立与这个拓广了的概念相适应的定理系统，而是仍然沿用与原来定义相适应的定理系统，这样在他使用他所定义的单纯逼近概念时，就又不得不外加限制条件，实际上仍然是加强成原来的条件，即实质上他所使用的仍然是原来定义（1A 或 1B）的单纯逼近概念，此外并未带来任何好处。因此我们认为 Croom 对于单纯逼近概念的定义 2 是不可取的。

150

王敬庚数学教育文选

参考文献

〔1〕江泽涵. 拓扑学引论. 上海：上海科学技术出版社，1978，150-175.

〔2〕Armstrong 著，孙以丰译. 基础拓扑学. 北京：北京大学出版社，1983，148-152.

〔3〕Naber G L. Topological methods in Euclidean spaces. Cambridge：Cambridge University Press，1980，62.

〔4〕Munkres J R. Elements of algebraic topology. California：Addison-Wesley Publishing Company，1984，80-81.

〔5〕Maunder C R F. Algebraic topology. Cambridge：Cambridge University Press，1980，45-46.

〔6〕Croom F H. Basic concepts of algebraic topology. New York：Springer-Verlag，1978，40-53，128-139.

ON THE DEFINITION OF THE SIMPLICIAL APPROXIMATION
——A DISCUSSION WITH CROOM

Wang Jinggeng

Abstract　Making a comparison of Croom's definition of the simplicial approximation of a continuous map between polyhedrons with the definition in common use, it is pointed out that these two defintions are nonquivalent. As the condition is weakened in Croom's definition which does not require to satisfy the star property, the approximation degree connot be reflected and consequently additional condition has to be supplemented when this definition is applied.

Key words　simplicial map; simplicial approximation; star property; induced homomorphism on homology groups

三、高等数学的教学内容和教学方法研究

■采用齐次向量建立二维射影坐标系[*]

摘要：在笛氏齐次坐标的基础上，采用齐次向量的方法，建立二维射影坐标系。

关键词：笛氏齐次坐标；点的代表向量；齐次向量；二维射影坐标系

分类号　O185

王敬庚数学教育文选

将欧氏平面拓广，添加无穷远点和无穷远直线，得到拓广平面。在拓广平面上，对于有穷元素和无穷远元素不加区别，则得到一个射影平面。在射影平面上建立射影坐标系，通常的高等几何教科书[1,2]采用交比的方法，不仅建立过程复杂，学生不易接受，而且不便于实际操作。另一些高等几何教科书[3,4]在笛氏齐次坐标的基础上，用解析法建立射影坐标系，但叙述过于简单，也给学生带来困难。我们在教学中[5]，以笛氏齐次坐标为基础，引进齐次向量的概念，运用空间向量的运算，来建立二维射影坐标系。这种方法既易于学生理解和接受，又便于实际操作，而且很容易得到笛氏齐次坐标恰是射影坐标的一个特例；推导射影坐标系之间的变换公式也十分方便；同时它还便于推广。

---

* 本文原载于《曲阜师范大学学报（自然科学版）》，1996，22（1）：82-86.

1. 点的代表向量和齐次向量

采用笛氏齐次坐标，射影平面上任一点 A 有坐标 (a_1, a_2, a_3)，a_1，a_2，a_3 不同时为零。我们把这个非零三数组 (a_1, a_2, a_3) 看成三维空间中的一个向量 A，$A = (a_1, a_2, a_3)$。

定义 1 以平面上一点 A 的齐次坐标 (a_1, a_2, a_3) 为分量的空间向量 $A = (a_1, a_2, a_3)$ 称为该点 A 的一个代表向量。

由于每一点的齐次坐标不是唯一的，所以每一点的代表向量也不是唯一的。若非零三数组 (a_1, a_2, a_3) 是点 A 的一副坐标，则对于一切 $\rho \neq 0$，$(\rho a_1, \rho a_2, \rho a_3)$ 也都是点 A 的坐标，因此若 $A = (a_1, a_2, a_3)$ 是点 A 的一个代表向量，则对于一切 $\rho \neq 0$，$\rho A = (\rho a_1, \rho a_2, \rho a_3)$ 也都是点 A 的代表向量。

定义 2 当 $\rho \neq 0$ 时，向量 ρA 与 $A = (a_1, a_2, a_3)$ 代表射影平面上同一点 (a_1, a_2, a_3)，这样的向量称为齐次向量。

根据这个定义，射影平面上每点的代表向量都是齐次向量。

2. 二维射影坐标系的建立

运用三维空间中向量运算的知识及齐次向量的概念，在射影平面上建立射影坐标系。

先来考察，在射影平面上任意取定不共线三点 A，B，C，它们的笛氏齐次坐标为 $A(a_1, a_2, a_3)$，$B(b_1, b_2, b_3)$，$C(c_1, c_2, c_3)$，以这三点为基点，能不能建立一个新的坐标系，使射影平面上每一点 $P(p_1, p_2, p_3)$ 在这个坐标系中都有确定的坐标 (x_1, x_2, x_3)（可以相差一个非零常数因子）？

若 A，B，C 三点的代表向量分别取 $\boldsymbol{A}=(a_1,\ a_2,\ a_3)$，$\boldsymbol{B}=(b_1,\ b_2,\ b_3)$，$\boldsymbol{C}=(c_1,\ c_2,\ c_3)$，点 P 的代表向量 $\boldsymbol{P}=(p_1,\ p_2,\ p_3)$，因为 A，B，C 三点不共线，所以

$$\begin{vmatrix} a_1 & a_2 & a_3 \\ b_1 & b_2 & b_3 \\ c_1 & c_2 & c_3 \end{vmatrix} \neq 0,$$

这正好表示三维空间中的向量 $\boldsymbol{A}$，$\boldsymbol{B}$，$\boldsymbol{C}$ 不共面。于是对于三维空间中的向量 $\boldsymbol{P}$，有

$$\boldsymbol{P}=x_1\boldsymbol{A}+x_2\boldsymbol{B}+x_3\boldsymbol{C}。 \tag{1}$$

对于定向量 $\boldsymbol{A}$，$\boldsymbol{B}$，$\boldsymbol{C}$，由向量分解的唯一性得到，向量 $\boldsymbol{P}$ 与三数组 $(x_1,\ x_2,\ x_3)$ 一一对应，又由于 $\boldsymbol{P}$ 与 $\lambda\boldsymbol{P}$ $(\lambda\neq 0)$ 代表同一点 P，且有

$$\lambda\boldsymbol{P}=\lambda x_1\boldsymbol{A}+\lambda x_2\boldsymbol{B}+\lambda x_3\boldsymbol{C}, \tag{2}$$

所以点 P 与三数组 $(x_1,\ x_2,\ x_3)$ 去掉一个非零常数因子一一对应。

那么，我们能不能就以上述三数组 $(x_1,\ x_2,\ x_3)$ 作为点 P 的新坐标呢？注意到点 P 与上述三数组 $(x_1,\ x_2,\ x_3)$ 之间一一对应的结论是在取定三点 A，B，C 的代表向量为 $\boldsymbol{A}$，$\boldsymbol{B}$，$\boldsymbol{C}$ 的前提下由 (1)，(2) 两式得到的。然而，A，B，C 的代表向量不是唯一的，向量 $\boldsymbol{A}$，$\boldsymbol{B}$，$\boldsymbol{C}$ 都是齐次向量，$\alpha\boldsymbol{A}$，$\beta\boldsymbol{B}$，$\gamma\boldsymbol{C}$ 也分别是点 A，B，C 的代表向量，此处 α，β，γ 可以取不为零的任意常数。

例如当点 A，B，C 的代表向量分别取

$$\boldsymbol{A}_1=2\boldsymbol{A},\ \boldsymbol{B}_1=3\boldsymbol{B},\ \boldsymbol{C}_1=4\boldsymbol{C} \tag{3}$$

时，对于上述点 P，有

$$\boldsymbol{P}=y_1\boldsymbol{A}_1+y_2\boldsymbol{B}_1+y_3\boldsymbol{C}_1。 \tag{4}$$

此时点 P 与三数组 $(y_1,\ y_2,\ y_3)$ 一一对应。由 (3) 可将 (4) 改写为

$$\boldsymbol{P}=2y_1\boldsymbol{A}+3y_2\boldsymbol{B}+4y_3\boldsymbol{C}。 \tag{5}$$

将（5）与（1）比较，由分解的唯一性，得 $x_1=2y_1$，$x_2=3y_2$，$x_3=4y_3$。因此 $y_1：y_2：y_3\ne x_1：x_2：x_3$。这就说明，依上法与点 P 对应之三数组依赖于 A，B，C 三点的代表向量的选取，当代表向量的取法改变时，点 P 对应的三数组也跟着改变，并且一般不成比例。因此上述三数组（x_1，x_2，x_3）不能作为点 P 的坐标。这也就是说，射影平面上只给出不共线三点，还不能建立一个坐标系，其原因完全是由于这时我们无法限定这三点的代表向量的选取。

由上面的讨论我们得到：为了使点 P 与三数组（x_1，x_2，x_3）一一对应，必须设法限定 A，B，C 三点的代表向量的选取。为此我们在平面上再给出第四个点 E，它与 A，B，C 无三点共线。设 E 的笛氏齐次坐标为（e_1，e_2，e_3），E 的代表向量就取为 $\boldsymbol{E}=(e_1，e_2，e_3)$。我们用 $\boldsymbol{E}$ 来限定 A，B，C 的代表向量的选取。限定 A，B，C 的代表向量分别选取 $\boldsymbol{A}'$，$\boldsymbol{B}'$，$\boldsymbol{C}'$ 使满足

$$\boldsymbol{E}=\boldsymbol{A}'+\boldsymbol{B}'+\boldsymbol{C}'。 \tag{6}$$

这样的 $\boldsymbol{A}'$，$\boldsymbol{B}'$，$\boldsymbol{C}'$ 是一定可以取到的。这是因为对于 $\boldsymbol{E}$，有 $\boldsymbol{E}=\lambda_1\boldsymbol{A}+\lambda_2\boldsymbol{B}+\lambda_3\boldsymbol{C}$。只要取 $\boldsymbol{A}'=\lambda_1\boldsymbol{A}$，$\boldsymbol{B}'=\lambda_2\boldsymbol{B}$，$\boldsymbol{C}'=\lambda_3\boldsymbol{C}$，就得到（6）式了。这样就通过点 E 用（6）式取定了 A，B，C 三点的代表向量为 $\boldsymbol{A}'$，$\boldsymbol{B}'$，$\boldsymbol{C}'$。这时，对于取定的向量 $\boldsymbol{A}'$，$\boldsymbol{B}'$，$\boldsymbol{C}'$，平面上任一点 P 有

$$\boldsymbol{P}=x_1\boldsymbol{A}'+x_2\boldsymbol{B}'+x_3\boldsymbol{C}'。 \tag{7}$$

由前面的讨论可得，点 P 与三数组（x_1，x_2，x_3）是一一对应的（可以相差一个非零常数因子）。

注 点 E 的代表向量的不同选取，不会影响上述结果。事实上，若取 $\sigma\boldsymbol{E}$ 作为点 E 的代表向量，则有 $\sigma\boldsymbol{E}=\sigma\boldsymbol{A}'+\sigma\boldsymbol{B}'+\sigma\boldsymbol{C}'$。于是有

$$\boldsymbol{P}=\sigma y_1\boldsymbol{A}'+\sigma y_2\boldsymbol{B}'+\sigma y_3\boldsymbol{C}'。 \tag{8}$$

比较（7）与（8）得 $x_1=\sigma y_1$，$x_2=\sigma y_2$，$x_3=\sigma y_3$，所以有

$y_1 : y_2 : y_3 = x_1 : x_2 : x_3$，即三数组（$y_1$，$y_2$，$y_3$）与三数组（$x_1$，$x_2$，$x_3$）只相差一个非零常数因子。

定义 3 射影平面上任意无三点共线的四点 A_1，A_2，A_3 及 E（称为基点）就构成一个射影坐标系。对于点 E 的代表向量 $\boldsymbol{E}$，取 A_1，A_2，A_3 的代表向量 $\boldsymbol{A}_1'$，$\boldsymbol{A}_2'$，$\boldsymbol{A}_3'$ 使得

$$\boldsymbol{E} = \boldsymbol{A}_1' + \boldsymbol{A}_2' + \boldsymbol{A}_3'。$$

对于平面上每一点 P 的代表向量 $\boldsymbol{P}$，有 $\boldsymbol{P} = x_1\boldsymbol{A}_1' + x_2\boldsymbol{A}_2' + x_3\boldsymbol{A}_3'$，称三数组（$x_1$，$x_2$，$x_3$）为点 P 在以 A_1，A_2，A_3，E 为基点的射影坐标系中的射影坐标。三点形 $A_1A_2A_3$ 叫坐标三点形，点 E 叫单位点。上述坐标系简记为射影坐标系 $\{A_1$，A_2，A_3；$E\}$。

156

王敬庚数学教育文选

由这个定义，我们只要已知无三点共线的四个点的笛氏齐次坐标，就能实际求出平面上任一已知点在以上述四个点为基点的射影坐标系中的射影坐标（见例1）。定义3本身同时就给出了具体的计算程序，这就是本文引言所说的用这种方法建立射影坐标系"便于实际操作"的含义。若采用交比的方法建立射影坐标系，任一已知点的射影坐标是不易直接求出的，即它不便于实际操作。

例 1 已知 $A_1(1$，-1，$2)$，$A_2(0$，1，$-2)$，$A_3(3$，1，$-4)$，$E(1$，0，$-2)$，求点 $P(-7$，0，$2)$ 在射影坐标系 $\{A_1$，A_2，A_3；$E\}$ 中的射影坐标。

解：取 $\boldsymbol{A}_1 = (1$，-1，$2)$，$\boldsymbol{A}_2 = (0$，1，$-2)$，$\boldsymbol{A}_3 = (3$，1，$-4)$，$\boldsymbol{E} = (1$，0，$-2)$。先求出 $\boldsymbol{E}$ 对 $\boldsymbol{A}_1$，$\boldsymbol{A}_2$，$\boldsymbol{A}_3$ 的分解 $\boldsymbol{E} = -2\boldsymbol{A}_1 - 3\boldsymbol{A}_2 + \boldsymbol{A}_3$。取 $\boldsymbol{A}_1' = -2\boldsymbol{A}_1 = (-2$，$2$，$-4)$，$\boldsymbol{A}_2' = -3\boldsymbol{A}_2 = (0$，$-3$，$6)$，$\boldsymbol{A}_3' = \boldsymbol{A}_3 = (3$，$1$，$-4)$，$\boldsymbol{P} = (-7$，$0$，$2)$。再求出 $\boldsymbol{P}$ 对 $\boldsymbol{A}_1'$，$\boldsymbol{A}_2'$，$\boldsymbol{A}_3'$ 的分解 $\boldsymbol{P} = 2\boldsymbol{A}_1' + \boldsymbol{A}_2' - \boldsymbol{A}_3'$。得点 P 在上述射影坐标系中的射影坐标为（2，1，-1）。

例 2 若取笛氏齐次坐标分别为 $(1$，0，$0)$，$(0$，1，$0)$，

$(0，0，1)$ 及 $(1，1，1)$ 的四点 A_1，A_2，A_3，E 为基点建立射影坐标系。求平面上笛氏齐次坐标为 $(p_1，p_2，p_3)$ 的点 P 在上述射影坐标系中的射影坐标。

解：取 $\boldsymbol{A}_1 = (1，0，0)$，$\boldsymbol{A}_2 = (0，1，0)$，$\boldsymbol{A}_3 = (0，0，1)$，$\boldsymbol{E} = (1，1，1)$，$\boldsymbol{P} = (p_1，p_2，p_3)$，因为有 $\boldsymbol{E} = \boldsymbol{A}_1 + \boldsymbol{A}_2 + \boldsymbol{A}_3$，$\boldsymbol{P} = p_1\boldsymbol{A}_1 + p_2\boldsymbol{A}_2 + p_3\boldsymbol{A}_3$，所以点 P 在射影坐标系 $\{A_1，A_2，A_3，E\}$ 中的射影坐标仍为 $(p_1，p_2，p_3)$。

例 2 说明了点的笛氏齐次坐标，也是一种射影坐标，所以笛氏齐次坐标系是射影坐标系的一个特例，它是以 x 轴上的无穷远点，y 轴上的无穷远点及坐标原点为坐标三点形的三个顶点，笛氏坐标 $(1，1)$ 的点为单位点的射影坐标系。

3. 射影坐标变换

由定义 3 很容易得到平面上点的笛氏齐次坐标与射影坐标之间的坐标变换公式。

设在定义 3 中 $\boldsymbol{A}_1' = (a_{11}，a_{21}，a_{31})$，$\boldsymbol{A}_2' = (a_{12}，a_{22}，a_{32})$，$\boldsymbol{A}_3' = (a_{13}，a_{23}，a_{33})$。对于任一点 $P(x_1，x_2，x_3)$，设 P 在新的射影坐标系 $\{A_1，A_2，A_3；E\}$ 中的射影坐标为 $(x_1'，x_2'，x_3')$，即对于 $\boldsymbol{P} = (x_1，x_2，x_3)$ 有 $\boldsymbol{P} = x_1'\boldsymbol{A}_1' + x_2'\boldsymbol{A}_2' + x_3'\boldsymbol{A}_3'$。写成坐标形式即得

$$\begin{cases} \rho x_1 = a_{11}x_1' + a_{12}x_2' + a_{13}x_3'，\\ \rho x_2 = a_{21}x_1' + a_{22}x_2' + a_{23}x_3'，|a_{ij}| \neq 0。\\ \rho x_3 = a_{31}x_1' + a_{32}x_2' + a_{33}x_3'， \end{cases} \quad (9)$$

系数行列式 $|a_{ij}| \neq 0$ 是因为 A_1，A_2，A_3 三点不共线。非奇线性变换 (9) 就是笛氏齐次坐标系到新的射影坐标系之间的坐标变换公式，其中 x_1，x_2，x_3 是笛氏齐次坐标，x_1'，x_2'，x_3' 是新的射影坐标。

由于 (9) 的逆也是一个非奇线性变换，因此我们以笛

氏齐次坐标系为中间媒介，立即可以得到任意两个射影坐标系之间的坐标变换公式仍是一个形如（9）的非奇线性变换。

4. 两点说明

1、上述引进齐次向量的概念来建立二维射影坐标系的方法，是以笛氏齐次坐标为基础的，而笛氏坐标又是以距离为基础的，但距离并不是射影变换下的不变量，这是用齐次向量方法建立二维射影坐标系的美中不足之处，即理论上不够严格。由于交比是射影变换下的不变量，因此建立在交比基础上的射影坐标，摆脱了对距离的依赖，理论上是严格的，这可能就是[1,2]采用交比的根据。然而通常的高等几何教科书，包括[1,2]在内，都是通过添加无穷远元素对欧氏平面拓广，在这个基础上讲述射影几何的，甚至连交比的概念本身，也是建立在距离基础上的，在射影坐标系引进之前，笛氏齐次坐标被广泛使用，因此，我们认为上述在笛氏齐次坐标的基础上，通过引进齐次向量的概念，建立射影坐标系的处理方法，理论上虽然不够严格，但它和教科书的整个体系是相符合的，因而是可以容许的。

2、这里只叙述了用齐次向量的方法建立二维射影坐标系，至于一维和三维的情形完全类似，这也是用这种处理方法的好处。不仅如此，这种方法还可以推广到更高维的 n 维射影几何，甚至一般体（域）上的射影几何的情形。梅向明先生在简介一般体（域）上的射影几何时，就是采用这种方法建立其上的射影坐标系的[1]。

参考文献

[1] 梅向明，刘增贤，林向岩. 高等几何. 北京：高等教育出版社，1983，133-142，274-275.

[2] 朱德祥. 高等几何. 北京：高等教育出版社，1983，67-71.

王敬庚数学教育文选

［3］钟集. 高等几何. 北京：高等教育出版社，1983，12.

［4］苏步青. 高等几何讲义. 上海：上海科学技术出版社，1964，57-60.

［5］陈绍菱，傅若男，王敬庚. 高等几何. 北京：北京师范大学出版社，1994，119-127.

2-DIMENSIONAL PROJECTIVE COORDINATE SYSTEM CONSTRUCTED BY HOMOGENEOUS VECTOR

Abstract　It is shown that the 2-dimensional projective coordinate system can be constructed by homogeneous vector on the basis of the Descartes homogeneous coordinates.

Key words　Descartes homogeneous coordinate；representative vector of point；homogeneous vector；2-dimensional projective coordinate system

159

■关于曲线族产生曲面的理论证明的一点补充[*]

——多项式的结式在几何上的一个应用

在空间解析几何中，我们把柱面，锥面和旋转曲面看成是动曲线的轨迹，来建立这几类特殊曲面的方程，例如，把柱面看成是与空间定曲线（准线）相交且和定方向（母线方向）平行的动直线的轨迹。建立柱面方程的步骤是先写出满足条件的动直线的方程——含有参数的直线族方程，然后从其中消去参数，所得方程即为所求柱面方程。这里实际上应用了一个一般的结论：从含参数 λ 的曲线族方程

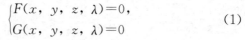

$$\begin{cases} F(x,\ y,\ z,\ \lambda)=0, \\ G(x,\ y,\ z,\ \lambda)=0 \end{cases} \tag{1}$$

中消去参数 λ，所得方程

$$H(x,\ y,\ z)=0 \tag{2}$$

即为曲线族（1）所产生的曲面方程，这就是曲线族产生曲面的理论。在朱鼎勋、陈绍菱编《空间解析几何学》中叙述了上述结论（见[1]81），但未介绍证明。二冬在文[2]中给出了一个证明，但未给出上述方程（2）$H(x,\ y,\ z)=0$ 的具体求法。本文是笔者在自己的教学中，对文[2]的证明所作的一个必要的补充，即对于曲线族方程（1）中的 $F(x,\ y,\ z,\ \lambda)$ 及 $G(x,\ y,\ z,\ \lambda)$ 皆是 $x,\ y,\ z,\ \lambda$ 的多项

* 本文原载于《数学通报》，1985，（11）：16-19。

王敬庚数学教育文选

式的情形，指出这时从（1）中消去 λ 所得的方程（2）中的 $H(x, y, z)$，可以通过求多项式 $F(x, y, z, \lambda)$ 与 $G(x, y, z, \lambda)$ 的结式求出，并给出具体求法。

关于多项式的结式有一个重要结论[3]146），作为引理叙述如下：

由两个多项式

$$f(x) = a_0 x^n + a_1 x^{n-1} + \cdots + a_n,$$
$$g(x) = b_0 x^m + b_1 x^{m-1} + \cdots + b_m$$

的系数组成的如下形式的 $m+n$ 阶行列式

$$\left. \begin{vmatrix} a_0 & a_1 & \cdots & \cdots & a_n & & & \\ & a_0 & a_1 & \cdots & \cdots & a_n & & \\ & & \cdots & \cdots & & & & \\ & & & a_0 & \cdots & \cdots & a_n & \\ b_0 & b_1 & \cdots & \cdots & b_m & & & \\ & b_0 & b_1 & \cdots & \cdots & b_m & & \\ & & \cdots & \cdots & & & & \\ & & & b_0 & \cdots & \cdots & b_m & \end{vmatrix} \right\} \begin{matrix} m\ \text{行} \\ \\ \\ n\ \text{行} \\ \\ \end{matrix}$$

叫做多项式 $f(x)$ 与 $g(x)$ 的结式，记为 $R(f, g)$。

引理 两个多项式 $f(x)$ 与 $g(x)$ 的结式 $R(f, g)=0$ 的充分必要条件是 $f(x)$ 与 $g(x)$ 有非常数公因式，或者它们的第一个系数 a_0，b_0 全为零。

这里 $f(x)$ 与 $g(x)$ 有非常数公因式即 $f(x)$ 与 $g(x)$ 有公共根。

对于多元多项式 $F(x, y, z, \lambda)$ 与 $G(x, y, z, \lambda)$ 的结式，可以如下定义：

先将 $F(x, y, z, \lambda)$ 及 $G(x, y, z, \lambda)$ 分别按 λ 的降幂排列，改写成关于 λ 的多项式

$$F(x, y, z, \lambda) = a_0(x, y, z)\lambda^n + a_1(x, y, z)\lambda^{n-1}$$
$$+ \cdots + a_n(x, y, z),$$

$$G(x, y, z, \lambda) = b_0(x, y, z)\lambda^m + b_1(x, y, z)\lambda^{m-1}$$
$$+ \cdots + b_m(x, y, z),$$

则下列形式的 $m+n$ 阶行列式，叫做多项式 $F(x, y, z, \lambda)$ 与 $G(x, y, z, \lambda)$ 的结式，它是 x，y，z 的一个多项式，记为 $R(x, y, z)$，即

$$R(x,y,z) = \left| \begin{array}{cccccc} a_0(x,y,z) & a_1(x,y,z) & \cdots & \cdots & a_n(x,y,z) & \\ & a_0(x,y,z) & \cdots & \cdots & & a_n(x,y,z) \\ & & \cdots & \cdots & \cdots & \\ & & a_0(x,y,z) & \cdots & \cdots & a_n(x,y,z) \\ b_0(x,y,z) & b_1(x,y,z) & \cdots & \cdots & b_m(x,y,z) & \\ & b_0(x,y,z) & \cdots & \cdots & & b_m(x,y,z) \\ & & \cdots & \cdots & \cdots & \\ & & b_0(x,y,z) & \cdots & \cdots & b_m(x,y,z) \end{array} \right| \begin{array}{l} \left.\vphantom{\begin{array}{c}a\\a\\a\\a\end{array}}\right\}m\text{行} \\ \left.\vphantom{\begin{array}{c}a\\a\\a\\a\end{array}}\right\}n\text{行} \end{array}$$

应用上述引理，我们可以得到如下定理：

定理 如果 $(x_0, y_0, z_0, \lambda_0)$ 满足方程组 (1)，则 (x_0, y_0, z_0) 必满足方程 $R(x, y, z) = 0$；反过来，如果 (x_0, y_0, z_0) 满足方程 $R(x, y, z) = 0$，则或者 $a_0(x_0, y_0, z_0) = b_0(x_0, y_0, z_0) = 0$，或者存在 λ_0，使 $(x_0, y_0, z_0, \lambda_0)$ 满足方程组 (1)。

根据这个定理，我们对如下两种情形进行讨论，并将结果翻译为相应的几何语言，我们得到：

1) 如果 $R(x, y, z) = 0$ 的每一个解 (x_0, y_0, z_0) 皆不使 $a_0(x_0, y_0, z_0)$ 和 $b_0(x_0, y_0, z_0)$ 同时为零，或者虽有解 (x_0, y_0, z_0) 使 $a_0(x_0, y_0, z_0) = b_0(x_0, y_0, z_0) = 0$，但对于每一个这样的解 (x_0, y_0, z_0)，仍存在 λ_0，使 $(x_0, y_0, z_0, \lambda_0)$ 满足方程组 (1)，则凡曲线族 (1) 中任一条曲线上的任一点，其坐标皆满足方程 $R(x, y, z) = 0$，并且反过来，凡坐标满足 $R(x, y, z) = 0$ 的点。皆在曲线族 (1) 中的某一条曲线上，也就是 $R(x, y, z) = 0$ 是由曲线族 (1) 所产生的曲面的方程。

2) 如果在 $R(x,y,z)=0$ 的解中，有 (x_0,y_0,z_0) 使 $a_0(x_0,y_0,z_0)=b_0(x_0,y_0,z_0)=0$，且此时不存在 λ_0，使 (x_0,y_0,z_0,λ_0) 满足方程组（1），即将上述 x_0，y_0，z_0 代入方程组（1）中解不出 λ，我们记这样的解 (x_0,y_0,z_0) 的集合为 W，并且将"$R(x,y,z)=0$ 且 (x,y,z) 不属于 W"记为 $R_1(x,y,z)=0$。则凡曲线族（1）中任一条曲线上的任一点的坐标，皆满足方程 $R_1(x,y,z)=0$，并且反过来，凡坐标满足方程 $R_1(x,y,z)=0$ 的点，皆在曲线族（1）中的某一条曲线上，也就是 $R_1(x,y,z)=0$ 是曲线族（1）产生的曲面的方程。

如果我们把上述 1) 情形下的 $R(x,y,z)=0$，及 2) 情形下的 $R_1(x,y,z)=0$ 叫做由方程组（1）中消去 λ 所得的消元式，那么总结以上两种情形，我们得到下述曲线产生曲面的理论。

设含参数的曲线族方程为（1），（1）中的 $F(x,y,z,\lambda)$ 及 $G(x,y,z,\lambda)$ 皆为 x，y，z，λ 的多项式。则从（1）中消去参数 λ 所得的消元式 $H(x,y,z)=0$ 即为曲线族（1）所产生的曲面的方程。这里的 $H(x,y,z)$ 在情形 1) 时是多项式 $F(x,y,z,\lambda)$ 与 $G(x,y,z,\lambda)$ 的结式 $R(x,y,z)$，在情形 2) 时是 $R_1(x,y,z)$。

例1 求曲线族

$$\begin{cases}\lambda^2 x^2+\lambda y+z=0,\\ y^2+\lambda z+\lambda^2=0,\end{cases} \qquad (3)$$

所产生的曲面方程。

解：将上述两个方程改写成按 λ 降幂排列

$$f(\lambda)=x^2\lambda^2+y\lambda+z=0,$$

$$g(\lambda)=\lambda^2+z\lambda+y^2=0,$$

$f(\lambda)$ 与 $g(\lambda)$ 的结式为

$$R(x, y, z) = \begin{vmatrix} x^2 & y & z & \\ & x^2 & y & z \\ 1 & z & y^2 & \\ & 1 & z & y^2 \end{vmatrix}$$

$$= x^4 y^4 - x^2 y^3 z + x^2 z^3 - 2x^2 y^2 z + y^4 - yz^2 + z^2,$$

∵ $R(x, y, z) = 0$ 的一切解皆不使 $f(\lambda)$ 与 $g(\lambda)$ 的第一项系数同时为零，∴消元式即为 $R(x, y, z) = 0$，

∴ $x^4 y^4 - x^2 y^3 z + x^2 z^3 - 2x^2 y^2 z + y^4 - yz^2 + z = 0$

即为曲线族（3）所产生的曲面方程。

例 2　求曲线族

$$\begin{cases} \lambda^2 x + y + \lambda = 0, \\ \lambda^2 x^2 + \lambda z + 1 = 0, \end{cases} \tag{4}$$

所产生的曲面方程。

解：将上述两个方程改写为

$$f(\lambda) = x\lambda^2 + \lambda + y = 0,$$

$$g(\lambda) = x^2 \lambda^2 + z\lambda + 1 = 0,$$

$f(\lambda)$ 与 $g(\lambda)$ 的结式为

王敬庚数学教育文选

$$R(x, y, z) = \begin{vmatrix} x & 1 & y & \\ & x & 1 & y \\ x^2 & z & 1 & \\ & x^2 & z & 1 \end{vmatrix}$$

$$= x(x^3 y^2 - 2x^2 y + yz^2 - xyz + 2x - z),$$

明显地，$R(x, y, z) = 0$ 有解 $x = 0$ 使 $f(\lambda)$ 与 $g(\lambda)$ 的第一项系数为零，将平面 $x = 0$ 上的点 $(0, y, z)$ 代入方程组（4），得到当且仅当 $yz = 1$ 时可解出 λ，因此，平面 $x = 0$ 上除去曲线 $\begin{cases} x = 0 \\ yz = 1 \end{cases}$（5）以外的所有点都不在所求曲面上。

另一方面，曲线（5）也在曲面 $x^3 y^2 - 2x^2 y + yz^2 - xyz + 2x - z = 0$（6）上，且曲面（6）上除曲线（5）以外的所有

点皆不使 $f(\lambda)$ 与 $g(\lambda)$ 的第一项系数为零。所以方程（6）是从方程组（4）中消去 λ 所得的消元式，故（6）为曲线族（4）所产生的曲面方程。

对于一般情况，若所求得的曲线族方程中含 p 个参数，则还需求出这 p 个参数间的 $p-1$ 个关系式，然后从这 $p+1$ 个方程中消去 p 个参数，即得该曲线族所产生的曲面方程。

例3 求以曲线

$$\begin{cases} F_1(x,\ y,\ z)=0, \\ F_2(x,\ y,\ z)=0 \end{cases}$$

为准线，$l,\ m,\ n$ 为母线方向的柱面方程。

解：过准线上任一点 $P_1(x_1,\ y_1,\ z_1)$，且与母线方向平行的直线为

$$\frac{x-x_1}{l}=\frac{y-y_1}{m}=\frac{z-z_1}{n}, \tag{7}*$$

其中 $x_1,\ y_1,\ z_1$ 为参数。$\because P_1$ 点在准线上，$\therefore$ 又有

$$\begin{aligned} F_1(x_1,\ y_1,\ z_1)=0, \\ F_2(x_1,\ y_1,\ z_1)=0, \end{aligned} \tag{8}$$

从（7）及（8）共四个方程中消去三个参数 $x_1,\ y_1,\ z_1$，即可求得柱面方程。可以采用如下方法消参数。将直线方程（7）写成参数式

$$x=x_1+lt,\qquad y=y_1+mt,\qquad z=z_1+nt,$$

于是有

$$x_1=x-lt,\qquad y_1=y-mt,\qquad z_1=z-nt,$$

代入（8），得到含一个参数 t 的曲线族方程

$$\begin{aligned} F_1'(x,\ y,\ z,\ t)\equiv F_1(x-lt,\ y-mt,\ z-nt)=0, \\ F_2'(x,\ y,\ z,\ t)\equiv F_2(x-lt,\ y-mt,\ z-nt)=0, \end{aligned} \tag{9}$$

---

* 按一般约定：当分母位置上的数为零时，认为分子位置上的式子亦为零.

再应用前述求结式的方法求出由方程组（9）消去 t 所得的消元式，即为所求柱面方程。

参考文献

［1］朱鼎勋，陈绍菱. 空间解析几何学. 北京师范大学出版社，1981.

［2］二冬. 解析几何中若干类特殊曲面. 数学通报，1962，（7）：27-32.

［3］北京大学数学力学系. 高等代数. 人民教育出版社，1978.

166

■含一个参数的二元二次方程表示九类不同曲线的例子

平面上的二次曲线共分为九类。对于一个任意给定的二元二次方程，根据其不变量，可以很容易地判断它表示何类曲线。若该方程的系数中含有参数，则它可以表示几种不同类型的曲线。在朱鼎勋、陈绍菱编《空间解析几何学》中，作为例子对具体给出的含参数的二元二次方程，详尽地讨论了当参数变动时它所表示的曲线的类型，并且配备了相应的习题。但在该书的例题及习题中，含一个参数的二元二次方程，所表示的曲线的不同类型，最多都没有超过七种。

能不能构造出一个含参数 λ 的二元二次方程，使得当参数 λ 变动时，它可以分别表示出全部九类不同的二次曲线呢？回答是肯定的。笔者尝试构造出如下一例：

$$x^2+(\lambda^4-7\lambda^3+11\lambda^2+7\lambda-12)y^2+(2\lambda^5-12\lambda^4+14\lambda^3+12\lambda^2-16\lambda)y+\lambda^3-3\lambda^2+2\lambda=0。$$

现在我们来验证。

对于二次曲线

$$ax^2+2hxy+by^2+2gx+2fy+c=0,$$

诸不变量记为

$$I_1=a+b, \qquad I_2=\begin{vmatrix} a & h \\ h & b \end{vmatrix},$$

本文原载于《数学通报》，1988，(4)：38-39.

$$I_3=\begin{vmatrix} a & h & g \\ h & b & f \\ g & f & c \end{vmatrix}, \qquad K_1=\begin{vmatrix} a & g \\ g & c \end{vmatrix}+\begin{vmatrix} b & f \\ f & c \end{vmatrix}.$$

于是，对于本例，有

$$I_1=1+(\lambda+1)(\lambda-1)(\lambda-3)(\lambda-4),$$
$$I_2=(\lambda+1)(\lambda-1)(\lambda-3)(\lambda-4),$$
$$I_3=(\lambda+1)\lambda(\lambda-1)^2(\lambda-2)(\lambda-4)$$
$$(-\lambda^4+5\lambda^3-2\lambda^2-7\lambda-3),$$
$$K_1=\lambda(\lambda-1)(\lambda-2)[1+(\lambda+1)(\lambda-1)$$
$$(\lambda-4)(-\lambda^4+5\lambda^3-2\lambda^2-7\lambda-3)].$$

满足 $I_2=0$ 的 λ 值为 -1，1，3，4.

满足 $I_3=0$ 的 λ 值为 -1，0，1，2，$\alpha\approx2.075\,280\,3$，4，$\beta\approx4.025\,026\,3$.

　　对于 λ 的不同取值，计算出诸不变量，并据以判别所表示曲线的类型，见下表：

λ 取值	I_2	I_3	I_1	K_1	曲线类型
$\lambda<-1$	>0	<0	>0		椭圆
$\lambda=-1$	0	0		<0	一对平行直线
$-1<\lambda<0$	<0	$\neq0$			双曲线
$\lambda=0$	<0	0			一对相交直线
$0<\lambda<1$	<0	$\neq0$			双曲线
$\lambda=1$	0	0		0	一对重合直线
$1<\lambda<2$	>0	<0	>0		椭圆
$\lambda=2$	>0	0			点

λ 取值	I_2	I_3	I_1	K_1	曲线类型
$2<\lambda<\alpha$	>0	>0	>0		虚椭圆
$\lambda=\alpha$	>0	0			点
$\alpha<\lambda<3$	<0	<0	>0		椭圆
$\lambda=3$	0	$\neq0$			抛物线
$3<\lambda<4$	<0	$\neq0$			双曲线
$\lambda=4$	0	0		>0	一对虚平行直线
$4<\lambda<\beta$	>0	>0	>0		虚椭圆
$\lambda=\beta$	>0	0			点
$\lambda>\beta$	>0	<0	>0		椭圆

在 λ 数轴的各 λ 值上方，画出由该 λ 值所决定的曲线类型，可得全部九类不同的二次曲线对应于 λ 值的分布图，如下图。

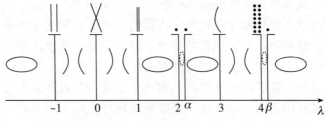

上述例子虽然能表示出全部九类不同的二次曲线，但上述例子的系数中含参数 λ 的式子太复杂了，因此很不理想，仍需改进。

■解析几何教学中的数学思想初探 [*]

通常，教学中容易犯的毛病之一，是"就事论事"：只注重学生知识的积累，不注意向学生阐明包含在本课程中的基本数学思想，以致使学生被湮没在成串的定义和定理之中，很少得到数学能力的培养和提高。

解析几何教学中，要向学生阐明哪些基本数学思想呢?

一、关于解析几何的基本研究方法——图形和方程相联系的思想。

借助于坐标系，将曲线或曲面（图形）用方程（组）表示，进一步通过对方程（组）的研究，了解曲线或曲面（图形）的几何性质，这就是解析几何的基本研究方法。

从解析几何产生的历史看，17 世纪前半叶，笛卡儿在当时已有的几何学和代数学成就的基础上，确立了平面上的曲线和带两个未知数的方程之间的联系，从而产生了数学的一个全新的分支——解析几何学，开创了变量数学的新时期。笛卡儿在方法论上的这个创见，在数学史上是一个极其伟大的贡献。讲一点解析几何产生的历史（在《古今数学思想》中，有详细的叙述[1]）将会有助于加深学生对解析几何基本方法重要意义的认识。

关于解析几何的基本方法在解析几何这门课程中的重要地位，苏联著名几何学家波格列诺夫曾经指出："解析几何没有严格确定的内容，对它来说，决定性的因素不是研

---

* 本文原载于《高等数学》，1985，1（1）：34-36.

究对象，而是方法。"[2]在教学中，要着重阐明建立图形的方程的一般方法，即把图形看成是满足一定条件的动点的轨迹，在选定的坐标系下，写出轨迹的方程；另一方面，通过分析二次曲面标准方程所表示的面曲的几何形状，向学生阐明分析给定方程所表示的图形的一般方法，以提高学生的空间想象力。

在讲授建立曲面的方程时，对于柱面、锥面和旋转曲面等特殊曲面，把它们看成是由曲线按一定规律运动所产生的轨迹，比看成是动点的轨迹有时要方便一些。具体方法是先写出含参数的曲线族方程，再设法消去参数，这就是由曲线族产生曲面的理论的出发点（参看[3]），也是建立曲面方程的一种一般方法。

二、注意从几何直观上思考问题的思想

不仅对一些概念和定理要注意从几何上去思考和理解，而且对某一部分整块的内容有时也要注意从几何上去思考。例如，向量代数是空间解析几何中的一个重要组成部分，但其重要性何在呢？以前只看到它是研究解析几何的一个工具，特别是在建立空间直线和平面的方程时离不开它。至于它为什么能成为研究解析几何的工具，没有进一步从几何上去思考。项武义写的《古典几何学讲义》（复旦大学出版社出版）中指出：整个解析几何的基础就是"把空间的几何结构代数化"。换句话说，就是"用基本几何量和它的某些运算来描述空间的结构"。位置是空间中最原始的概念，两点间的位差就是一个最基本的几何量，而向量正是位差的抽象化。向量的三种运算，加法反映了位移和平行四边形定理，倍积反映了相似，内积反映了长度和角度的关系等。通过这样的分析，可以看出向量的这些运算，其实也就是原来基本几何性质的代数化。这样就成功地"把

空间的基本概念和基本性质代数化为三个向量运算及一些简单的运算律"。这样当然也就可以把几何推理简化成为以向量运算律为基础的计算了。通过对向量代数的上述这番几何上的思考，不仅回答了向量代数为什么能充当解析几何的研究工具的问题，而且对向量代数这一章在整个解析几何中所处的地位和作用也有了较深刻的认识。在某种意义上我们可以说，解析几何的基本原理就是"把几何的讨论归于向量的运算和有效地应用运算律而求解"，或者更简单地说："解析几何就是用向量代数研究几何学"。

三、关于不变量的思想

王敬庚数学教育文选

不变量的思想在数学中有非常重大的价值，只要引进变换，就要研究对象在这个变换下的不变量。对象本身所具有的（即与这个变换无关的）性质，必可用不变量表示。在解析几何中引进坐标变换以后，研究二元二次方程在坐标变换下的不变量就成为我们学习的主要内容。关于不变量的思想，学生初次接触，而二元二次方程在坐标变换下，不变量 I_1，I_2，I_3 及 K 是不变的，又非一眼就能看出，因此，教学中如何更自然地引进这几个不变量，是需要妥善处理的。

其实，整个解析几何都是建立在坐标变换下的不变量（不变性）的基础上的。因为在解析几何中研究图形离不开坐标系，而希望得到的都是图形本身固有的性质，即不能与坐标系有关。在解析几何中，所以能够任意选择坐标系，就是因为所研究的图形的性质是坐标变换下的不变量（不变性）。因此，甚至在中学解析几何教学中，就应该注意灌输不变量的思想，指明这一点，对师范大学数学系的学生——未来的中学数学教师，具有特殊的意义。

按照克莱因 1872 年在所谓"爱尔朗根纲领"中所阐述

的观点，对于在一种变换群之下的不变量（包括不变性）的研究，就构成一种几何学。平面直角坐标系下，全体坐标变换 $\begin{cases} x' = x\cos\theta - y\sin\theta + a \\ y' = x\sin\theta + y\cos\theta + b \end{cases}$ 构成一个群，两点间的距离（即线段的长度）和两直线间交角（即角）在任一坐标变换下是不变的，平面上的图形在这个变换群下的不变量（不变性）的研究，就是欧氏平面解析几何的内容。现在不少解析几何课本也引进了仿射变换（其中有的还引进了射影变换）并讨论了仿射变换下的不变量，这就是仿射几何的内容，通过这些内容就可以使学生进一步加深对克莱因观点和不变量思想的理解。

四、关于分类的思想

分类问题的研究是数学中的典型研究课题之一，因为一类对象的分类问题的解决，标志着这一类对象已完全研究清楚了，但它往往又是一个非常困难的问题，例如三维流形的拓扑分类问题至今仍是一个难题。

分类，通常是给出一个等价关系，根据这个等价关系，把对象分成互不相交的等价类。分类要求不重不漏，要求同一类中的互相等价，不同类中的互不等价。解析几何中，关于一般二元二次方程的讨论，即经过坐标变换，把二元二次方程化为标准形，从而得到平面上二次曲线的一个分类——共有九大类。

二次曲线的分类是解析几何中理论性较强的内容之一，通过这一部分内容的教学，应尽力阐明分类的思想，以期学生能够对数学上的这一重要思想有一个初步的了解。这对今后在别的学科中学习分类问题时，如射影几何中关于二次曲线的射影分类和拓扑学中关于二维闭曲面的拓扑分类等，会有所帮助。

正如培根所说:"用书之智不在书中,而在书外。"如果通过解析几何教学能使学生在积累基础知识的同时透过教科书中成串的定义和定理,获得对于上述基本数学思想的了解,我想,这样就能逐步提高他们学习数学的能力。如果通过各门课的教学,日积月累,使学生对于数学思想获得深刻的了解和掌握,对于他们今后的工作,无论是从事数学研究,还是数学教学,都会是非常有益的。

参考文献

［1］克莱因. 古今数学思想,第 2 册,第 15 章. 上海科学技术出版社,1979.

［2］波格列诺夫. 解析几何. 人民教育出版社,1982.

［3］朱鼎勋,陈绍菱. 空间解析几何学(增订版),第 4 章. 北京师范大学出版社,1984.

王敬庚数学教育文选

■射影几何课程中的基本数学思想初探[*]

　　每一门数学课程都包含它的基本知识、基本技能以及基本的数学思想，这三者互相联系不可分割，然而因为数学知识最为具体，赤裸裸地摆在我们面前，因而最先、也最容易引起人们的注意，对于数学技能现在也日益受到人们的重视了。至于课程中包含的基本数学思想，则往往隐藏于知识和技能之中，需要经过提炼和总结才能获得，因此不易为人们所注意。而笔者以为若能把握该课程的基本数学思想，则一方面可以把知识和技能统领起来，另一方面，多数不常用的知识和技能随着时间的推移总要逐渐被遗忘，能在脑中留下的是那些清晰而深刻的数学思想，它们将会长期地发挥作用，这就是人们通常所谓的"数学修养"。因此，我在教每一门课程时，都要求自己努力去探索该课程中所包含的基本数学思想。

　　射影几何课程中包含哪些基本的数学思想呢？

三、高等数学的教学内容和教学方法研究

1. 关于变换和不变性的思想

　　回顾射影几何的起源，要追溯到文艺复兴时期，由于绘画要描绘真实的人和物，发展了透视的理论。用眼睛看一个物体时，想象形成一个投射锥，若想象用两个不同位

　　* 本文原载于赵宏量主编，《几何教学探索（Ⅰ）》，西南师范大学出版社，1989：128-133.

置的平面去截这个锥，得到两个不同的截线，问它们有哪些共同的性质，也就是一个图形经过中心投影有哪些性质不变？17世纪的数学家们开始寻求这个问题的答案，从而产生了一个新的数学分支，后来人们称它为射影几何学。为了证明一个图形具有某个在中心投影下不变的性质，射影几何的创始人笛沙格引进了投射和取截线作为一个新的证明方法，即从某点作该图形的投射锥，然后取这个投射锥的一个截线，这样就把原图形变成一个新图形，只要证明新图形具有该性质就行了。帕斯卡应用这个方法，通过对圆的性质的研究，得到了关于圆锥曲线的重要性质，这就是著名的巴斯卡定理。接连施行一串中心投影，就得到射影变换，研究图形在射影变换下不变的性质，就构成了射影几何学的全部内容。

通过变换来研究事物，也就是把已知事物变换成一种比较简单因而易于讨论或比较熟悉已经讨论过的情形，希望通过后者的性质得到原事物的性质。为此首先必须找出事物在该变换下不改变的性质，因此凡是提出一个变换，跟着就要研究该变换下的不变性。关于变换和变换下的不变性的思想是数学中的一个基本思想，具有普遍的意义，在代数和分析等很多数学分支中都有应用，它甚至超出数学的范围，被应用到物理学和力学之中。

在射影几何课程中，各种变换和变换下的不变性，既是它的研究内容，又是它的研究方法，因此通过射影几何的教学，首先要使学生领会关于变换和不变性这个基本数学思想。

2. 关于用变换群刻画几何学，即寻求数学各分支之间的联系与统一研究的思想

在数学的发展过程中，不断产生出各种新的分支，由

王敬庚数学教育文选

于各自的特性，各个分支之间的联系不断削弱，但数学家们总是依据它们潜在的共性，提出统一数学各分支的各种新观点和新方法。射影几何中统一研究各种几何学的克莱因观点堪称这方面的一个典范。

克莱因 1872 年在著名讲演《近代几何研究的比较评论》中阐述了用变换群刻画几何学的观点，指出每一种几何学都由一个变换群所刻画，而且每一种几何学所要做的事，实际上就是研究在这个变换群下的不变量，并且一个几何学的子几何就是研究在原来变换群的一个子群下的不变量。这个观点后来被称为爱尔朗根纲领闻名于世。克莱因用变换群的观点把各种几何学统一起来，不仅把欧氏几何、仿射几何和射影几何统一起来——欧氏几何作为仿射几何的子几何，仿射几何又作为射影几何的子几何，而且把表面上互相矛盾的欧氏几何和非欧几何（罗巴切夫斯基几何与黎曼几何）也都统一为射影几何的子几何，并且给出了它们在射影几何中的模型，克莱因的上述观点是几何学发展史上的一个伟大贡献，它指导几何学的研究发展达 50 年之久。

通过射影几何课程的教学，要使学生深刻领会克莱因观点对几何学的学习和研究所具有的纲领性意义。不仅如此，通过克莱因观点的教学，还要阐述在数学研究中注意寻求各学科之间的联系对促进数学发展的重要意义，正如希尔伯特所指出的："数学是一个有机体，它的生命力的一个必要条件是所有各部分不可分割的结合"[2]。

3. 关于"对偶性"的思想

二维射影几何中的命题是只涉及点、直线及其结合关系的命题，若将命题中的点与直线对换，保持结合关系不变，所得新命题称为原来命题的对偶命题。若原命题成立则其对偶命题亦成立，这就是射影几何中的对偶原理。关于二阶曲线的极点与极线的配极原理，也是对偶的，早期的射影几何学家就是通过配极原理来研究对偶原理的。

"对偶性"的思想在数学中的应用，还可以从集合论中的德摩根定律看到。根据该定律，点集拓扑中的开集公理与闭集公理也是完全对偶的。

4. 综合的与代数的两种研究方法相结合的思想

从历史上看，射影几何的研究方法有所谓综合法和代数法（解析法）之分。

在几何发展过程中，开始是用综合法或称纯粹几何学的方法进行研究的。自从笛卡儿创立了解析几何以后，解析的方法统治了几何学。然而综合几何方法既优美、且直观上很清晰，非常吸引人，19世纪初几位大数学家作出了积极的努力来复兴综合几何学。邦赛莱指出："解析几何学以其特有的方法提供通用而且一致的手段去解决出现的问题，……它得出的结果是无止境的，然而另一个（指综合几何学）却碰巧才能前进，其办法完全依赖于使用者的聪明，其结果几乎总是局限于所考虑的特定图形。"但是他不相信综合几何必然这样局限，他提出要创造与解析几何学的威力相匹敌的新的综合方法，他认为作为知识的基础的伟大真理总是具有简单和直观的特色。19世纪上半叶，综合几何学家们发展了射影几何学，他们力求从每一个新的结果中发现某种普遍的原理（虽然这些原理常常不能从几何上得到证明），并且从这些原理得到的彼此联系的结论非常之多。与此同时，代数学家们沿用自己的方法，也在研究射影几何学，并且最终统治了这个领域。

我们在射影几何课程的教学中兼用综合法和代数法。我们认为综合法的优点是直观，有利于培养学生从几何图形上去思考问题的能力，这一点对师范院校的学生——未来的中学教师更显得重要，其缺点是没有一般可用的方法，"碰巧才能前进"。与此相反，解析法具有"机械化"、"自动化"、"一致通用"的优点，缺点是缺少"几何味"，方法和结果实质都是代数的，几何意义是隐蔽的。教学中兼用综合法和解析法，既体现数学是一个有机的整体，即代数与几何的结合，又能使学生受到较为全面的训练。

　　我国著名拓扑学家张素诚说过："对于数学中的某些问题，灵感往往来自几何，表达的简洁要靠代数，计算的精确要靠分析。"希尔伯特也十分强调几何直观的重要性，他说所谓直观就是"要直接地掌握所研究的对象，侧重它们之间的关系的具体意义，也可以说领会它们的生动的形象"。他还说"抽象"是很重要的，"然而，直观在几何中起的作用却更大，过去如此，现在还是如此，具体的直观不仅对研究工作有巨大的价值，对于理解和欣赏几何中的研究结果也是这样".[3]

　　我们在教学中对于重要概念，从综合的定义入手，再推导出代数表示，尽量避免直接用代数表达式抽象地形式地定义重要的几何概念的做法，注意培养学生从几何到代数的转化能力。教学中既要培养学生几何地思考问题的能力，也要注意培养学生应用解析法这个工具来处理几何问题的能力，在使用代数工具时要强调始终注意其几何意义。总之，力求把代数方法和几何方法很好地结合起来，哪方面也不偏废。

　　在师范院校开设射影几何课程，我们以为主要目的在于指导中学数学教学。关于射影几何对中学几何教学的具体指导意义，另有专文探讨。[4]

　　以上关于射影几何课程中所包含的基本数学思想的粗浅看法，只是笔者在教学过程中的一些思考和体会，愿与

三、高等数学的教学内容和教学方法研究

同行们共同继续探讨。加强教学的思想性，避免就事论事，照本宣科，也是提高教学质量的重要一环，因为相比之下，知识的有效性是短暂的，而思想的有效性是长存的。

参考文献

［1］本文中有关历史的叙述，均取材于 M. 克莱因著. 古今数学思想，中译本. 上海科学技术出版社，1980.

［2］转引自［1］序.

［3］希尔伯特，康福森著. 直观几何，中译本序. 高等教育出版社，1959.

［4］王敬庚. 试论射影几何对中学几何教学的指导意义. 数学通报，1986，(12)：29-31.

王敬庚数学教育文选

■点集拓扑课中有关反例教学的点滴体会[*]

　　所谓反例，即说明某一命题不成立的例子。数学中的反例，是推翻某一命题的最有力的工具。本文主要结合点集拓扑课的教学，对数学教学中反例的运用和构造，以及反例在数学教学中的地位和作用等问题，进行初步的探讨。

一

　　点集拓扑课的教学，在如下三种情形下，常常利用反例。
　　一种情形是为了突出两个相近概念之间的区别，常常举出是这个不是那个的例子，我们也把它称为反例，因为它推翻了"凡是这个皆是那个"的结论。例如拓扑空间之间的连续映射、开映射及闭映射，这是三个相近的但又互不蕴涵的概念，为了说明这一点，最好举出三个例子，分别是连续的、开的和闭的，但又都不是另外两种映射。又如为了说明连通、弧连通和局部连通，除了弧连通蕴涵连通以外，三者之间无别的蕴涵关系，最好也是举出反例。
　　人们对一个比较复杂的事物的认识，往往不是一次完成的，而且认识的发展，也不是直线式的，而是要经过多次反复，有成功的经验，也有失败的教训，才能真正认识事物的本质。根据人的认识的这一特点，在教学中讲授比

　　*　本文原载于《教学研究》（北京师范大学），1984，（1）：42-45.

较复杂的概念时，有意识地运用反例，就有重要的意义。通过正面的定义，指出某一概念的属性是什么，再通过举出不是这种东西的反例，又从反面强调了这个概念应具备的属性，常言道："有比较才能有鉴别"，这样通过正反两个方面的比较，就可以加深对概念的本质属性的认识。

另一种情形是为了强调某一定理的适用范围，即某一种空间具有的性质，另一种空间不必具有。例如"豪斯道夫空间中收敛序列的极限唯一"这个定理对非豪斯道夫空间就不能应用，说明这一点的最好办法是举一反例，如

例1 任一平庸空间中的任一序列皆收敛，而且收敛于空间中每一点。

通过对反例的学习和分析，可以从反面使学生对原定理中的条件在证明中所起的作用加深认识。

第三种情形是点集拓扑中有一些常用的不等式，虽然给出了证明，但学生对其印象不深，稍不留意就写成等式了。有的学生虽然知道等式不成立，但具体的包含关系记不住。为了加深学生对"等式不成立"的印象，并且帮助其记住具体的包含关系，最好举出反例。如

例2 对于任意连续映射 $f: X \to Y$，A 为 X 的任一子集，等式 $f[C(A)] = C[f(A)]$ 一般不成立 [这里 $C(A)$ 表示 A 的闭包]，取一个特殊情形——A 为 X 的闭子集，则有 $C(A) = A$，$f[C(A)] = f(A) \subset C[f(A)]$。

例3 $\{A_\alpha \subset X: \alpha \in \Gamma\}$，等式 $C(\bigcup_{\alpha \in \Gamma} A_\alpha) = \bigcup_{\alpha \in \Gamma} C(A_\alpha)$ 一般不成立，取一个特殊情形——$X = R$，$A_X = \{x\} \subset R$，$x \in (a, b)$，则有

$$\bigcup_{x \in (a,b)} C(\{x\}) = \bigcup_{x \in (a,b)} \{x\} = (a, b),$$

$$C(\bigcup_{x \in (a,b)} \{x\}) = C((a,b)) = [a, b],$$

$$\therefore \bigcup_{x \in (a,b)} C(\{x\}) \subset C(\bigcup_{x \in (a,b)} \{x\}).$$

对于一些常用的不等式，要求学生自己举出简单而又

能说明问题的例子，这样不仅可使学生加深印象，帮助记忆，而且能引起学生的兴趣，因为自己动手构造出一个好的反例，确是一种愉快的享受。

二

教学中每当讲完一个非常巧妙的反例以后，学生常常会问：这个例子是怎样想出来的？这是一个不易回答的问题。

构造反例，首先需要对所论的概念有比较深刻的认识，抓住其本质的特征，才有可能构造出正确的反例来。这样，通过构造反例的过程，也就进一步加深了对概念的理解。除此之外，还需要发挥创造性和想象力，正如 Steen 在《拓扑中的反例》一书的序言中所说的，构造反例，包括改造旧例子和创造新例子，都"需要激情和不抑制几何想象力"[1]，在该书中，他搜集、整理、构造出说明拓扑中各种问题的反例 143 个。

如前所述，通常所谓举反例，就是设法举出一个对于一般情况的结论在某个特殊情况下不成立的例子。所谓特殊情况，通常是指某些极端的情形，例如在拓扑空间中，平庸拓扑空间及离散拓扑空间，就是两个极端的情形，经常用它们来举反例，例如上面所举的例 1。又如为了说明"度量空间不必是第二可数空间"，即推翻"度量空间是第二可数空间"这个一般结论，可以离散空间为例。

例 4 含不可数多点的离散空间，它是度量空间，但不是第二可数的。

所谓特殊情况，有时还指把条件加强，即再加条件，把原命题中的条件，限制在某种特殊情形下，若在此特殊情形下，命题不成立，则在原条件即一般情形下，命题当然不成立了。如例 2 中的反例就是把原条件中"A 为任意子

集"这个一般情形限制为"A 为闭子集"这一特殊情形得到的。又如在拓扑学中,学生容易出现这样的误错:

为了说明"对于任意映射 f, $f^{-1}f(A)=A$ 与 $ff^{-1}(B)=B$。"对于任意映射 f 这两个等式一般不成立,只要限制 f 为"非单射",则第一个等式就被推翻了,只要限制 f 为"非满射",则第二个等式就被推翻了。若再用简单的示意图来指明正确的包含关系 $f^{-1}f(A)\supset A$、$ff^{-1}(B)\subset B$,这样就会给学生留下具体而又深刻的印象。

通常按照需要自己构造出一个反例,比举出现成的例子要困难一些,但也更富有创造性,因而也更有趣味。简单的情形,如造一个 T_0 空间而非 T_1 空间,设 $X=\{a, b\}$,令 $\mathscr{T}=\{\varphi, \{a\}, \{a, b\}\}$,如此 $(X, \mathscr{T})$ 就是。稍复杂一点的,例如说明可分性不是可遗传性的例子,是在一个不是可分的空间上再加上一点,在这个新的集合上,设法造一个拓扑结构,使其成为可分空间,且使原空间是其子空间[2],这样的反例就构造得非常巧妙。有时也对原有的例子进行改造得到新例子。例如,对连通而不弧连通、连通而不局部连通的典型例子,加以改造构造出弧连通而不局部连通的例子,如

例 5 令 $X=\left\{\left(x, \sin\dfrac{1}{x}\right)\in R^2 \mid x\in(0, 1]\right\}\bigcup\{(0, y)\in R^2\mid y\in[-1, 1]\}$,$X$ 作为欧氏平面 R^2 的子空间,是连通的但不弧连通,也不局部连通。若添加一条连接原点 $(0, 0)$ 和点 $(1, \sin 1)$ 的曲线 C,则 $X\bigcup C$ 是弧连通而不局部连通的。

三

通过反例的教学,培养学生构造和运用反例的能力,对培养和提高学生的思维能力和进行数学研究的能力是有

益的，对培养学生成为未来的数学教师，更有重要的意义。

在教学中注意构造和运用反例，有助于鼓励和启发学生独立地去思考问题，研究问题。例如，关于拓扑空间中序列的收敛性，有两个重要定理：（1）$A \subset X$，若 $A-\{x\}$ 中有序列收敛于 $x \in X$，则 x 为 A 的聚点；（2）映射 $f: X \to Y$ 连续，则 X 中序列 $\langle x_i \rangle$ 收敛于 $x \in X$ 蕴涵 Y 中序列 $\langle f(x_i) \rangle$ 收敛于 $f(x)$；而且有反例说明这两个定理的逆命题一般不成立。教科书中有一道习题，要求证明当 X 为可数集时，定理（1）和（2）的逆命题成立，但从一本参考书中找到一个反例，说明即使 X 为可数集，（1）的逆命题也不必成立[3]。我在课堂上详细讲了这个反例之后，要求学生证明或举反例推翻（2）的逆命题。结果有一位同学在课堂所讲反例的基础上，自己构造出一个反例，说明即使 X 为可数集，（2）的逆命题也不必成立，并进一步探讨了不成立的原因，独立地得到了教科书要到后面才讲的有关结论。这样由学生独立地思考和研究问题，对学生能力的培养和锻炼，是通过平常单纯地做题，哪怕是做难题也不容易达到的。

经常构造和运用反例，可以活跃学生的思想，使学生敢于提出问题和自己的猜想，如某个定理的条件改变了，结论如何？能否推广？有一次讲完"可分的度量空间是第二可数的"这一定理以后，有的同学问：定理中的"度量空间"能否减弱为"第一可数空间"？上课时我把这个问题向全班同学提出，鼓励大家去研究，建议他们先考察一下若把原证明中用度量空间的地方改为第一可数空间，能否通过？将会遇到什么困难，能否克服？若不易克服，可否举出反例说明条件减弱后命题不成立，从而修正自己的猜想。后来好几位同学都举出了反例。

总之，通过启发学生自己举反例，学生的思想就容易活跃起来，在这种主动的积极的思考中，一方面学习会深入得多，另一方面能逐渐培养一些研究问题的能力。正如盖尔鲍姆和奥姆斯特德[4]所指出的："冒着过于简单化的风险，我们可以说，数学是由两个大类——证明和反例组成，而数学的发现，也是朝着两个主要的目标——提出证明和构造反例。"如果数学中某个很久没有能证明出的重要猜想，结果用一个反例推翻了，使问题得到解决，这对数学无疑是一个很大的贡献。

学生如果在他将来从事的数学教学工作中，能自觉地适当地运用反例这个有力的工具，则如前所述，不论在概念的教学还是在定理的教学中，都会有很大的帮助，而且在他将来解答学生的问题或批阅学生作业时，用反例指出错误是最有说服力的。例如，若学生作业中出现"对任意集合 A，B，有 $A=A\cup B-B$"，只要反问"$A\cap B\neq\Phi$ 时，成立吗？"或在旁画一个 A 与 B 相交的图，则错误不言自明。

综上所述，反例在数学教学中是有重要意义的，充分发挥反例在数学教学中的作用，对培养学生的能力，提高教学质量，都将是有益的。

参考文献

[1] Lynn Arthur Steen，J. Arthur Seebach，Jr. *Counterexamples in Topology*，*Second Edition*．*Springer-Verlag*，*New York*，1978.

[2] 熊金城. 点集拓扑讲义. 人民教育出版社，1981.

[3] J. L 凯莱. 一般拓扑学，中译本，吴从炘，吴让泉译. 科学出版社，1982.

[4] B. R 盖尔鲍姆，J. M. H 奥姆斯特德. 分析中的反例，中译本，高枚译. 上海科学技术出版社，1980.

■尽力讲清重要概念产生的背景[*]

——关于二次曲线不变量教学的点滴体会

关于一般二次曲线方程的讨论，是解析几何中理论性较强的内容之一，它是中学数学二次曲线标准方程的推广，又是进一步学习一般二次曲面方程的讨论的基础和准备。一般二次曲线方程的讨论，包括用坐标变换的方法化简一般二元二次方程为标准形式，从而对一般二次曲线进行分类，并作出图形。还包括用不变量来判别一般二次曲线的类型，以及用不变量直接写出化简后的方程，从而确定曲线的形状和大小。在这两种方法中，坐标变换的方法是基本的，不变量的方法是以坐标变换为基础产生的。但是，不变量的方法，不仅在应用上有明显的优点，避免了复杂的计算，而且用不变量来刻画曲线的几何特性，这在理论上有普遍意义。用坐标变换化简数字系数的二元二次方程，中学生已经学过，这里讲授化简文字系数的一般二元二次方程时，重点是要讲清如何对文字系数分情况进行讨论。关于二次曲线的不变量，这个非常重要的概念，学生则是初次接触，因此，不变量的概念如何建立，就成为教学中教师需要考虑的问题。

我们用作教材的课本（见^[1]）在讲这部分内容时，开始给出了二次多项式

$$ax^2+2hxy+by^2+2gx+2fy+c$$

＊ 本文与贾绍勤、刘沪合作，原载于《数学通报》，1984，（4）：26-28.

三、高等数学的教学内容和教学方法研究

在坐标变换下的不变量的定义，接着作为定理，证明了二次多项式系数间的函数

$$I_1 = a + b, \quad I_2 = \begin{vmatrix} a & h \\ h & b \end{vmatrix}, \quad I_3 = \begin{vmatrix} a & h & g \\ h & b & f \\ g & f & c \end{vmatrix},$$

$$K_1 = \begin{vmatrix} b & f \\ f & c \end{vmatrix} + \begin{vmatrix} a & g \\ g & c \end{vmatrix}$$

是不变量（其中 K_1 是半不变量），然后直接给出用这四个不变量判别二次曲线的类型的判别表，并予证明。（见[1]193-198）

我们觉得课本这样安排，优点是直截了当，开门见山。但对这个问题的背景，即问题是如何提出来的，以及研究这个问题的思路及过程则完全略去了，作为写书的一种方式是可以的，但在教师教学时如果这样讲，就显得突然，学生自然会问：为什么要研究不变量？不变量是如何发现的？判别曲线类型的判别表是怎样得到的？等等。因为教师的教学，不是仅仅局限于使学生知道这几个函数是不变量和会使用判别表来判别曲线类型；而且应该使学生从这个问题的研究过程中，学到如何寻找不变量，以及如何总结出判别表的方法。这对他们今后研究类似的问题，特别是二次曲面方程的讨论将有所帮助。因此我们拟不采用课本直接提出结论的方法，而是主要参考吴光磊等编的《解析几何》（见[2]）的讲法，尽可能地把不变量概念产生的背景讲清楚，努力把研究问题的思路和过程讲出来，师生共同发现并总结出结论。

第一步，教师先将要研究解决的问题向学生明确地提出。此前学生已经学过用坐标变换的方法化简一般二次曲线方程为标准形式，同时解决了二次曲线的分类、曲线的形状及曲线在坐标系中的位置确定等问题。可以说用坐标

王敬庚数学教育文选

变换的方法，已经相当完整地解决了关于一般二次曲线方程的问题。但是，如果在遇到的问题中，只要求判别所给二元二次方程所表曲线的类型及形状，不需指出在坐标系中的位置；或者给出的二元二次方程的系数中含有参数，要求指出参数的变化对曲线的类型及形状有何影响时，如果还沿用坐标变换的方法，则计算繁琐，事倍功半。能否找出一种方法，不需要坐标变换，直接用原方程的系数来判别曲线的类型和形状，这就是我们要进一步研究解决的问题。

　　第二步，通过探索找出解决上述问题的途径。首先分析在坐标变换的过程中，决定曲线的类型和形状的因素是什么。它们是经过旋转变换后所得方程的某些系数。因此，如果用原方程的系数能表出这些起决定作用的新系数，则我们就可找到用原方程的系数来判别曲线类型的方法。我们就循着这条思路，把用坐标变换得到的判别二次曲线类型的判别式"翻译"成用原方程系数表示的判别曲线类型的判别式；并且设法把化简后的方程系数用原方程系数来表示，从而简捷地解决了用原方程系数来直接确定曲线的形状问题。整个解决的过程，实际上就是一个"翻译"的过程。

　　设原方程为

$$ax^2+2hxy+by^2+2gx+2fy+c=0, \tag{1}$$

经过旋转，消去交叉项（即 xy 项），得

$$a'x'^2+b'y'^2+2g'x'+2f'y'+c=0, \tag{2}$$

判别曲线类型的标志是 $a'b'$（>0，<0，及 $=0$ 分别表示椭圆型、双曲线型及抛物线型）。现在设法用原方程（1）的系数来表示 $a'b'$，经过计算，可得，

$$a'b'=ab-h^2。 \tag{3}$$

因为此时 $h'=0$，所以（3）式实际上是

$$a'b' - h'^2 = ab - h^2 \text{。} \qquad (3')$$

若引进记号 $I_2 = ab - h^2 = \begin{vmatrix} a & h \\ h & b \end{vmatrix}$，**❶** 则 $a'b' = I_2$。于是，得到用原方程（1）的系数表示的判别曲线的型的判别式：$I_2 > 0$、< 0 及 $= 0$ 分别表示方程（1）为椭圆型、双曲线型及抛物线型曲线。

在椭圆型和双曲线型曲线的讨论中，方程（2）经过平移，得到

$$a'x''^2 + b'y''^2 + u_0 = 0,$$

其中

$$u_0 = c - \frac{g'^2}{a'} - \frac{f'^2}{b'} \text{。}$$

对于椭圆型曲线，按 $a'u_0 > 0$，< 0，及 $u_0 = 0$ 进行分类。对于双曲线型曲线，按 u_0 是否为零进行分类。这两种类型曲线的分类都与 u_0 有关，因此首先要设法把 u_0 "翻译"成为用原方程（1）的系数表示的式子。经过计算，我们得到

$$a'b'c' - b'g'^2 - a'f'^2 = \begin{vmatrix} a & h & g \\ h & b & f \\ g & f & c \end{vmatrix}, \qquad (4)$$

因为此时 $h' = 0$，所以（4）式实际上是

$$\begin{vmatrix} a' & h' & g' \\ h' & b' & f' \\ g' & f' & c \end{vmatrix} = \begin{vmatrix} a & h & g \\ h & b & f \\ g & f & c \end{vmatrix}, \qquad (4')$$

---

❶ 应用这个记号，$I_2' = a'b' - h'^2$，则（3'）得到 $I_2' = I_2$，这个等式说明，经过上述为消去交叉项而进行的旋转变换，系数间的函数 I_2 的值不变。指出这一点，对后面猜想 I_2 的值在一般坐标变换下不变，是一个必要的准备。在后面讲到（4）、（5）、（7）诸式，引进 I_3、I_1、K_1 时，也作相应的说明。

（3）、（4）、（5）、（7）诸式的具体计算过程，可参见[2]122-126。

引进记号 $\quad I_3 = \begin{vmatrix} a & h & g \\ h & b & f \\ g & f & c \end{vmatrix}$，则 $u_0 = \dfrac{I_3}{I_2}$。

对于椭圆型曲线，$a'b' > 0$，即 a'，b' 同号，于是 $a' + b'$ 与 a' 同号，而我们有

$$a' + b' = a + b。 \tag{5}$$

若引进记号 $I_1 = a + b$，则 a' 与 I_1 同号。又因为此时 $I_2 > 0$，故 u_0 与 I_3 同号。于是 $a'u_0 > 0$，$a'u_0 < 0$，$u_0 = 0$ 分别"翻译"为 $I_1 I_3 > 0$，$I_1 I_3 < 0$，$I_3 = 0$。

对于双曲线型曲线，u_0 是否为零，"翻译"为 I_3 是否为零。于是得到椭圆型和双曲线型各类曲线的判别式：

（一）$I_2 > 0$，（1）为椭圆型曲线

1. $I_1 I_3 < 0$，表实椭圆；

2. $I_1 I_3 > 0$，表虚椭圆；

3. $I_3 = 0$ 表示点。

（二）$I_2 < 0$，（1）为双曲线型曲线

4. $I_3 \neq 0$ 表双曲线；

5. $I_3 = 0$ 表一对相交直线。

对于抛物线型曲线，$a'b' = 0$，设 $a' = 0$，$b' \neq 0$，此时方程（2）变为

$$b'y'^2 + 2g'x' + 2f'y' + c = 0, \tag{6}$$

当 $g' \neq 0$ 时，方程（6）表抛物线。设法用原方程（1）的系数表出这一条件。$\because a' = 0$，由（4）得

$$-b'g'^2 = I_3,$$

又 $\because b' \neq 0$，$\therefore g'$ 与 I_3 同时为零或不为零。

当 $g' = 0$ 时，方程（6）经过平移，得

$$b'y''^2 + v_0 = 0,$$

其中 $\qquad\qquad v_0 = c - \dfrac{f'^2}{b'}。$

此时曲线的类型由 $b''v_0 > 0$，< 0，$= 0$ 来决定。而

$$b'v_0 = b'c - f'^2 = \begin{vmatrix} b & f \\ f & c \end{vmatrix} + \begin{vmatrix} a & g \\ g & c \end{vmatrix}。 \qquad (7)$$

因为此时 $h'=0$，$a'=0$，$g'=0$，所以（7）式实际是

$$\begin{vmatrix} b' & f' \\ f' & c \end{vmatrix} + \begin{vmatrix} a' & g' \\ g' & c \end{vmatrix} = \begin{vmatrix} b & f \\ f & c \end{vmatrix} + \begin{vmatrix} a & g \\ g & c \end{vmatrix}。 \qquad (7')$$

若引进记号 $K_1 = \begin{vmatrix} b & f \\ f & c \end{vmatrix} + \begin{vmatrix} a & g \\ g & c \end{vmatrix}$，则有 $b'v_0 = K_1$。于是得到抛物线型各类曲线的判别式：

（三）$I_2 = 0$，（1）为抛物线型曲线

6. $I_3 \neq 0$ 表抛物线；

7. $I_3 = 0$，$K_1 < 0$ 表一对平行直线；

8. $I_3 = 0$，$K_1 > 0$ 表一对虚平行直线；

9. $I_3 = 0$，$K_1 = 0$ 表一对重合直线。

这样我们就得到了直接用原方程的系数来判别曲线类型的判别式。具体地说，得到了用原方程（1）的系数间的函数 I_1，I_2，I_3 及 K_1 来判别曲线类型的判别式。进而可用这些函数作系数表出化简后的方程，从而完全确定曲线的形状和大小。因此可以说，二次曲线的类型及形状大小完全由方程（1）的系数间的函数 I_1，I_2，I_3 及 K_1 确定。

至此，自然会产生一个问题：同一条曲线在不同的直角坐标系下，方程一般是不同的，即有不同的系数。那么方程系数间的上述几个函数 I_1，I_2，I_3 及 K_1 的值，会不会随坐标系的改变而改变呢？如果改变，那么它们就不可能充当判别的标志了。从前面的计算，我们已知 I_1，I_2，I_3，K_1 诸函数的值在为消去交叉项而进行的旋转变换下是不变的。于是我们进一步猜想它们在一般坐标变换下也不改变。这时再引进二次曲线不变量的定义，证明 I_1，I_2，I_3，K_1 是二次曲线关于坐标变换下的不变量，即经过坐标变换它们的值是不变的（其中 K_1 是半不变量）。这样，学生就会

觉得很有必要，不会感到突然了。

还须进一步探索，我们能够用不变量来判别曲线的类型及决定曲线的形状大小，这件事决不是偶然的，因为表示曲线的方程，一般要随坐标系的改变而改变。但方程所表示的曲线的几何特性是不随坐标系的改变而改变的。既然这些不同的方程表示同一条曲线，即它们所表示的曲线有共同的几何特性，那么，这些方程就应该有某些共同的东西，即不随坐标系变化的东西，我们称之为坐标变换下的不变量，可以用来反映曲线本身的几何特性。所以"在这个意义下，不变量是更深刻地反映了方程和曲线的关系，因而找出不变量往往标志着我们对数形结合的进一步认识"（见[2]135）。由此可以猜想，对于表示一般二次曲面的三元二次方程，一定也会有系数间的某些函数是空间坐标变换下的不变量，而且也一定可以运用这些不变量来判别二次曲面的类型，确定其形状大小。这就为进一步学习一般二次曲面方程的讨论，作了必要的准备。

通过上述二次曲线不变量的教学，我们有一点粗浅的体会，对于重要概念的教学，不仅要把概念的内容是什么讲清楚，并且要尽可能地把它们产生的背景讲清楚。我们这里所谓的背景，主要是指为了解决什么问题而提出这些概念的，也包括这些概念是如何总结出来的，等等。对于重要定理的教学也应当这样。这一方面应是启发式教学所要求的——把要解决的问题明确地提出来，另一方面，这样教学的过程，有助于促使学生逐步培养一些研究问题和解决问题的能力。

参考文献

[1] 朱鼎勋，陈绍菱. 空间解析几何学. 北京师范大学出版社，1981.

[2] 吴光磊等. 解析几何（修订本）. 人民教育出版社，1962.

■努力挖掘定理证明中具有普遍意义的方法*

数学教学中常见的毛病之一是"就事论事"、"照本宣科"，尤其是在高等数学各学科的教学中更为常见。关于定理证明的教学，有的教师在黑板上把逻辑推导过程一步步写出就算讲完，学生似乎听懂了，但不少学生习题做不出。究其原因，我想恐怕与教师在教学时没有从定理的证明中挖掘出具有普遍意义的方法有关。数学教育家波利亚要求教师"从手头上的题目中寻找出一些可能用于解今后题目的特征——提示出存在于当前具体情况下的一般模式"[1]。一般模式是指具有一定的指导意义，不仅能用于本题，而且也适用于其他题目的方法。越是常用的，越具有指导意义。然而，教科书中通常并不指明这些具有指导意义的特征，所以波利亚才要求教师去"寻找出"它们。可见从具体的证明中挖掘出具有普遍意义的方法，是教师备课时应钻研的内容之一。

在中学数学中，从例题到习题，一般类型相似，跨度不大，而进入大学以后，数学的理论性加强了，证明题的题型变化大，不可能都有类似的例题，因此不少学生特别害怕证明题。这种情况对定理证明的教学提出了更高的要求，要求教师在讲定理的证明时，要努力帮助学生找出具有指导意义的方法，提高他们的解题能力。

王敬庚数学教育文选

---

* 本文原载于《河北理科教学研究》，1995，（2）：35-37.

我在教空间解析几何时，在定理的教学中，注意努力挖掘具有普遍意义的方法，收到一定的效果。现在以向量代数中关于双重外积公式的证明的教学为例，加以说明。

　　设 a，b，c 是任意三向量，则
$$(a \times b) \times c = (a \cdot c)b - (b \cdot c)a, \qquad (1)$$
这就是双重外积的公式。它是将双重外积分解为与它共面的两个因子向量的线性组合的表示式。若用坐标来证明，只须将向量代数运算（包括加减、数乘向量、内积、外积）的坐标表示式代入（1）式进行验证即可，这近乎一个"套公式"的题，教育上的价值不是很大，学生从中也学不到很多东西，在教学中我没有采用这种方法。我想，讲这个公式的证明，不应只满足于验证公式（1）是正确的，而应通过证明让学生知道分解式中的系数是如何确定的，从而学到确定系数的一般方法。

195

　　因此，在教学中我首先安排了两个简单的例子，看一个向量如何分解。

　　例1　设 a，b，c 共面，且 $a \perp b$，求 c 关于 a，b 的分解式，即确定分解式
$$c = \lambda a + \mu b \qquad (2)$$
中的系数 λ，μ。

　　分析及解：为了求出（2）式中的未知系数 λ 和 μ，首先要设法将向量等式（2）变成数量等式，而且如果还能在变化过程中消去一个未知量，变成只含一个未知量的数量等式，即一个一元一次方程，那么该未知量即可方便地解出。

　　用什么办法能将向量等式变成数量等式呢？由于两个向量的内积是一个数量，因此只要在向量等式两端同时点乘一个向量即可。怎样才能在上述过程中恰好消去一个未知系数例如 μ 呢？由于两个互相垂直的向量内积为零，因

此只须用与 b 垂直的向量去点乘各项即可。注意到题设 $a \perp b$，因此只须用 a 点乘（2）式两端，即可消去未知系数 μ，得到关于 λ 的一元一次方程

$$a \cdot c = \lambda a^2,$$

可解得 $\lambda = \dfrac{a \cdot c}{a^2}$。同理，用与 a 垂直的 b 点乘（2）式两端得

$$b \cdot c = \mu b^2,$$

可解得 $\mu = \dfrac{b \cdot c}{b^2}$。于是所求的分解式为

$$c = \frac{a \cdot c}{a^2} a + \frac{b \cdot c}{b^2} b。$$

上述求分解式系数 λ，μ 的方法，具有一般性，是普遍可用的。

例2 设 a，b，c 为三个不共面的向量，求任意向量 d 关于 a，b，c 的分解式，即确定分解式

$$d = \lambda a + \mu b + \nu c \qquad (3)$$

中的系数 λ，μ，ν。

王敬庚数学教育文选

分析及解：要求出系数 λ，根据例1中的分析，需要选择一个向量点乘（3）式两端，恰好使得它与 b 及 c 的内积同时为零。哪个向量同时垂直于 b 及 c 呢？注意到 $b \times c$ 符合这一要求，因此用 $b \times c$ 点乘（3）式两端，得

$$(b \times c) \cdot d = \lambda (b \times c) \cdot a,$$

即 $(d, b, c) = \lambda (a, b, c)$，得 $\lambda = \dfrac{(d, b, c)}{(a, b, c)}$。同理，用 $c \times a$ 点乘（3）式两端，可消去 λ 及 ν，求得 $\mu = \dfrac{(a, d, c)}{(a, b, c)}$。同理，用 $a \times b$ 点乘（3）式两端，可消去 λ 及 μ，求得 $\nu = \dfrac{(a, b, d)}{(a, b, c)}$。于是所求分解式为

$$d = \frac{(d, b, c)}{(a, b, c)} a + \frac{(a, d, c)}{(a, b, c)} b + \frac{(a, b, d)}{(a, b, c)} c。$$

总结出确定分解式系数的一般方法：要消去某个向量前的未知系数，只须用与该向量垂直的向量去点乘等式两端，就可把向量等式变成不含该未知系数的一个数量方程。在学生掌握了这个方法以后，我们再进一步应用它。

例3 证明对于任意向量 a，b，有

$$(a \times b) \times a = a^2 b - (a \cdot b)a。 \qquad (4)$$

分析及证明：当 $a /\!/ b$ 时，易验证（4）成立。当 $a \not\!/ b$ 时，要证 $(a \times b) \times a$ 可分解为 a，b 的线性组合，首先须证明这三个向量共面。由于它们同时垂直于 $a \times b$，所以它们共面。于是可设

$$(a \times b) \times a = \lambda b + \mu a。 \qquad (5)$$

要消去 μ，用哪个向量来点乘呢？因为 $(a \times b) \times a \perp a$，所以我们就用 $(a \times b) \times a$ 来点乘（5）式两端，得

左 $= [(a \times b) \times a] \cdot [(a \times b) \times a] = (a \times b)^2 a^2$，

右 $= [(a \times b) \times a] \cdot [\lambda b + \mu a] = \lambda [(a \times b) \times a] \cdot b = \lambda (a \times b) \cdot (a \times b) = \lambda (a \times b)^2$，由 $(a \times b)a^2 = \lambda (a \times b)^2$ 得 $\lambda = a^2$。

为了确定系数 μ，我们用什么向量点乘（5）式可以消去 λ 呢？找不出合适的向量，怎么办呢？因为我们已经求出了 λ，将其代入（5）式，得

$$(a \times b) \times a = a^2 b + \mu a， \qquad (6)$$

这是只含一个未知系数 μ 的向量等式，只须将其变成数量等式即可求出 μ。用哪个向量点乘（6）式可使结果简单些呢？用 a（因为 $a \perp (a \times b) \times a$，可使左端内积为零）点乘（6）式两端，得

$$0 = a^2 (a \cdot b) + \mu a^2，$$

解得 $\mu = -(a \cdot b)$，代入（6）即得（4）式。

注意到（1）式中当 $c = a$ 时即为（4）式，这样，我们实际上已经运用确定分解式系数的一般方法，证明了双重外积公式（1）的特殊情形。在作了上述准备之后，对于双

重外积公式（1）的证明，学生自己就能完成了。

首先，当 $a /\!/ b$ 时，易验证（1）成立。

当 $a \!\!\!/\!\!\!\backslash b$ 时，由于 $(a \times b) \times c$ 与 a，b 共面（只须注意到它们同时垂直于 $a \times b$），于是可设

$$(a \times b) \times c = \lambda b + \mu a 。 \tag{7}$$

要确定 λ，须消去 μ，如何做呢？这时学生自己就能想到用垂直于 a 的向量 $a \times c$ 点乘（7）式两端，得

$$左 = (a \times c) \cdot [(a \times b) \times c] = (a \times b) \cdot [c \times (a \times c)] =$$
$$(a \times b) \cdot [(c \times a) \times c] （对于 (c \times a) \times c 应用例3的结果得）$$

$$= (a \times b) \cdot [c^2 a - (a \cdot c)c] = -(a \cdot c)(a, b, c) ,$$

$$右 = (a \times c) \cdot (\lambda b + \mu a) = -\lambda (a, b, c) ,$$

于是得到 $\qquad \lambda = (a \cdot c) 。$

同理，用与 b 垂直的向量 $b \times c$ 点乘（7）式两端，可消去 λ，得 $\mu = -(b \cdot c)$。将 λ，μ 代入（7）即得（1）式。

在上述证明中，用 $a \times c$ 点乘（7）式两端，是最关键的一步。在以往讲这个定理时，没有着重分析确定分解式系数的一般方法，没有作前面的准备，上述关键一步直接由教师给出，它是怎样想到的，学生不得而知，只能被动地接受，当然谈不到会用它了，而这次情况就好多了。

通过上述教学安排，学生不仅学会了这个定理的证明，而且从中学到了确定向量分解式系数的一般方法——这就是波利亚所说的"具有指导意义的特征"，可以用于解其他的题。

另一方面，由于在上述教学安排中，着眼于一般方法的分析，又反复应用它，因此学生对定理的证明方法倍感亲切，就如同是他自己想出的一样。由于在这样的教学中，教师帮助学生找到了如同莱布尼兹所说的"发明的本源"，因此学生不仅会证这个定理，而且在今后遇到类似的问题时，自己也会解。事实确是如此，在后来的一次课堂练习

中，我们出了如下这道题：

在 $\triangle ABC$ 中 $\overrightarrow{AB}=\boldsymbol{c}$，$\overrightarrow{AC}=\boldsymbol{b}$，$\overrightarrow{BC}=\boldsymbol{a}$，$AH$ 是 BC 边上的高，求证

$$\overrightarrow{AH}=-\frac{\boldsymbol{a}\cdot\boldsymbol{c}}{a^2}\boldsymbol{b}+\frac{\boldsymbol{a}\cdot\boldsymbol{b}}{a^2}\boldsymbol{c}。$$

不少同学就是用确定分解式系数的方法解的，而这种情形在以往的教学中是很少有的。

上述关于双重外积公式证明的教学的例子告诉我们，在关于定理证明的教学中，更一般地说，在解题教学中，应努力挖掘这个解法中所包含的"具有指导意义的特征"，也就是具有普遍意义的方法，切忌就事论事、照本宣科式的单纯逻辑推导。只要我们在教学中注意着眼于一般方法的分析，我们就能不断地培养和提高学生的一般解题能力。

参考文献

[1] 波利亚著，刘远图、秦璋译. 数学的发现，第 2 卷. 北京：科学出版社，1987，497.

■提出辅助问题，类比，猜想，证明[*]
——关于向量外积分配律证明的教学尝试

向量的外积运算满足分配律，即对于任意向量 a，b，c，有

$$(a+b) \times c = a \times c + b \times c,$$

它的证明方法和向量代数中的其他算律的证明方法不同，不是直接根据定义来验证的（直接验证非常繁琐），而是借助于几何直观的分析，引进了两个辅助向量来证明的。这个证明方法很巧妙，但不知它是怎么被想出来的，似乎从天而降。另一方面，这个证法显得很孤立，与其他内容很少联系，似乎学了它对解题能力的提高并无多大帮助。因此，教师教它只能"硬灌"，学生学它只能"死记"，历来成为向量代数教学中的难点之一。

究竟它的证明方法是怎样想出来的呢？在备课中，经过反复琢磨，终于发现，它可以由向量内积分配律的证明方法，通过类比和猜想得到。因此，我在讲这个内容时，采取了由辅助问题入手的方法。面对一个困难的问题，如何下手，波利亚曾经建议：我们应该立即看一看，首先研究另外一些问题是否更为有利。这也就是有经验的教师常用的一种方法，把原来的问题放在一边，同时提出另外一个与它有关的问题即辅助问题来。在指出了用外积定义直接验证分配律很不容易以后，我向同学们提出，首先分析和它类似的内积分配律，看一看后者的证明思路和方法，

　　* 本文原载于《数学通报》，1988，（5）：39-41.

200

王敬庚数学教育文选

能否对我们找到外积分配律的证明方法以有益的启发。具体地说，看一看能否从内积分配律的证明，通过类比，猜想出外积分配律的证明思路和方法。向量内积分配律的证明，是同学们已经学习过的。为了便于外积和它作类比，需将证明方法的叙述进行必要的改造。

要证明对于任意向量 a，b，c，有
$$(a+b) \cdot c = a \cdot c + b \cdot c,$$
只须对 c 的单位向量 c^0，证明
$$(a+b) \cdot c^0 = a \cdot c^0 + b \cdot c^0。 \tag{1}$$

证明如下：

已知向量 a，c^0，要计算 $a \cdot c^0$，将 a 沿着与 c^0 垂直和平行的方向进行分解，得到两个向量 a'（$\perp c^0$）和 a''（$// c^0$）。我们把 a'' 称为 a 在 c^0 上的射影向量。（如图 1）。在计算 $a \cdot c^0$ 时，a' 和 a'' 各起什么作用呢？因为 $a' \perp c^0$，于是 $a' \cdot c^0 = 0$，因此我们猜想：$a \cdot c^0$ 只与 a'' 及 c^0 有关，即

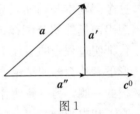

图 1

$$a \cdot c^0 = a'' \cdot c^0。 \tag{2}$$
根据内积定义，我们马上得到猜想（2）成立。把它记为引理 1。

因为 $a'' // c^0$，所以 $a'' = \lambda c^0$，因此有
$$a'' \cdot c^0 = \lambda。 \tag{3}$$
记为引理 2。

结合引理 1 及引理 2，我们得到，若 $a = a' + a''$，其中 $a' \perp c^0$，$a'' // c^0$，且 $a'' = \lambda c^0$，则
$$a \cdot c^0 = \lambda。 \tag{4}$$

由于两个向量的和在一个向量上的射影向量，等于这两个向量分别在该向量上的射影向量的和。即若 $a = a' + a''$，

$b=b'+b'', a+b=(a+b)'+(a+b)''$，" $'$ " 和 " $''$ " 的意义
如前所述。则有

$$(a+b)''=a''+b''。\tag{5}$$

记为引理 3。

若 $a''=\lambda c^0$，$b''=\mu c^0$，由引理 3 得

$$(a+b)''=(\lambda+\mu)c^0。\tag{6}$$

再由（4）即得

$$(a+b)\cdot c^0=\lambda+\mu,$$

而

$$a\cdot c^0+b\cdot c^0=\lambda+\mu。$$

于是（1）得证。

我们重新分析这个已经证明过的问题，目的不是证明
这个问题本身，而是希望通过与这个证明方法作类比，猜
想出向量外积分配律的证明方法。具体做法是建议同学们
将证明过程中的引理 1，2，3 逐条类比过去，看在外积的情
形下有什么样的结论。书写时注意将引理 1，2，3 布置在黑
板的一侧，另一侧留作写类比的结果。

和内积分配律一样，我们只须对单位向量 c^0 证明

$$(a+b)\times c^0=a\times c^0+b\times c^0。\tag{1$'$}$$

首先与引理 1 类比。已知 a，c^0，计算 $a\times c^0$。

将 a 沿着与 c^0 垂直及平行的方向进行分解，得到两个
向量 $a'(\perp c^0)$ 及 $a''(// c^0)$（如图 2），我们把 a' 称为 a 在与 c^0
垂直的平面 π 上的射影向量。在计算 $a\times c^0$ 时，a' 及 a'' 各起
什么作用呢？因为 $a'' // c^0$，于是 $a''\times c^0=0$，因此猜想

$$a\times c^0=a'\times c^0。\tag{2$'$}$$

这个猜想对吗？根据外积定义，可以得到证明，记为引理
$1'$。（证明过程可以留给学生课后复习时补上，课堂上不讲，
避免因细节冲断主要思路）

类比引理 2，就是要计算 $a'\times c^0=$？

由外积定义，$|a'\times c^0|=|a'|$。$a'\times c^0$ 的方向应 $\perp a'$，

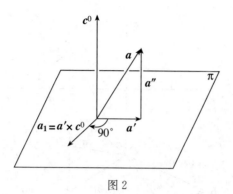

图 2

$\perp c^0$，且 a'，c^0 与 $a' \times c^0$ 组成右手系，所以 $a' \times c^0$ 即为 a' 在与 c^0 垂直的平面 π 内绕 a 的起点顺时针旋转 $90°$ 所得到的向量 a_1（见图 2），即

$$a' \times c^0 = a_1 。 \qquad (3)'$$

记为引理 $2'$。

结合引理 $1'$ 和 $2'$ 得到

$$a \times c^0 = a_1 。 \qquad (4)'$$

类比引理 3，由于两个向量的和在一个平面上的射影向量等于这两个向量分别在该平面上的射影向量的和，所以有

引理 $3'$ 若 $a = a' + a''$，$b = b' + b''$ $a + b = (a+b)' + (a+b)''$，"$'$" 和 "$''$" 的意义如前所述，则有

$$(a+b)' = a' + b' 。 \qquad (5)'$$

如图 3，设 $\overrightarrow{OA} = a$，$\overrightarrow{AB} = b$，则 $\overrightarrow{OB} = a + b$。将 $\triangle OAB$ 垂直投射到与 c^0 垂直的平面 π 上，得到 $\triangle OA'B'$。于是 $\overrightarrow{OA'} = a'$，$\overrightarrow{A'B'} = b'$，$\overrightarrow{OB'} = (a+b)' = a' + b'$。再将 $\triangle OA'B'$ 绕点 O 在平面 π 内顺时针旋转 $90°$ 得到 $\triangle OA_1B_1$，由引理 $2'$ 有

$$\overrightarrow{OA_1} = a_1 = a \times c^0 ，$$

$$\overrightarrow{A_1B_1} = b_1 = b \times c^0 ，$$

$$\overrightarrow{OB_1} = (a+b)_1 = (a+b) \times c^0 。$$

再由向量加法，$\overrightarrow{OA_1} + \overrightarrow{A_1B_1} = \overrightarrow{OB_1}$，于是 $(1)'$ 得证。

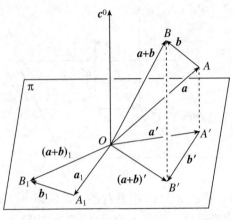

图 3

　　这样，我们就从已知的内积分配律的证明方法，通过类比和猜想，得到了外积分配律的证明方法。至此，这个巧妙的方法是怎样被想出来的，就再不是一个谜了。同学们感到，原来这个方法，我们自己也能想出来。莱布尼兹曾经说过，他写的书要"让学习的人总是能够看清他所学知识的内在道理，甚至使发明的本源能够显露出来。因此这样写，学习者便能明了一切，仿佛就是他自己发明的一样。"写书是这样，我觉得教学更应该是这样。

　　从已知的问题通过类比得到未知的问题的解，由于要自己提出类比的结论，有时还要猜想，因此同学们在课堂上的思维活动，总是处在主动的积极的状态下。学东西的最好途径是亲自去发现它。不少同学反映，课前自己看书上的证明，不很明白，一大片，抓不住要领，上完课后，完全明白了。课后留的习题中有一道题，证明

$$c \times (a+b) = c \times a + c \times b。$$

可以应用课堂上已经证明了的分配律来证明。但有好几个同学，又一次用证明分配律的方法重新来证明。这种情形以前没有碰到过。这也说明上述证明方法，在同学们头脑

中留下了印象，不再是抓不住要领的一大片了，而是有一条清晰的思路可循。正如 18 世纪德国物理学家里希廷贝尔格在他的《格言录》中曾经打过的一个形象的譬喻，他说："不得不亲自发现的东西，能在你脑际里留下一条小路，今后一旦需要，你便可再次利用它。"

在上述教学过程中，不但教给了同学们关于外积分配律的证明本身，而且这种发现证明方法的方法，即提出一个合适的辅助问题，通过类比，猜想出需要的证明方法，这种方法在解题中也是具有普遍意义的。著名教学教育家波利亚指出："在解答一个显然难以求解的问题时，提出一个适当的辅助问题，并加以解答，以找到解答原来问题的途径，这是一个最独特的智力活动。"又说："一个辅助问题，只要和原来的问题相似，而且更为容易，它就可以给予方法论方面的帮助。"我们在进行具体教学内容的教学过程中，要尽力避免就事论事，应使学生多学到一些解题的一般方法，把提高学生解题的一般能力，作为一项重要的任务。

通过上述关于外积分配律证明的教学尝试，更感到教学是一项充满创造性的劳动。既然现在大家都认为在数学上，能力比仅仅拥有知识更重要，因此在数学课上就存在一个"如何教"的问题，它显然比"教什么"更为重要。而正是在"如何教"的问题上，教师可以充分发挥自己的创造性，使学生从现有的教学内容中得到尽可能多的东西。为此，我认为在大学基础课的教学中，教学方法的研究是十分必要的。特别在培养中学数学教师的师范大学，更应加以重视，因为学生正是从自己的教师的教学中来学习实际的教学法的。

参考文献

[1] 波利亚. 数学的发现，第 2 卷，中译本. 科学出版社，1987. 文中引语皆见此书.

三、高等数学的教学内容和教学方法研究

■浅议数学课程函授中的集中面授教学[*]

函授中的集中面授教学，有一个区别于普通班教学的显著特点，即每门课程的教学时数少，而且是集中连续教学。以我校数学系举办的专科毕业生续本科的函授班为例，对于每一门课程，先利用假期集中面授，把全部内容讲一遍，然后学员分散自学复习，下一个假期再集中时，先进行这一门功课的考试，然后再开始下一门课程的面授。每次集中十天左右，同时面授两门课，上午一门下午一门。每门课程讲授30学时左右，不及普通班的一半，而且是每天有课连着讲，学员没有时间及时消化复习。

函授班教学的另一个特点是，学员都是在职教师，一般从师专毕业已经多年，高等数学的基础知识忘记很多，再加上他们差不多都是中学的骨干教师，平时教学工作和班主任工作负担很重，结了婚的女学员负担就更重了。尽管他们具有强烈的学习愿望，但由于基础差时间少学习的确困难很多。这些与普通全日制大学学生的情况有很大差别。

由于函授的讲课时间少而集中，学员基础又差，给教学造成很大困难。再加上数学课的特点，前面的没有弄懂，后面的就更难懂了。因此，通常集中面授教学的状况是，教师讲课追时间赶进度，如同倾盆大雨满堂灌。很多学员

王敬庚数学教育文选

---

* 本文原载于《北京高校成人教育研究》，1991，6（2）：26-29.

开始还能听懂，越到后来越听不懂，听课简直如同"坐飞机"，跟不上，只能把黑板上的照抄下来，等回去再自己学。也有的学员觉得听课听不懂，反正要自己回去学，再加上家里有点事，就中途不听回家去了。以天津函授站90年暑假微分几何课为例，报到79人，坚持听完的只有72人。该班因各种原因在两年多时间内已有30人退学。

面对函授教学的以上情况，我们认为更应该重视以正确的数学教育思想为指导，研究和改进教学方法，这样才能搞好集中面授教学。

集中面授教学，由于要在短时间内讲授很多内容，这一点与在学术会议上作报告有某种程度的类似。因此，先研究一下在学术会议上如何作报告，也许能对我们的集中面授教学有所启发。在数学学术会议上，多数听众不可能对你讲的专题也有深入研究，也就是说，多数听众对你报告的内容的有关知识并不熟悉。因此，在这种情况下，你不可能在一个很短的时间内，将一个长而又难的证明的每个环节都作出充分的介绍，即使你匆匆忙忙把所有环节都交待完，也不会有人跟得上。那么，一个学术报告怎么作才是成功的呢？波兰数学家策墨罗对此所作的评论，虽然他使用了讥讽的语调，却有独到的见地。他说："下列两条法则，应该是学术会议演讲构思的依据：一、不能低估你的听众的愚蠢，二、显著的东西要坚持，实质性内容快快溜。"([1]216)这第一条是说，不能对你的听众估计过高，以为他们对你报告的有关内容和你知道得一样多。要知道，他们是缺乏有关知识的。关于第二条，著名数学教育家波利亚作了非常精辟的解释，他说，"一个长的证明往往取决于一个中心思想，而这个中心思想本身却是直观和简单的，一个好的报告人应当从证明中提取出这个关键的思想，并且设法把它讲得直观而明显，使得听众中每个人都能懂得

三、高等数学的教学内容和教学方法研究

它，体会它，并记住它，以作今后可能的应用；至于证明的各个细节——虽然每个细节对于数学证明来说都是实质性的——则要快快溜过去。[1]217

我以为策墨罗的这两条法则，其基本精神也适用于函授中的集中面授教学。按第一条要求，我们在讲课中不能把学员的程度估计过高，以为只要是以前学过的知识学员全都知道并且全都记得，否则讲课就会脱离学员的实际，使学员跟不上。第二条是告诉我们重点讲什么和怎样讲的，这一条对我们搞好集中面授教学的指导意义更大。因为时间短要讲的内容多，如果匆匆忙忙把全部内容都过一遍，必然什么内容也讲不深入和透彻，只能是把书本上的推导照抄到黑板上，即使推导比书上还要细致，学员当堂也不可能跟得上，这样讲对他们回去自学帮助也不会太大。时间少，内容多，讲什么呢？一门数学课程大都包括若干重要的基本概念，建立在这些基本概念基础上的定理以及定理的应用，具体化就是若干定义，以及运用定义进行的大量的逻辑推理和有关计算。什么是讲授的重点呢？按波利亚对第二条法则的解释，应该全力去找出各部分内容中所包含的"直观而简单的中心思想"，我想这就是再现发现它时的"灵感"。包括重要概念的定义怎样描述，重要定理证明的关键思想是什么。这些重点的内容怎样讲呢？按波利亚的要求，应该"设法讲得直观而明显"，因为只有这样，才能让每个人都懂得它，体会它，并且记住它以便今后的应用。讲得直观而明显，就是讲清定义的描述是如何得到的？定理证明的关键思想是如何想到的？这就要具体分析发现的过程，而这一点在一般教科书上是不写或很少写的。如果教师讲课时，着重分析启发，和学员一起找出"发现的过程"，使讲解"直观而明显"，这样纵然做不到使每个学员都听懂，也能使绝大多数学员能听懂，而且会留下深

刻的印象。至于具体的推导和计算，则留给学员自己回去复习自学时进行（这一点与听学术报告不同）。我想，若能这样讲授，对学员的学习肯定会有较大帮助。

现在结合 91 年初我在湖南函授站进行的微分几何课集中面授的实际具体说明。

微分几何以微分法为基本方法研究曲面和曲线"在点上"的性质，即局部性质。因此微分几何中的很多概念，都是由曲线曲面方程中出现的函数在已知点处的导数表达的一些量刻画的。除了基本概念以外，还包括很多定理及其证明，公式及其推导，以及定理和公式的应用，等等。若干重要的基本概念是全书的基础。如何将这些概念讲得"直观而明显"呢？

空间曲线在一点的曲率和挠率是微分几何中最基本最重要的概念中的两个。教科书上直接给出曲率的定义：$k(s) = |\ddot{r}(s)|$ 称为曲线 $\varGamma$：$r = r(s)$ 在弧长为 s 的点的曲率。到后来才解释它的几何意义。我在讲课时采用由具体直观形象出发一步步分析抽象得到上述定义的讲法。首先提出一个问题：我们如何来度量曲线在一点附近弯曲的程度呢？然后和学员一起来分析。"曲线在一点附近的弯曲程度"怎样用数学的语言描述呢？——曲线在该点附近方向改变的大小（或快慢）。我们已经知道曲线在一点的方向是指它在该点切线方向，于是切线方向改变的大小就能描述曲线弯曲的程度了。对于曲线 $\varGamma$：$r = r(s)$，一点的切线方向是用它的导矢即单位切向量 $\dot{r}(s)$ 表示的，切线方向的改变大小又如何表示呢？于是想到将导矢 $\dot{r}(s)$ 对弧长再一次求导得 $\ddot{r}(s)$，数值 $|\ddot{r}(s)|$ 即表示切线方向改变的大小。于是，我们就用 $|\ddot{r}(s)|$ 来度量曲线在一点附近的弯曲程度。我们把 $k(s) = |\ddot{r}(s)|$ 叫做曲线 $\varGamma$：$r = r(s)$ 在弧长为 s 的点的曲率。由于定义是和学员一起从分析几何意义一步步导出的，

直观而明显。这样，定义和它的几何意义就如同是学员自己发现的一样，留下了深刻的印象，经久不忘。至于教科书上关于这个几何意义的数学上的严格证明，完全可以留给学员自己去看书推导，不必再讲了。对于挠率定义的导出也同样处理。

波利亚指出："教师在课堂上讲什么当然是重要的，然而学生想的是什么却更要重要千百倍。思想应当在学生脑子里产生出来，而教师只应起一个产婆的作用。"这就是"主动学习"的原则。[1]158 贯彻主动学习的原则使学员在课堂上积极地开动脑筋的方法之一，是让学员参与建立重要概念的数学语言表达工作，尽可能地和他们一起进行探索和分析，由他们自己去发现要学习的内容。上述关于曲率概念的建立，就是按这个要求进行的。我们认为对于一些重要概念，和学员一起通过直观分析导出，可以使得抽象的定义对于学员不再是一个只能死记硬背的完全形式的东西，而是一个看得见摸得着的生动的形象，不仅印象深刻，而且从中也受到一次如何从实际问题抽象出数学概念的训练。

贯彻主动学习原则，使学员在课堂上积极地开动脑筋的另一个方法是引导学员去猜测和检验。猜测当然就可能猜对也可能猜错，因此就必须检验你的猜测对不对。波利亚指出："猜测的结果如何并不重要，你如何去检验你的猜测却是至关重要的。"[1]257 这是因为要检验就必须主动地运用你所学的知识，通过运用既可以对所学的知识加深理解，又培养了运用知识的能力。不仅如此，而且"猜测加检验"是科学研究的一般方法，通过猜测和检验，又可以使学员受到关于科学研究方法的一次实际训练。

例如，根据曲面 $\sum$ 上的曲线 Γ 在一点 P 的测地曲率 k_g 的几何意义：k_g 的绝对值是 Γ 在曲面 $\sum$ 过 P 点的切平面 π

王敬庚数学教育文选

上的投影曲线 Γ^* 在 P 点的曲率，以及若一条曲线在每点的测地曲率皆为零则称该曲线为曲面的测地线，让学员思考若在 P 点上述投影曲线 Γ^* 为直线，能得到什么结论？有的学员回答说"Γ 是测地线"，——这正是我估计他们会出现的错误。于是围绕这个猜测对不对进行讨论，当学员知道不对以后，我又问"在什么条件下 Γ 才是测地线呢？"使讨论进一步深入。

通过围绕一个猜测所展开的上述讨论，使学员对测地曲率是曲面上曲线在一点的性质，以及测地线的特征有了直观的了解，留下了深刻的印象。由于是由学员自己进行猜测与检验，并直接参与讨论，寻找答案，而不是被动的接受和单纯的听讲，因此思维始终处于积极主动的状态，这样的学习，有趣得多，也深入得多。

数学教学还包括讲解例题和习题，也就是解题教学。通过解题教学要发展学生运用所学知识的能力，并培养学生有益的思维方式和良好的思维习惯，也就是波利亚所一再强调的"要教会思考"。[1]152 然而在解题教学中，却常常发生不分析，不启发，教师自己直接给出解法了事的做法。特别在时间紧的情况下更为常见。这种讲法会产生两种后果。一种是学生觉得"这个解法我也会，没有什么"，自以为懂了，因为没有经过他自己思考，实际并没有真正掌握其方法，再拿到别的题，稍有不同就不会做了。这就是常常能听到的学生反映："老师讲的都懂，就是自己拿到题不会做"。另一种情形是，当教师给出的解法特别巧妙时，学生觉得"这个解法太妙了，但好似从天而降，我自己是绝对想不出来的"。不管是哪种情形，上述讲法都没有教会学生思考，不利于提高学生的解题能力。因此，我在讲解例题和习题时，注意努力从"教会思考"这一目标出发，着重解题思路的分析，启发学生一起来寻找解法，尽

三、高等数学的教学内容和教学方法研究

可能让学生看到如何一步一步找到解法的。使学员感到这个解法并不是"神秘莫测""高不可攀""从天而降"的，如果循着合适的思路，他自己也能找出这个解法的。解题教学不能就事论事，单纯以解眼前这个题目为目的，而应着重解题思路的分析，使学员从中学到一些寻找解题思路的一般方法，从而逐渐积累解题的经验，提高解题的一般能力。由于我们的函授没有批改作业的环节，平时做题时又没有教师随时可问，因此通过解题教学提高学员分析问题寻找解题思路的能力，就显得更为重要。

对于这次集中面授，学员普遍反映较好。学员班长说，以往不少老师讲课整黑板整黑板地推导，我们根本跟不上，这次着重分析，能听懂，有收获。有一位在师专工作的学员，曾先后去过两所大学进修，都听过微分几何课，这次听课后，他说有的概念前两次都没有弄清楚，这次才真正清楚了。湖南函授站的领导对我这次讲课也很满意，他们在我校成人教育处发的关于教学情况的调查表中写道："授课能针对函授的特点深入浅出地讲授，使学员们能做到当堂消化灵活运用，教学效果好，深受学生欢迎。"我以前虽然多次对函授班讲课，但自己感到这次讲课的效果比以往哪次都好，这从课堂上学员的表情中就能看得出来。我想这是由于在这次讲课中我比较自觉地运用波利亚数学教育思想的缘故。通过这次有益的尝试，更进一步感到正确的数学教育思想的指导对于搞好集中面授教学具有非常重要的意义。

由于参加函授的学员大都是在职的中学数学教师，因此运用波利亚的数学教育思想，改进教学方法，搞好集中面授教学本身，也就给学员树立了一个好的榜样。因为老师讲课本身对学员来说就是活的教学法课，如果学员能从中领悟和接受了正确的数学教育思想，对他们今后的教学

王敬庚数学教育文选

工作就会产生良好的影响。从这一点来说，用正确的数学教育思想指导集中面授教学，对于师范院校的函授教育来说，就更具有特殊的重要意义。

参考文献

[1] 波利亚. 数学的发现，第 2 卷. 刘景麟，曹之江，邹清莲译. 呼和浩特：内蒙古人民出版社，1981.

213

三、高等数学的教学内容和教学方法研究

■试论几何直观在教学中的作用 *

在数学中，与在其他科学研究中一样，也有抽象的和直观的两种倾向。希尔伯特曾经指出[1]：就几何方面说，抽象的倾向已经引导到代数几何、黎曼几何和拓扑学等宏伟的系统的理论，在这里抽象的思考方法，以及代数性质的符号运算获得广泛的应用。然而，直观在几何中起的作用却是更大，过去如此，现在还是如此。他还说：具体的直观不仅对于研究工作有巨大的价值，对于理解和欣赏几何中的研究结果也是这样。

希尔伯特的这个论述，明确指出了直观在几何教学中有巨大的作用。

笔者多年来从事几何教学，从中深刻地体会到，几何直观对于几何教学有着双重的重要意义，一方面通过几何直观分析，可以使学生更好地接受和掌握所学内容，另一方面，与此同时还要努力培养和训练学生从几何直观上思考分析问题的习惯和能力。

何谓直观？直观就是"更直接地掌握所研究的对象，侧重它们之间的关系的具体意义，也可以说领会它们的生动的形象"。[1]

一

图形能以其生动的形象给人留下深刻的印象，可以说，

* 标题有改动。本文原载于《数学通报》，1990，(8)：38-42。

214

王敬庚数学教育文选

在数学中再没有什么别的东西比几何图形更容易进入人们脑海的了。对于一些重要公式，若能着重理解它们的几何意义，并设法用图形将其表示出来，这样就只须记住图形，而不必死记硬背公式了。

例如在空间解析几何中，点到直线的距离公式是常用的，但对于直线是用坐标方程（点向式）给出时的公式很不容易记住，我在教学中着重几何分析，并要求学生记住下列图形（图1）。点 P_0 到直线 l 的距离 d 就是以 $\overrightarrow{P_1P_0}$ 和 $\overrightarrow{S}$ 为邻边的平行四边形的底边 $\overrightarrow{S}$ 上的高，于是

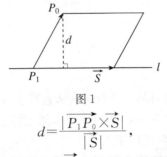

图1

$$d=\frac{|\overrightarrow{P_1P_0}\times\overrightarrow{S}|}{|\overrightarrow{S}|},$$

这里 P_1 是 l 上已知一点，$\overrightarrow{S}$ 是 l 的方向向量。这样，以后遇到求点到直线的距离时，脑中就会自然地再现上述图形，至于用坐标表示的公式自己也能写出来了。例如，要求以直线 $l: \dfrac{x-a}{l}=\dfrac{y-b}{m}=\dfrac{z-c}{n}$ 为轴，半径为 R 的直圆柱面，只要把它看成是空间中到直线 l 的距离是定数 R 的动点的轨迹，就可以轻而易举地写出它的方程：

$$\frac{\sqrt{\begin{vmatrix} x-a & y-b \\ l & m \end{vmatrix}^2+\begin{vmatrix} y-b & z-c \\ m & n \end{vmatrix}^2+\begin{vmatrix} z-c & x-a \\ n & l \end{vmatrix}^2}}{\sqrt{l^2+m^2+n^2}}=R。$$

同样，二异面直线 $l_1: \overrightarrow{P}=\overrightarrow{P_1}+\overrightarrow{S_1}t$ 与 $l_2: \overrightarrow{P}=\overrightarrow{P_2}+\overrightarrow{S_2}t$ 之间的距离公式，只须记住图形（图2），则距离 d 就是以 $\overrightarrow{P_1P_2}$，$\overrightarrow{S_1}$，$\overrightarrow{S_2}$ 为邻边的平行六面体在以 $\overrightarrow{S_1}$ 和 $\overrightarrow{S_2}$ 为邻边的

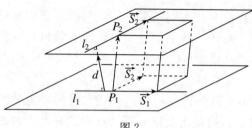

图 2

底面上的高（也就是上下底所在二平行平面间的距离），马上可以写出公式

$$d = \frac{|(\overrightarrow{P_1P_2}, \overrightarrow{S_1}, \overrightarrow{S_2})|}{|\overrightarrow{S_1} \times \overrightarrow{S_2}|}。$$

二

一些复杂的问题，若能着重从直观上分析其几何关系，从而找出解决的办法，则会收到思路清晰且印象深刻的效果，并可增进学习的兴趣。

例如，当旋转轴是空间一条任意直线时，建立旋转曲面的方程，这是空间解析几何中的一个比较复杂的问题。

我们首先从直观上分析，当母曲线 Γ 绕旋转轴 l 旋转一周时，母曲线上每一点形成一个圆，所有这些圆都在与轴垂直的平面上，且圆心都在轴上，如图 3。这样，旋转曲面就可以看成是由与母曲线相交的一组动圆组成的，这些圆都在垂直于轴的平面上，且圆心在轴上。因此，根据曲线族产生曲面的理论，只须写出这组动圆的方程，再消去参数就行了。

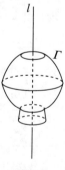

图 3

若已知母曲线 Γ 为 $\begin{cases} F(x, y, z) = 0, \\ G(x, y, z) = 0, \end{cases}$ 旋转

轴 l 为 $\dfrac{x-a}{l}=\dfrac{y-b}{m}=\dfrac{z-c}{n}$，则只须设
$P_0(x_0,\ y_0,\ z_0)$ 为 Γ 上任一点，过
P_0 点的上述动圆，就是以轴 l 上的定
点 $A(a,\ b,\ c)$ 为中心，AP_0 之长为
半径的球面（1）与过 P_0 点且垂直于
l 的平面（2）的交线（见图4），其
方程为

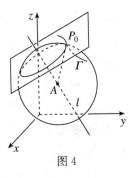

图4

$$\begin{cases}(x-a)^2+(y-b)^2+(z-c^2)= \\ \quad (x_0-a)^2+(y_0-b)^2+(z_0-c)^2, \quad (1)\\ l(x-x_0)+m(y-y_0)+n(z-z_0)=0, \quad (2)\end{cases}$$

又因为 P_0 在母曲线 Γ 上，所以

$$\begin{cases}F(x_0,\ y_0,\ z_0)=0, \quad (3)\\ G(x_0,\ y_0,\ z_0)=0。 \quad (4)\end{cases}$$

从（1）、（2）、（3）、（4）中消去参数 x_0，y_0，z_0，即得所求旋
转曲面的方程。

在教学中着重进行直观分析，找出解决问题的方法，
并要求学生结合图形来理解，这样学生就能较好地掌握解
决问题的思路，并在脑中留下清晰的印象，解题时，脑中
再现这些图形，上述诸方程就可以随手写出，而不必死记
硬背。

再举一个关于椭球面的圆截口的例子。证明通过坐标
轴有且仅有两个平面与椭球面

$$\frac{x^2}{a^2}+\frac{y^2}{b^2}+\frac{z^2}{c^2}=1 \quad (a>b>c>0)$$

的交线是圆，且求这两个平面。这也是解析几何中的一个
比较困难的问题。

解法一： 从直观上分析，通过 x 轴的任意一个平面，
与椭球面的交线为椭圆，其半长轴长恒为 a，而半短轴长只
能取 b，c 之间的值，而 $a>b>c$，因此截口不可能是圆。同

三、高等数学的教学内容和教学方法研究

理，通过 z 轴的平面截椭球面所得截口椭圆中也不可能出现圆。通过 y 轴的平面与椭球面的交线椭圆，有一个半轴长恒为 b，而另一个半轴长在 a，c 之间连续变化，因为 b 介于 a，c 之间，所以必存在某个平面，使所得截口椭圆的另一半轴长恰为 b，即截口为圆（见图 5）。由对称性，必还有一个平面的截口也是圆。再通过计算可得只有两个平面的截口是圆。

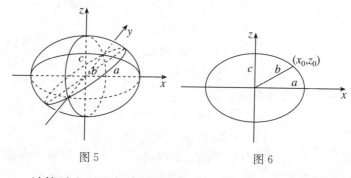

图 5　　　　　　　　　图 6

　　计算时也要进行直观分析，过 y 轴的平面截椭球面所得截口椭圆，其一轴恒为 y 轴，而另一轴必在 xz 面上，且在该轴上的顶点必位于 xz 面的截口椭圆 $\dfrac{x^2}{a^2}+\dfrac{z^2}{c^2}=1$（1）上。于是问题变成在椭圆（1）上找出一点（$x_0$，$z_0$），使之与中心（原点）的距离是 b（见图 6）为此只须解方程组

$$\begin{cases} x_0=a\cos\theta, \\ z_0=c\sin\theta, \\ x_0^2+z_0^2=b^2. \end{cases}$$

解得 $\cos\theta=\pm\sqrt{\dfrac{b^2-c^2}{a^2-c^2}}$，$\sin\theta=\pm\sqrt{\dfrac{a^2-b^2}{a^2-c^2}}$。于是所求平面为 $c\sqrt{a^2-b^2}\,x\pm a\sqrt{b^2-c^2}\,z=0$。

　　解法二：先作直观分析，若一个平面与椭球面的交线为圆，因为圆一定在某个球面上，所以上述截口圆一定也是该平面与某个球面的交线。于是问题变成是否存在这样的平面与球面，使得该平面与球面的交线和该平面与椭球面的交线重合。

设所求平面过 y 轴，方程为 $x=mz$，且使交线

$$\begin{cases} x=mz \\ \dfrac{x^2}{a^2}+\dfrac{y^2}{b^2}+\dfrac{z^2}{c^2}=1 \end{cases} \ 与 \ \begin{cases} x=mz \\ x^2+y^2+z^2=R^2 \end{cases} \ 表示同一个圆。于$$

是有

$$\left(\dfrac{m^2}{a^2}+\dfrac{1}{c^2}\right)z^2+\dfrac{y^2}{b^2}=1 \ 与 (m^2+1)z^2+y^2=R^2 \ 应表示同一个$$

柱面。解得 $m=\pm\dfrac{a}{c}\sqrt{\dfrac{b^2-c^2}{a^2-b^2}}$，$R=b$。故平面 $c\sqrt{a^2-b^2}\,x\pm$ $a\sqrt{b^2-c^2}\,z=0$ 即为所求。而分别用过 x 轴的平面 $z=ny$ 及过 z 轴的平面 $y=lx$ 进行上述类似的计算，n 及 l 均无实数解，故分别过 x 轴与 z 轴的平面均得不到圆截口。问题得解。

在数学教学中，大家都强调能力重于知识，或者说方法重于结论，因此设法让学生掌握方法就成了教学的重要任务。在上面这个例子的教学中，我们从几何直观分析入手，找出解决问题的方法。这样做不仅突出了重点——寻找方法，而且因为是从几何直观分析中找出方法的，学生看得见，摸得着，所以印象深刻。学生掌握了这个方法，对于类似的问题，例如单叶双曲面和椭圆抛物面的圆截口问题，自己也就能分析解决了，从而达到举一反三的效果。

三

在拓扑学尤其是点集拓扑课程中，概念是非常抽象的。严谨而形式化的表述方式，往往使本质的几何思想被冲淡或掩盖。因此在教学中要充分利用图形，尽可能画出示意

图，描绘出证明的思路，使学生看清证明方法的几何思想，从而把握住证明方法的关键。

例如，证明紧空间 Y_1 与 Y_2 的积空间 $Y_1 \times Y_2$ 仍然是紧的。

设 $\mathcal{B} = \{u \times v \mid u, v$ 分别是 Y_1 及 Y_2 中的开集$\}$ 是 $Y_1 \times Y_2$ 的一个基，$\mathcal{A}$ 是 $\mathcal{B}$ 中成员组成的 $Y_1 \times Y_2$ 的一个开复盖，只须证明 $\mathcal{A}$ 有一个有限子复盖。

证明分两步。第一步任取 $y \in Y_1$，因而 $\{y\} \times Y_2$ 也是紧的，它的开复盖 $\mathcal{A}$ 有有限子复盖 $\mathcal{A}_y = \{U_{y,1} \times V_{y,1}, U_{y,2} \times V_{y,2}, \cdots, U_{y,n} \times V_{y,n}\}$。第二步再证 $Y_1 \times Y_2$ 的开复盖 $\mathcal{A}$ 有有限子复盖。由第一步推第二步的困难在于 $\{\{y\} \mid y \in Y_1\}$ 一般不是 Y_1 的开复盖，因此条件"Y_1 是紧的"用不上。于是克服这个困难就成了完成证明的关键。为此画一个示意图（图 7），不妨假设 $\mathcal{A}_y$ 中每个 $U_{y,i} \times V_{y,i}$ 都与 $\{y\} \times Y_2$ 相交（若不交，可将其从 $\mathcal{A}_y$ 中去掉）。记 $M_y = \bigcap_{i=1}^{n} U_{y,i}$，它是 Y_1 中包含 y 的一个开集，于是 $\mathcal{A}_y$ 也是 $M_y \times Y_2$ 的开复盖 $\mathcal{A}$ 的一个有限子复盖。因为 Y_1 紧，所以 Y_1 的开复盖 $\{M_y \mid y \in Y_1\}$ 有有限子复盖 $\{M_{y1}, M_{y2}, \cdots, M_{ym}\}$。于是 $M_{y1} \times Y_2$，$M_{y2} \times Y_2$，$\cdots$，$M_{ym} \times Y_2$ 的有限子复盖的并族就是 $Y_1 \times Y_2$ 的开复盖 $\mathcal{A}$ 的一个有限子复盖。证毕。

王敬庚数学教育文选

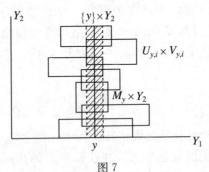

图 7

由 $\{y\} \times Y_2$ 有有限子复盖，过渡到 $M_y \times Y_2$ 有有限子复盖，是整个证明的关键，可以把这一步直观形象地称为由 $\{y\} \times Y_2$ "长胖"* 成 $M_y \times Y_2$。生动直观的图形（还有形象化的比喻）能给学生深刻的印象。而且会引起学生浓厚的兴趣。从心理学上讲，生动的直观能使抽象的概念和论证进入学生大脑时，同时带着鲜明的"情绪色彩"，也就是使得抽象的概念和论证伴随着情感和内心感受留在学生的记忆里，这就是心理学上所说的"情绪记忆"。

四

在教学中有时会碰到一些大定理，证明很长，这时最要紧的是抓住证明的思路和关键，为此要着重直观地分析证明的大步骤，描述证明的几何思想，而将具体的计算细节留给学生课下自己去处理。正如著名数学教育家波利亚所指出的[2]："一个长的证明常常取决于一个中心思想，而这个思想本身却是直观的和简单的。"因此教师在讲课时，应当从证明中提出关键的思想，并且设法把它讲得直观形象而且明显易懂，使学生能够体会和掌握。

例如，计算圆周 S^1 的基本群，即求以 1 为基点的圈（闭道路）的等价类的集合，对于圈等价类的乘法所做成的群。

首先直观上猜想圈可能有多少等价类，常值圈，逆时针方向绕 S^1 一周、二周……顺时针方向绕 S^1 一周、二周……因此猜想 S^1 的基本群同构于整数加群，即 $\pi_1(S^1, 1) \approx \mathbf{Z}$。然而要证明它却是一件颇为复杂的工作。

———————————

　　* "长胖"这个生动而恰当的比喻是我在武汉大学听美籍教授苏竞存先生讲学时听来的，而且永远也忘不了。

"一个圈 α：$I=[0，1]\rightarrow S^1$ 绕 S^1 n 周"这是一个直观的说法，须将其数学化。先定义 p：$\boldsymbol{R}\rightarrow S^1$ 为 $t\mapsto e^{2\pi it}$，这个映射使每个区间 $[n，n+1]$（n 为整数）恰好绕 S^1 一周（逆时针）。如果将 I 看成橡皮条，先将 I 拉长，然后再绕 S^1。若拉长成 $[0，n]$，则 α 就是绕 S^1 n 周。究竟拉长多少倍，由 α 决定。设拉长为映射 $\tilde{\alpha}$：$I\rightarrow\boldsymbol{R}$，要满足 $p\tilde{\alpha}=\alpha$（称 $\tilde{\alpha}$ 为 α 的提升），$\tilde{\alpha}(0)=0$。如图 8

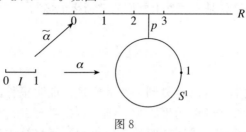

图 8

于是，首先要证明，对于每一个以 1 为基点的圈 α 存在唯一的以 0 为始点的提升 $\tilde{\alpha}$（道路提升定理，记为引理 1）。这样的 $\tilde{\alpha}$，其 $\tilde{\alpha}(1)$ 必为整数，就是 α 绕 S^1 的周数，称为 α 的度，记为 $\deg\alpha$。

再证明等价的圈有相同的度，即若 $\alpha\sim\beta$，则 $\tilde{\alpha}(1)=\tilde{\beta}(1)$（证明过程中用到与道路提升定理类似的同伦提升定理，记为引理 2）。因此可以对圈的等价类 $[\alpha]$，说 $[\alpha]$ 的度，记为 $\deg[\alpha]$，且 $\deg[\alpha]=\tilde{\alpha}(1)$。

如果令 S^1 的基点为 1 的圈的每一个等价类 $[\alpha]$，对应于它的度 $\deg[\alpha]$，就可以证明，这个对应就是基本群 $\pi_1(S^1，1)$ 与整数加群 $\boldsymbol{Z}$ 之间的同构。

因为引理 1 的证明比较长，避免打断整个的思路，可以将引理 1 的证明放在最后（引理 2 的证明与引理 1 完全类似）。引理 1 的证明也要着重直观分析。主要说清楚"分段提升"的几何思想，包括①限制在一段上 p 是同胚，②相邻两段提升时，以前段的尾作为后段的首，而将计算的具体细节留给学生自己去看书。

直观地分析证明的大步骤，即着重描绘证明的几何轮廓，可以使学生领会证明的几何思想，并在头脑中留下一个清晰的思路，从而抓住要领。对于一个大定理，备课时，我常常花很多时间来思考"这个证明的关键步骤是什么？它是怎么想出来的？"记得我国著名的拓扑学家张素诚先生曾经说过，对数学中的很多问题来说，"灵感"往往来自几何。因此在教学中要全力去分析证明的几何思想，这样才能找到发明的本源，使得这个证明方法就如同是自己发明的一样，在自己头脑中立起来。教学中我也这样要求我的学生，学完一个大定理后把书合上，或茶余饭后散步时，或躺在床上时，想一想这个大定理的证明。因为没有书甚至没有笔和纸，只能回想证明的大步骤，跳出繁杂的计算推导，从直观上分析证明的几何思想，这样的训练是非常有益的。法国拓扑学家 D·沙利文曾经谈过类似的经验，他说："我当研究生时，试着读 J·米尔诺的著作。我记得回去以后把它重新再想一遍，突然眼前展现一幅图景，他在全书中所要表达的实际上是一种几何图象……从此全书好像消失了。正是这一点使我把全书重写出来，尽管以前它在我眼里完全是个复杂的庞然大物。全书的消失，第一次证明我能真正搞懂一点颇不平凡的数学。在此之前，我从未真正觉得掌握了某些东西。我能用正反两种方法来做它，不过这是一种非常强烈的几何概念。这是一次非常生动的经验。"[3]

对于一个大定理的证明，在讲课时如果不着重去分析其中包含的几何思想，只知形式地推导，不分主次平铺直叙一大片，学生只能跟着摸不着头脑了。甚至还可能出现更糟的情形，像波利亚所描绘的："我们都在听教授讲课，

但是他抓不住证明的线索，在推导方面混乱不堪，他不得不勉强看看他的讲稿，以便重新找到讲课的线索，而当他找到线索最后得出结论时，我们都感到困倦已极。"[2]这是一幅多么可悲的情景啊。

五

通过几何教学，努力培养学生注意从几何直观上分析和思考问题的习惯和能力，这也是我对自己的教学提出的主要要求之一。由于笛卡儿的伟大贡献，形与数相结合，图形与方程联系起来，这就使得从几何上思考问题具有更加广泛的意义。下面是一个典型的例子。

已知实数 x，y 满足方程 $x^2-2x+2y^2=0$ （1），求 $z=x^2+y^2$ （2）的最大值和最小值。

从几何直观上分析，方程（1）表示平面上的椭圆$(x-1)^2+\dfrac{y^2}{\frac{1}{2}}=1$ （图 9），而（2）式表示 z 是点 (x,y) 到原点的距离的平方。于是本题的几何意义是求椭圆上的点到原点的最大距离及最小距离的平方。由图形可得$z_{\max}=4$，$z_{\min}=0$。

另解。在空间，方程（1）表示椭圆柱面，（2）表示旋转抛物面。从几何上分析，本题所求为这两个曲面的交线上最高点及最低点的 z 坐标。如图 10。从图形可得交线最低点为原点，故 $z_{\min}=0$。最高点 B 为（1）的椭圆截口

$$\begin{cases} (x-1)^2+\dfrac{y^2}{\frac{1}{2}}=1, \\ z=z_0 \end{cases}$$

与（2）的圆截口 $\begin{cases} x^2+y^2=z \\ z=z_0 \end{cases}$ 相内切的切点。于是椭圆的长

轴长应等于圆的半径，故 $z_{\max}=4$。

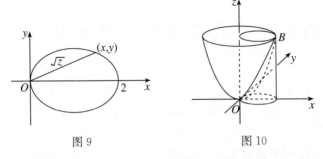

图 9   图 10

正如法国数学家 G·绍盖在讲演《几何和直观在数学中的作用》最后所说的：如果你们把"几何"这个词不仅理解为欧几里德原本中所出现的意义，并且还把它理解为实际世界经过运用具体直观后的数学化，那么几何必须在任何水平上贯穿在我们的整个数学教学中。[4]

参考文献

[1] 希尔伯特，康福森. 直观几何，中译本. 高等教育出版社，1959.

[2] 波利亚. 数学的发现，第 2 卷，中译本. 科学出版社，1987（或内蒙人民出版社，1981）.

[3] 斯蒂恩主编. 今日数学，中译本. 上海科技出版社，1982.

[4] 绍盖. 几何和直观在数学中的作用，中译稿. 数学通报 1982，(2)：21-23.

■论几何直观与高师数学教学 *

摘要：本文论述了在高师数学教学中运用几何直观以及培养学生的几何直观能力的重要意义。

1. 问题的提出

学习数学的理论、方法和定理，怎样才算真懂？徐利治先生指出[1]："只有做到了直观上懂才算真懂。"何谓直观上懂呢？要"能够洞察其直观背景，并且看清楚它们是如何从具体特例过渡到一般（抽象）形式的"。达到真懂的境界时，这些理论、方法和定理就好像是你自己发明的一样，你就能用自己的语言把它们说出来，经久不忘。

然而，当前在高师数学教学中却存在着一种较为普遍的形式化的倾向，即只关注逻辑推理能力的培养。不少教师在讲课时，把注意力全部集中在讲清数学定理的演绎论证的步骤上，而对于定理的直观背景和整个来龙去脉却很少分析，也就是不注意对所讲的问题从直观上进行分析。因此不少学生也只能形式地去理解，并不"真懂"，不能把所学的内容变成他们自己的东西。这样的学习既不能引起浓厚的兴趣，也不利于创造能力的培养。特别是在高师院校，当这些学生将来成为老师时，如果也只强调演绎推理这种形式化的教学，那就贻误更深了。

几何图形能以其生动的直观形象给人留下深刻的印象。我们可以说，在数学中再没有别的什么东西，能比几何图

226

王敬庚数学教育文选

---

* 本文原载于《数学教育学报》，1993，2（1）：75-80.

形更容易进入人们的脑海了。因此我们常把直观与几何图形联系在一起，说成几何直观，本文中出现的几何直观有时也泛指直观。对于高师院校的数学教学来说，培养学生从几何直观上分析问题的能力（以下简称几何直观能力）不仅是学好高等数学本身的需要，而且对于培养未来的优秀的中学教师也具有十分重要的意义。

本文就几何直观在高等数学教学中的作用以及如何培养学生的几何直观能力谈谈自己的看法，愿与同行们一起继续探讨。

2. 几何直观能力的含义及其在高等数学教学中的作用

从几何直观上分析问题的能力，我以为主要包括以下两个方面。

首先，从宏观上看，一种数学理论（包括它的主要概念和方法）往往都有其直观的背景，它们或者是从对某些特殊的事例的观察分析中得到的，或者是直接从几何图形中看出的，或者是从已有的结果类比联想引来的。从几何直观上分析问题的能力，首先是指对于一种数学理论能"洞察其直观背景"。对于它是如何被发现的或如何形成的作出合理的解释（或猜测），并举出它的一些具体的特殊的例子，等等。

按照庞加莱（Poincaré）和阿达玛（Hadamard）关于数学领域的发明创造的论述的观点，数学创造发明的关键在于选择数学观念间的"最佳组合"，从而形成数学上有用的新思想和新概念，而这种选择的基础是"美的直觉"。[1]在所谓美的直觉中，也就是在追求某种对称性、和谐性、统一性、简洁性和奇异性当中，以及在某种联想、猜想、假设及非逻辑思维中，几何直观具有头等重要的意义。事实上，很多数学家都是先利用几何直观猜测到某些结果，然后才补出逻辑上的证明的。这正如我国著名拓扑学家张素诚先生所说的,对数学中的许多问题来说,"灵感"往往来自几何,表达的简洁靠代数,计算的精确靠分析。我们所说的从几何直观上分析问题,就是力求在教学中引导学生重视上述发现的过程。

其次,从微观上看,关于某个具体定理的证明,著名数学教育家波利亚(G·Polya)曾经指出[2]:"一个长的证明常常取决于一个中心思想,而这个思想本身却是直观的和简单的。"因此,从几何直观上分析问题的能力,也包括找出证明中的那个关键的简单而直观的思想,也就是像希尔伯特(D·Hilbert)所要求的,能透过概念的严格定义和实际证明中的推演细节,"描绘出证明方法的几何轮廓"。[3]

由于各种原因,大多数数学教科书并不介绍该学科的主要概念及方法、主要定理及其证明的直观背景以及证明方法是如何想出来的,于是内容就只剩下一大堆干巴巴的抽象的定义和定理的逻辑推导证明,极少有直观上的分析,这就给学生的学习带来很大困难。在这种情况下,如果教师讲课时只知照搬教科书上的推导,即使做得比教科书还细,把书上跳过去的每一步都补上,学生也难于做到当堂理解,更不要说掌握证明的要领了。正因为这样,教师在教学中注重从几何直观上进行引导与分析,就显得特别重要了。或借助于直观想象,或画出示意的几何图形,或通过具体实例,或通过类比联想,总之,教师要恰当地引导学生理解这个概念、定理、方法是如何想出来的,也就是要通过直观分析,尽量找出发明的本源,尽量找出证明方法中的关键的思想,并设法讲得直观而明显。讲课就是要讲出教师自己在这些方面的理解,这是书本上没有的东西。我以为这是教学中极富有创造性的成分,因而也常常是学

王敬庚数学教育文选

生最喜欢听的部分。

　　例如，拓扑学中讲解紧空间 Y_1 与 Y_2 的积空间 $Y_1 \times Y_2$ 仍是紧的这个定理的证明，设 $\mathscr{B} = \{U \times V \mid U, V$ 分别是 Y_1 及 Y_2 中的开集$\}$ 是 $Y_1 \times Y_2$ 的一个基，$\mathscr{A}$ 是 $\mathscr{B}$ 中成员组成的 $Y_1 \times Y_2$ 的任一个开复盖，只须证明 $\mathscr{A}$ 有一个子复盖。证明的第一步是任取 $y \in Y_1$，由题设得 $\{y\} \times Y_2$ 也是紧的，$\mathscr{A}$ 也是它的一个开复盖，因而有有限子复盖 $\mathscr{A}_y = \{U_{y,i} \times V_{y,i} \mid i = 1, \cdots, n\}$。第二步再证 $Y_1 \times Y_2$ 的开复盖 $\mathscr{A}$ 有有限子复盖。由第一步导出第二步的困难在于 $\{\{y\} \mid y \in Y_1\}$ 一般地不是 Y_1 的开复盖，因此用不上 Y_1 紧这个条件。于是克服这个困难就成了完成证明的关键。为此画一个示意图（图 1），不妨假定 $\mathscr{A}_y$ 中的每一个 $U_{y,i} \times V_{y,i}$ 都与 $\{y\} \times Y_2$ 相交，记 $\bigcap\limits_{i=1}^{n} U_{y,i} = M_y$，它是 Y_1 中包含 y 的一个开集，于是 $\mathscr{A}_y$ 也是 $M_y \times Y_2$ 的开复盖 $\mathscr{A}$ 的一个有限子复盖。另一方面，$\{M_y \mid y \in Y_1\}$ 是 Y_1 的一个开复盖，由于 Y_1 紧，所以有有限子复盖 $\{M_{y_1}, \cdots, M_{y_m}\}$，于是 $M_{y_1} \times Y_2, \cdots, M_{y_m} \times Y_2$ 的有限子复盖的并族就是 $Y_1 \times Y_2$ 的开复盖 $\mathscr{A}$ 的一个有限子复盖。证毕。由 $\{y\} \times Y_2$ 有有限子复盖过渡到 $M_y \times Y_2$ 有有限子复盖，是整个证明的关键，美籍教授苏竞存先生在讲课中把这一步骤形象地称为"长胖的技术"。生动直观的图形，连同形象化的比喻，使得整个定理的证明思路及其关键清晰可见，而且使学生印象深刻，经久不忘。

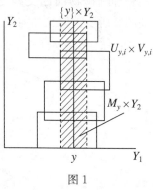

图 1

　　对于一些比较困难的问题，若能着重从几何直观上分析清楚它们的几何关系，有时也可以帮助我们找出解决问题的办法。例如求椭球面、单叶双曲面和椭圆抛物面等二次曲面的圆截口，是空间解析几何中比较困难的一类问题。

以椭圆抛物面为例，求过原点的平面，使得它与 $\dfrac{x^2}{a^2}+\dfrac{y^2}{b^2}=2z$ $(a>b>0)$ （1）的交线为圆。

设过原点的平面为 $\alpha x+\beta y+\gamma z=0$，则该平面和已知曲面的交线为 $\begin{cases}\alpha x+\beta y+\gamma z=0,\\ \dfrac{x^2}{a^2}+\dfrac{y^2}{b^2}=2z.\end{cases}$ 这是一个具有一般位置（即不与坐标面平行的）的平面上的一条曲线，要判断它是不是圆，单从方程上看一般是很困难的。我们知道曲线的方程不是唯一的，以这条曲线为交线的任意两个曲面的方程联立，都是该曲线的方程。因此上述曲线若能表示成该平面和一个球面的交线，则它必是圆无疑了。但是单从方程的变形很难做到这一点，还必须从几何上分析。若已知交线为圆，则一定存在一个球面，它和已知平面的交线就是这个圆。于是本题需要找出一个平面和一个球面，使得该平面和椭圆抛物面的交线与该平面和这个球面的交线相同，如图 2 所示。但又如何才能使两个交线相同呢？如果过这两

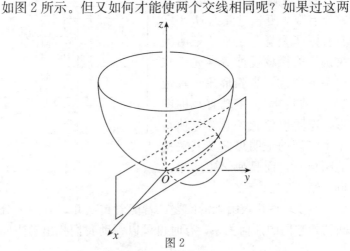

图 2

条交线分别向同一个坐标面所作的射影柱面相同，则用同一个平面去割它们所得的交线也就相同了。由此可以决定出所求的平面。具体解法如下：设所求过原点的平面为 $\alpha x+\beta y+\gamma z=0$，但该平面不能平行于 z 轴，否则它就要过 z 轴，而 z 轴是椭圆抛物面的对称轴，平面与曲面的交线就是开口的了，不可能是圆。因此上述平面方程中必有 $\gamma\neq0$，于是不妨设所求平面方程为 $z=mx+ny$ （2）。

设过原点的球面方程为 $x^2+y^2+z^2-2cx-2dy-2ez=0$（3）。（2）（3）的交线必为圆。于是本题转化为求 m，n 使（2）（1）的交线 Γ_1 和（2）（3）的交线 Γ_2 相同，即使得

$$\Gamma_1\begin{cases}z=mx+ny, & (2)\\[2mm]\dfrac{x^2}{a^2}+\dfrac{y^2}{b^2}=2z & (1)\end{cases}$$

与 $\Gamma_2\begin{cases}z=mx+ny, & (2)\\ x^2+y^2+z^2-2cx-2dy-2ez=0 & (3)\end{cases}$

表示同一条曲线。

分别从 Γ_1 及 Γ_2 的方程中消去 z，得到从 Γ_1 和 Γ_2 向 xy 面所作的射影柱面

$$\frac{x^2}{a^2}+\frac{y^2}{b^2}-2mx-2ny=0 \tag{5}$$

及

$$(m^2+1)x^2+(n^2+1)y^2+2mnxy-2(c+em)x-2(d+en)y=0 \tag{6}$$

（2），（5）的交线即为 Γ_1，（2），（6）的交线即为 Γ_2，要 Γ_1 与 Γ_2 相同只须（5）与（6）为同一柱面，由此得

$$\frac{\dfrac{1}{a^2}}{m^2+1}=\frac{\dfrac{1}{b^2}}{n^2+1}=\frac{0}{2mn}=\frac{-2m}{-2(c+em)}=\frac{-2n}{-2(d+en)}。$$

要上述等式成立，必须 $mn=0$，所以解得 $m=0$ 或 $n=0$。由 $m=0$ 得 $c=0$，$n=\pm\dfrac{1}{b}\sqrt{a^2-b^2}$；由 $n=0$ 得 $d=0$，$m^2=$

$\dfrac{b^2}{a^2}-1$，因为 $a>b>0$，所以 m 无实解。故所求平面为 $bz\pm$ $\sqrt{a^2-b^2}\,y=0$。

有人以为解解析几何题只需变成代数问题靠单纯的计算就行了，这其实是一种误解，殊不知几何直观能力在解析几何中也是至关重要的。在上述例子中，我们通过几何分析找出了解题方法。学生若掌握了这种解题的几何思想，今后讨论二次曲面的各种截口问题时自己就会去分析解决了。

一般地说，数学并不是每个中学生都喜爱的学科，但作为中学数学教师，对自己所教的这门学科，则应该是喜爱的。然而不幸的是，对于高师数学专业的学生，这些未来的中学数学教师，对数学也不是人人都喜爱。因此，高师数学教学的目标就应包括激发每个学生对数学的兴趣和对数学教学的兴趣。如果在我们的教学过程中，使学生感到数学是枯燥无味一大堆逻辑推理，从而只知形式地记忆而并不真懂，那他们必然会觉得数学难学难懂，学数学真是苦差事，毫无乐趣，甚至厌恶数学，这样的教学自然是失败的。如何才能使学生感到数学有趣呢？最起码的，学懂了才可能产生兴趣。在教学中着重几何直观分析，从直观形象出发，用粗线条描述数学理论和方法的"几何轮廓"，使学生掌握这些理论和方法的本质，不至于在繁难的学习面前却步，望而生畏，这样才能不断提高他们对数学的兴趣，并通过教师自己创造性地讲授数学——注重几何直观分析，使学生亲身感受到，要把数学教得有趣，确是一件不容易但具有诱惑力的工作，值得自己去探索。

3. 教学中注意培养学生的几何直观能力

希尔伯特曾经指出"了解一种理论的最好方法是找出

王敬庚数学教育文选

然后研究那种理论的原型的具体例子。"[5]因为只有把握了这个理论包括它的主要概念的本质特征，才能举出好的恰当的例子，所以对于一些抽象的理论和概念，要求学生举例是个好办法。通过举例不仅可以使学生领会抽象的概念和理论，而且也培养和锻炼了他们的几何直观能力。

对一些大的定理的证明，建议学生在听讲以后复习时，先不忙看书、一步步去推导，而是想一想证明的思路，即大步骤，待证明有了清晰的轮廓以后再补出推导的细节。并且在复习完以后，分析一下证明的关键是什么？这个证法的直观背景是什么？我经常要求学生学会"想数学"，有空时，不论是独自在校园内散步还是睡前躺在床上，都可以想一想刚学过的这个大定理，不用纸和笔，不作具体的计算和推导，只想大步骤，即证明的思路，描述解法的几何轮廓，这样的训练是非常有益的。法国拓扑学家沙利文曾经谈过类似的经验，他说："我当研究生时，试着读米尔诺的著作，我记得回去以后把它重新再想一遍，突然眼前展现一幅图景，他在全书中所要表达的实际上是一种几何图象。从此全书好像消失了，正是这一点使我把全书重新写出来，尽管以前它在我眼里完全是个复杂的庞然大物。全书的消失，第一次证明我能真正懂一点颇不平凡的数学。在此以前我从未真正觉得掌握了某些东西。我能用正反两种方式来做它，不过这是一种非常强烈的几何概念。这是一次非常生动的经验。"[4]

还有一种方法有助于培养学生的几何直观能力，那就是要求学生"说数学"。对一些重要的基本概念，要尽量用自己的语言，说出你对这个概念的理解。如果你只会形式地背定义，不会用自己的话说出来，说明你还没有搞懂。说数学就是说自己的理解，逼着你掌握它的思想而不至陷入具体的细节之中。学生来问问题，我也是让他们合上书把问题"说"清楚。正如美籍数学家李天岩先生所说:"谈数学是学习和研究数学的最好方法,对数学的最起码的了解是能够具体'谈'出来的。"

4. 关于几何直观的再说明

4.1 直观是相对于抽象而言的,是不是直观常因不同的水平而异。希尔伯特指出"直观是更直接地掌握研究对象,侧重它们之间关系的具体意义,也可以说是领会它们的生动的形象。"[3]但关系是否具体,形象是否生动,对于不同水平的人感觉不同。例如相对于二维和三维欧氏空间来说,n维欧氏空间是抽象的;但相对于更抽象的拓扑空间来说,n维欧氏空间又是具体的直观的了。又例如从欧氏平面拓广引进无穷远点和无穷远直线,这对于教射影几何的教师来说,与抽象的射影平面的定义相比,上述拓广平面是很直观的了;但对于从来就只接触过欧氏平面的学生来说,无穷远点和无穷远直线总觉得抽象不好理解。再例如拓扑学中的基本群,它是"以某一点为基点的闭道路的等价类的集合对道路类的乘法作成的群",在教师看来,这句话本身就很直观,而学生却感到非常抽象。因此,在教学中,教师要从学生的水平出发,用学生能接受的程度来进行直观分析。

4.2 法国数学家绍盖(G·Choquet)指出,对几何直观的理解不应仅仅包括欧氏几何中的图形,而且还包括"现实世界经过运用具体直观后的数学化。"[5]例如借助解析几何的方法,形数结合起来了,因此对于学过解析几何的人来说,二元一次方程就是直观的"直线"了。这就是说,不应把几何直观完全局限于几何图形。由于对几何直观的这种广义的理解,于是我们说,在任何水平的数学教学中,都应该可以使用几何直观。

4.3　本文的重点在于阐述几何直观在数学教学中的重要意义，但这丝毫也不意味着可以否定逻辑推理论证的重要作用。须知在数学中，单纯地依据直观而导致错误的例子真是数不胜数。概念或定理的几何直观解释，往往并不等同于原概念或定理。例如空间 X 中以 x_0 为起点 x_1 为终点的道路 σ，是一个连续映射 σ：$[0, 1] \to X$ 使 $\sigma(0) = x_0$，$\sigma(1) = x_1$，直观上可以把 σ 看成 X 中从 x_0 到 x_1 的一条曲线，但二者并不等同。运用几何直观可以帮助我们猜想，但猜想并不能代替证明，只有经过一步步严格的逻辑论证以后，才算给出了证明。

由于真理总是简单的和直观的，不管多么复杂高深的数学理论，总有其直观的背景；不管多么繁难深奥的定理，其证明总有一个简单而直观的中心思想，因此一个优秀的数学教师，就应该引导学生注重数学理论的直观背景和证明的中心思想，使学生真正懂得它。这样的教学，既能引起学生的兴趣，又培养了学生的创造能力。因此，运用几何直观，应该按层次恰当地贯穿在整个数学教学之中。

235

本文初稿蒙王梓坤教授和王家銮副教授审阅并提出修改意见，特此致谢。

参考文献

[1] 徐利治. 漫谈数学的学习和研究方法. 大连：大连理工大学出版社，1989.

[2] 波利亚. 数学的发现（Ⅰ）. 北京：科学出版社，1987.

[3] 希尔伯特，康福森著. 王联芳译. 直观几何. 北京：高等教育出版社，1959（上册），1964（下册）.

[4] 斯蒂恩主编. 今日数学. 上海：上海科学技术出版社，1982.

[5] 绍盖. 几何和直观在数学中的作用. 数学通报. 1982，（2）：21-23.

Abstract

This paper discusses the important meaning of applying geometrical intuition and fostering the students' ability of geometrical intuition in mathematical teaching of teacher's colleges.

236

王敬庚数学教育文选

■从解析几何的产生谈教改的一点想法 *

解析几何作为数学的一个分支，与微积分几乎同时在17世纪得到发展。这是因为当时生产的发展和科学技术的进步，迫切要求数量的计算。例如，要求计算开普勒发现的行星绕太阳运行的椭圆轨道，伽利略发现的抛射体运动的抛物线，以及要求计算各种物体的体积等等，所有这些，欧几里德的几何都难以解决。

另一方面，作为17世纪杰出的哲学家、数学家的笛卡儿，对于研究问题的一般方法特别重视，他曾经设想找出一个研究一切问题的方法。因此，他分析了当时数学的研究方法。欧几里德几何学形象直观，给人以深刻的印象，但是每个证明都要求是新的往往是奇巧的想法，而且过多地依赖于图形；然而代数具有一般性，可以将推理程序"机械化"，从而减少解题的工作量，但要受公式和法则的控制。因此，他寻求代数和几何的结合，把代数方法用于几何。他在1637年发表了长篇哲学著作：《更好地指导推理和寻求科学真理的方法论》，这个经典著作有三个著名的附录，其中之一叫做《几何》。该附录的开始部分，用代数方法解决几何中的作图问题，后来逐渐出现了用方程表示曲线的思想，从而创立了我们现在称之为解析几何的数学理论。

237

三、高等数学的教学内容和教学方法研究

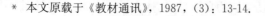

* 本文原载于《教材通讯》，1987，(3)：13-14.

从上述简单的分析中，我们可以得到如下启示。

一、解析几何的重要性首先在于它的方法

解析几何是形数结合的典型学科。通过坐标（或向量）建立几何图形的代数方程，并由所建立的代数方程研究几何图形的性质，以求解决几何的各种问题，这是解析几何的基本方法。至于用这个方法去研究哪些具体图形，解决哪些具体的几何问题，这并不是最主要的。正如苏联著名几何学家波格列诺夫所指出的："解析几何没有严格确定的内容，对它来说，决定性的因素，不是研究对象，而是方法"。我们在空间解析几何的教学中，要使学生掌握常见的空间图形如空间直线、平面、柱面、锥面、旋转曲面和二次曲面的方程及它们的基本性质，并为学习其他高等数学课程准备必要的基础，这些无疑都是很重要的。但我以为通过对这些几何图形的研究，在阐述基本知识的同时，应着重阐述解析几何中研究这类问题的一般方法，即对研究方法的讲解要给予充分的重视。现行解析几何教材（尤其是师范院校的课本）内容繁琐、庞杂，以至淹没了基本方法。从解析几何产生的历史分析中给我们的启示之一，就是在解析几何课程的教学中，我们应使学生不仅知道若干具体的结论，而且熟练地掌握研究的方法。

在这方面，我觉得北大吴光磊等编《解析几何》（修订本），复旦大学苏步青等编《空间解析几何》和苏联波格列诺夫编《解析几何》都具有内容简明且突出基本方法的优点。

二、既要注重几何直观，又力求与代数、分析相结合

解析几何教学中，要很重视几何直观能力的培养，这是培养学生数学能力的一个极其重要的方面，但这并不等

王敬庚数学教育文选

于说可以忽视与代数及分析的结合。因为解析几何本身就是笛卡儿对古希腊欧几里得几何的传统研究方法的突破，将几何和代数相结合的产物。拉格朗日曾经在他的《数学概要》中指出："只要代数同几何分道扬镳，它们的进展就缓慢，它们的应用就狭窄，但是当这两门科学结合成伴侣时，它们就互相吸收新鲜的活力，从那以后就以快速的步伐走向完善"。我国著名拓扑学家张素诚在和他的研究生的一次谈话中也说过，在数学中，有时灵感往往来自几何，但表述的简洁要靠代数，计算的精确要靠分析。这番话很形象地说明了数学是一个整体。我们认为在几何教学中，对来自别的分支的方法，凡是几何中用得着的，都可以拿来，似可不必过分追求几何自身的纯粹性以及体系的完整性，不必忌讳学科之间的"混淆"，而且这样做，也能消除把几何看成是一门孤立的和静止的学科的印象，把几何方法和基本内容作为现代数学的一个部分来阐述。例如，关于一般二次曲面方程的化简和分类，是代数中化二次型为标准形的一个具体实例。在代数课程中将要对二次型进行讨论，在解析几何课程中，似乎可以不必再花时间进行讨论了。

关于和代数与分析相结合的另一个含义，是为代数与分析服务。例如注意为代数概念（如向量空间、线性方程组……）提供几何背景；对于分析中很有用的空间区域的画图，则多加训练，务求掌握（而一般解析几何书中常常忽视这一内容）。

三、改革的一点设想

1982 年 9 月中国数学会理事会的沈阳会议要求综合大学精简原有解析几何的内容，把高等几何的内容加进去。我们认为这是解析几何课程改革的方向，完全适用于高等

师范院校。

　　首先，从课程的内容上看，精简是完全可能的。例如平面方程的各种形式，空间直线方程的各种形式，平面之间、直线之间、平面与直线之间的位置关系的讨论，就有繁琐和重复的现象，可以压缩。又如如果对于平面上的一般二次曲线已经作了详细的讨论，则对空间的一般二次曲面的讨论，也可以简略些。再从教学计划上看，以我校为例，1966 年以前，每周讲授 5 学时加 1 学时习作课开设的解析几何，其内容包括平面和空间两部分。而现在平面解析几何的绝大部分内容，除了一般二次曲线的讨论以外，都已下放到中学去了。大学基本上只讲空间部分，时间安排是每周讲授 4 学时加 1 学时习作课。因此可见，仅就空间部分而言，在内容上是比以前膨胀了，就从这一点看，进行精简也是完全有可能的。

　　其次，解析几何内容精简之后，可以考虑将高等几何中最基础的部分内容，如正交变换、仿射变换及射影几何初步，加到解析几何中来。其中射影几何初步是在欧氏几何的基础上讲述一维和二维的射影几何，包括欧氏平面的拓广、齐次坐标、对偶原理、交比、射影变换、二次曲线及配极理论等，并介绍克莱因关于变换群刻画几何学的观点，以及非欧几何学简介。就是说，将原有高等几何的内容也进行精简，合并到解析几何中来，高等几何不再单独设课。这样既讲授了高等几何的最基本的知识，又减少了课程门类。将原来开设高等几何的时间，用来开设微分几何，将微分几何列为必修课（现在不少高师院校中高等几何为必修课，而微分几何为选修课）。因为微分几何是当今几何学研究的主流方向，而且微分几何对实际应用也是非常重要的。对于一部分对几何分支感兴趣的学生，还可以再开设提高一步的射影几何和微分几何的选修课程。这样

240

王敬庚数学教育文选

的课程设置，既保证了全体学生在几何学方面的必要的基础——实际上射影几何和微分几何都学了，而对那部分选修了射影几何和微分几何提高课程的学生来说，几何学的水平也比原来明显地提高了。因此，这样安排，总起来看则是加强了几何。

我们以上述思想为指导，在 1985 年和 1986 年连续两年对一年级的解析几何课进行教改试验。虽然使用的教材不同，但两次试验结果证明，解析几何部分讲授 40 学时完全够了。每周可安排 4 学时讲授加 2 学时习作课。关于射影几何部分，两次试验证明，一年级学生是可以接受的。例如，我们在 85 级的期末考试题中，有一道证明题：

设 A，B，C 为不共线三定点，P 为过 C 的一条定直线上的动点，AP 与 BC 交于 X，BP 与 AC 交于 Y，求证 XY 通过直线 AB 上一个定点。

测验结果，学生的答案中，有应用笛沙格定理的；有建立射影坐标系，用解析法的；也有应用完全四点形的调和性质的；还有用中心投影把图形特殊化；以及应用射影对应的特殊情形透视对应的性质等五种不同的证法。这是出乎我们预料的，说明他们所学过的射影几何的主要的基本概念，差不多都用上了。

这两次试验，都是选用现成的教材，并不十分合用。我们准备根据试验的结果，吸收各教材的长处，精选内容，编出一本合乎我们前述想法的讲义，在 87 级再继续试验。我们的目标是：力争安排每周 4 学时讲授加 2 学时习作课，在一学期时间内，完成原有空间解析几何和原有射影几何（高等几何）两门课的基本的主要的内容。

以上想法仍有待进一步的试验和改进，愿和同行们交流，共同探讨。

■高等师范院校数学系解析几何课程改革[*]

空间解析几何、高等代数、数学分析是高等师范院校数学系开设的三门最基础的课程。

射影几何（也有称为《高等几何》的）的基本内容也是数学专业学生必须学习和掌握的，特别是在师范院校，射影几何对指导中学几何教学有着直接重要的意义，因此也应设为一门必修课程。

为了减少课时，精简课程门类，我们从 1985 年起，对空间解析几何内容作了适当的删减，把射影几何基本内容下放到空间解析几何课程中，使合并成一个课，称为《空间解析几何与射影几何初步》。

我们认为，这样改革，从整体上是丰富了解析几何课程内容，加强了用代数方法研究几何问题的基本方法，扩大了学生的视野，使之较早地认识了除欧氏空间以外的其它几何空间，这对今后数学专业其他课程的学习是有裨益的。

我们做如此改革的依据：

首先，空间解析几何内容需要而且可能作适当的精简。

1. 苏联著名几何学家波格列诺夫曾经指出，解析几何的重要性在于它的研究方法而不在于研究对象。这个方法

* 本文与傅若男合著，原载于《北京高校教材研究》，1990，（1）：9-12。

的实质就是通过坐标系将图形和方程联系起来，运用代数方法对方程进行研究，从而解决几何图形的性质、形状、大小和位置关系等有关问题。学生在中等学校已经系统地学习了平面解析几何，对解析几何的上述基本方法可以说已经初步了解和掌握了。现在的《空间解析几何》只不过是引进新的向量工具，并把研究对象从平面图形推广到空间图形。在平面解析几何中主要研究平面上直线和二次曲线——椭圆、双曲线、抛物线，以及平面曲线的参数方程等；而在空间解析几何里则主要研究平面、空间直线和二次曲面——椭球面、双曲面、抛物面及空间曲面和曲线的参数方程等，研究的基本方法则是相同的，因此讲解可以简略些，进度可以适当加快。

2. 为了突出解析几何的基本研究方法，研究对象可以选取最简单、最基本、最重要的几何图形，某些过于烦琐和庞杂的内容可以删去，因为枝节过多反而会冲淡和淹没了基本方法。

3. 用相同方法在同一水平上的重复讨论，可以删减。例如，平面与平面、直线与直线、平面与直线的相互位置关系，都可归结为二向量的位置关系，讨论时着重其不同点即可；又如，二次曲面由标准方程讨论图形性质和形状，只须对一两种曲面着重讲清需要讨论的内容与方法即可，而不必每种曲面逐一详细讨论等等。

4. 在对二次曲线一般理论已进行了详细讨论之后，对二次曲面一般理论的讨论就可以简略些，而且在高等代数课程中对此也有相应的讨论，且所用方法更好，因此这部分内容也可简略。

总之，空间解析几何内容适当精简是必要的，而且是可能的。

其次，下放射影几何的基本内容也是可能的和必要的。

1. 射影几何通常以解析法为主进行讲授，二维射影几何着重研究二次曲线，这些内容和解析几何都是一致的，而且从射影几何观点看，欧氏几何（解析几何）是射影几何的一个子几何，可以将其看做是它的特殊的一章。即是用射影观点研究图形的度量性质。这样解析几何（欧氏几何）和射影几何就可以有机地联系在一起。复旦大学苏步青等编著的《空间解析几何》一书中就包括了射影几何初步；苏联几何学家勃斯特尼科夫所编的莫斯科大学使用的几何学讲义第一卷《解析几何》中也包括了射影几何初步内容。

2. 1982 年中国数学会沈阳会议曾提出要求适当精简解析几何内容，加进射影几何内容。这是由于到会的数学家认为大学数学系的学生，学了几何课后还只了解欧氏空间，对其他几何空间一无所知，实为一大不足。因此建议在国内综合性大学加进射影几何内容（师范院校教学计划中原列有射影几何课程，但近些年来有些师范大学也不开设此课或将之列为选修课）。为此，国家教委曾于 1984 年底，委托厦门大学举办高等几何讲习班，由陈奕培教授主讲，为综合性大学培训射影几何课教师。

让数学系学生及早了解比欧氏空间更广泛的射影空间，扩大学生关于几何学的视野，对于进一步学习近代数学是极为有益的。

3. 现行射影几何课的内容主要是 19 世纪完成的，比较古典，这些基本内容对师范院校数学系的学生来说还是应该掌握的。不少兄弟院校都在考虑如何改革和更新该课程内容的问题，1988 年全国高等几何研讨会在昆明开会时，有的院校设想将射影几何内容分为两部分，一部分是基本内容，另一部分属于提高内容，采用近代方法处理。要实现这一设想，必须大量增加时间，或开设两个学期的课程。

而我们这一改革，将射影几何的基本内容下放到解析几何中，省出的时间可以学习提高部分内容，而不必再多占用时间，正好与上面设想配套。

4. 考虑到微分几何是当今几何学研究的主流方向的一门基础课，对于联系实际问题也很有用，学生必须学习，但在师范院校射影几何已是必修课，微分几何一般只能列为选修课，实为遗憾之事。我们这一改革将射影几何基本内容下放到解析几何中（当然这些内容就是必修的了），省出时间，开设微分几何，这样微分几何也能是必修课。对数学系全体学生来说，既学习了射影几何基本内容，又学习了微分几何，在几何方面的基础知识加强了，而且也为后面开设的进一步的几何选修课提供了基础，作了准备。

由此可以看出把在拓广欧氏平面基础上讲解的射影几何基本内容下放到解析几何中是可能的和必要的。

改革试验情况：

我们从 1985 级一年级第一学期开始试验，将原来每周讲授 4 学时，习作 1 学时的《空间解析几何》及每周讲授 4 学时的《射影几何》两门课合并成一门课《空间解析几何与射影几何初步》，每周讲授 4 学时，习作课 1 学时（从 1986 级起改为习作课 2 学时）。

在 1985、1986 两届试验的基础上，对原有教材进行了较大的修改，编写了《空间解析几何》与《射影几何》两本讲义，又经过 1987、1988 两届试用，解析几何讲义大体可以稳定下来，射影几何讲义仍在修改中。

空间解析几何内容共讲授 40 学时，习作课 20 学时，是可以完成任务的。在教学中突出了解析几何的基本方法的训练，对解析几何的重要概念，主要和基本内容都保留了，除了对一般二次曲面讨论较以前讲授得少一些以外，其它部分没有大量删减，同时，对一般二次曲线理论及空间区

三、高等数学的教学内容和教学方法研究

域作图部分，对指导中学平面解析几何教学及为其他数学专业课程所需的内容，比较以前在内容上和要求上都加强了。

就解析几何而言，从几次试验的情况看，效果是好的，至少可以说没有降低水平。

我们编写的射影几何讲义，保留了原来射影几何课的基本内容，即正交变换与仿射变换、射影平面与射影坐标系、一维、二维射影变换、二阶曲线的射影理论、仿射理论与度量理论，变换群与几何学、非欧几何简介等。

根据试验的情况，一年级学生对射影几何的上述基本内容是能够接受的，并无多大困难。例如，在 1985 级期末考试中有一道证明题："设 A，B，C 为不共线三定点，P 为过点 C 的一条定直线上的动点，AP 与 BC 相交于点 X，BP 与 AC 相交于点 Y，求证 XY 通过直线 AB 上一个定点"。学生答卷中有应用笛沙格定理证的，有建立合适的射影坐标系用解析法证的，也有应用中心投影把图形特殊化的，以及应用射影对应的特殊情况透视对应的性质的，还有应用完全四点形的调和和性质证的，共有五种不同的证法，这是出乎我们的预料的，说明学生掌握了射影几何的这些主要的基本概念并会具体运用。

从几次射影几何的考试情况看，试题与单独设课时的难度相当，成绩也相当。

存在问题与进一步设想：

由于每届一年级新生入学报到较迟，正式上课总要晚几周时间，而解析几何课正好安排在第一学年第一学期开设，因此总学时得不到保证。按我们的计划，解析几何部分共讲授 40 学时，讲授结束时要进行考试，总要再占用 2—4 学时来总结复习考试，这样射影几何讲授时数就无从保证了。从这几次试验情况看，解析几何讲授 40 学时，进

246

度也不算太快，剩下留给射影几何的时间就不多了，1985级为24学时，二次曲线的理论等内容没有讲；1986级为18学时，也只讲到射影变换，第二学期数学专业学生又继续讲授了26学时全部学完；1987级因为学军5周，射影几何只剩下10学时，第二学期补课24学时，全部学完。1988级是第一次完整试验，执行结果，解析几何实际占时11周，因晚上课一周半，加上国庆节、其他活动等占去两周，留给射影几何仅7周时间，我们把部分习作课时间用来讲授，共讲授32学时，除非欧几何简介一节内容未讲外，全部内容讲完，由于时间紧，进度较快，又全是新概念且较抽象，因此学生反映掌握理解得不够好。

1989级学生晚上课5周，我们将解析几何课分为两学期，上学期每周讲授3学时习作课1学时；下学期每周学时为3（讲授与习作统一使用），估计这样将学习时间拉开一些，学生有消化的余地，对射影几何部分的学习效果可能会好一些。

我们分析，问题出在射影几何内容太多，我们现在的做法是把两门课并成一门课，但基本内容并未删去很多，基本上仍旧是两门完整的独立的课，结果只能赶进度（因时间少了），影响效果。

下一步需要研究解决的问题是，第一步是把射影几何内容再加以精选，压缩在30学时以内或者更少一些，当然不能像上一次我们进行的那种赶进度的高速度的30学时，因此需要研究，究竟哪些内容是最基本的，最重要的必须讲的，这又涉及到这门课的设课目的等问题。第二步是设法将射影几何内容溶合到解析几何中，成为一个有机的整体，而不是现在的"拼盘式"，苏联勃斯特尼科夫的解析几何正是这样做的，而这方面的问题国内的几本包括射影几何内容的解析几何教材似乎尚未解决好。

■高师开设《直观拓扑》的尝试[*]

摘要：在高等师范院校数学专业开设选修课《直观拓扑》的基本思想是将拓扑学的思想和方法直观而通俗地介绍给中学教师（包括高师数学专业的学生），以期能在中学数学教学中渗透拓扑学的思想。

关键词：拓扑学；直观拓扑；课程改革

中图分类号：G642.3　　文献标识码：A　　文章编号：1004-9894（2001）01-0101-02

248

王敬庚数学教育文选

拓扑学是几何学的年轻分支之一，作为近代数学的基础理论学科，拓扑学的理论和方法已经渗透到数学的许多分支以及物理学、化学和生物学之中，而且在工程技术和经济领域中也有广泛应用。将拓扑学的基本思想和方法直观而通俗地介绍给中学数学教师并在中学数学教学中渗透拓扑学的思想，是十分必要的。

从80年代起，我系就有教师尝试开设《直观拓扑选讲》（选修课）。后来我接手这门课，从有关教材和科普著作中，搜集那些题材有趣，讲法直观通俗，又能反映拓扑学的基本思想和方法的内容，编成《直观拓扑选讲》课程的讲义。这本讲义的内容包括：什么是拓扑学；多面体的欧拉公式；七桥问题和地图着色问题；几个拓扑定理（约当曲线定理，布劳威尔不动点定理，代数基本定理）；曲面；基本群和同调群的直观描述；初等突变论简介。

---

* 本文原载于《数学教育学报》，2001，10（1）：101-102.

上述所选内容说明，本课程不去讨论各式各样抽象的拓扑空间以及它们的性质，而是用拓扑的方法对欧氏空间中的几何图形的性质进行讨论。有些内容如曲面和基本群及同调群通常是代数拓扑讨论的内容，初等突变论则是微分拓扑的应用。当然这里的讲法是尽可能直观通俗，不追求理论上的严格，目的是为了让学生了解拓扑学的基本思想和方法，扩大眼界。

例如在本课中，不出现抽象的拓扑空间，只在欧氏空间中进行讨论，也不给出拓扑变换的抽象的严格定义，而是给出它的直观描述——橡皮变形：把弹性极好的橡皮薄膜，任意拉伸、扭转、弯曲，只要不使粘连，也不使破裂。甚至还允许：先沿其上一条曲线把薄膜剪开，分别进行上述变形，然后再沿剪开的曲线，把原来一分二的地方重新缝合在一起。我们把这种橡皮变形称为拓扑变换。图形在橡皮变形下不变的性质，称为图形的拓扑性质。研究图形的拓扑性质的数学分支就是拓扑学，它也是几何学的一种，外号叫"橡皮几何学"或"橡皮膜上的几何学"。能互相橡皮变形的两个图形称为同胚的，拓扑性质是同胚的图形所共有的性质。研究哪些图形是同胚的，哪些图形是不同胚的，这是拓扑学的中心内容之一。又如，本课中研究曲面的拓扑性质，并按拓扑性质将闭曲面进行拓扑分类，也是尽量采用直观的方法，用多边形表示曲面进行研究，而不追求抽象的严格证明。

开设《直观拓扑》选修课，是高师院校，数学专业面向中学数学教育进行课程改革的一个新的尝试。我系除了在本系开设这门选修课之外，从 90 年代中期开始，在在职中学教师专升本的函授班中也开设《直观拓扑》选修课。

在职中学教师在专升本函授班上学习了《直观拓扑》课程以后普遍反映很有收获，归纳起来大体有以下几个方面。

三、高等数学的教学内容和教学方法研究

（1）初步了解了拓扑学的基本思想和方法，拓宽了关于几何学的视野，增长了见识，丰富了对空间图形的想象力。

（2）提高了对数学的认识，原来抽象的数学还有生动直观有趣的一面。因此提高了对学习数学的兴趣，增强了求知欲。

（3）认识到通俗直观对理解数学概念会起到很好的辅助作用，使学生易于并乐于接受，这对从事中学数学教学有较大的启发和示范作用，不少学员说学了这门课以后自己的教学方法有了明显的改进，思想更灵活，更放开了。

（4）不少学员在学完直观拓扑后的第一个学期中，将所学内容中中学生能接受的部分，如七桥问题，多面体的欧拉公式，五种正多面体，哈密尔顿漫游，默比乌斯带，克莱因瓶等，向自己所教班级的学生作了介绍，引起学生的极大兴趣。他们认为直观拓扑的部分内容是中学开展第二课堂和课外兴趣小组的极好材料，有的学员还呼吁尽快出版面向中学生的普及拓扑知识的课外读物。有的学员建议把《直观拓扑》列为中学数学教师继续教育的必修科目。

姜伯驹院士（现任北京大学数学科学学院院长）看了笔者的讲义以后，在 1992 年 8 月给笔者的信中说他与尤承业同志（北大拓扑学教师）进行了讨论，"觉得这本教材对培养中学教师非常好，希望能正式出版。"我校出版社于1995 年出版了这本教材，书名叫《直观拓扑》。姜先生为本书撰写了序言，姜先生在序言中写道："目前师范院校的许多教材脱胎于综合大学的为研习现代数学打基础的课程，有些学校的拓扑课偏重于讨论拓扑空间与连续性等抽象概念，未能很好地反映拓扑学的主要精神。拓扑学之所以富有活力，对整个数学发生重大影响，首先是因为它带来了新鲜的几何思想，开辟了几何学的新天地。怎样用不太多

王敬庚数学教育文选

的时间，通过具体的题材，深入浅出地使学生领略拓扑学的特色和威力，这是师范院校课程建设中引人注目的问题。这也是数学普及工作的重要问题，因几何学和拓扑学的普及是薄弱环节，而中学教师又是普及工作的主力军。""北京师范大学为此进行了多年的探索和试验，……，这本《直观拓扑》就是其结晶。浅的书要写得好是很不容易的。题材要引人入胜；讲法要直观易懂；内容又要经得起推敲，不能以谬传谬。这本书兼顾了这几方面的要求，是难能可贵的。我希望师范院校能推广这样的课程，并且也向广大数学爱好者推荐这本书。"

作为培养未来中学教师的高师院校，从培养目标出发，开设的课程要有利于学生将来从事的中学数学教学工作。就拓扑学课程来说，除了要使学生对其基本理论有初步的了解以外，还要使他们领会用拓扑学的方法研究几何图形性质所具有的特色和威力，开拓他们关于几何学的视野，提高他们对空间图形的想象力，从而加深他们对数学的认识，同时也为他们将来向中学生普及拓扑学知识做准备。

中学教师函授班开设《直观拓扑》收到的实效，说明学习直观拓扑对培养中学数学教师，指导他们更好地从事教学工作，具有实际意义。

80年代苏步青先生在上海为中学教师举办讲座，讲的就是《拓扑初步》，内容涉及笛卡儿和欧拉对多面体的研究、七桥问题、哈密尔顿周游世界问题、地图绘色问题等，其叙述形式上不拘一格，而且用语力求通俗，不求严格，类似趣味数学，但也不完全如此。数学大师希尔伯特的《直观几何》对几何学（包括拓扑学）的直观描述讲解，深入浅出，精彩无比，阅读它简直是一种享受。60年代初，江泽涵先生和姜伯驹先生为数学小丛书撰写的《多面形的欧拉定理和闭曲面的拓扑分类》及《一笔画及邮递路线问题》，热心地向中学生及数学爱好者普及拓扑知识，直到今天仍然是难得的科普好书。

我们愿与同行们共同研究，以期能有更多的学校一起来进行这一尝试，把高师院校的拓扑学课程建设向前推进一步。

Attempt to Offer a Course of Intuitional Topology
in Normal College and University

Abstract：The paper introduced the attempt to offer a course of Intuitional Topology in normal colleges and universities.

Key words：topology；intuitional topology；course reform

252

王敬庚数学教育文选

四、数学科普

■一般寓于特殊之中 [*]

　　某同学证明"三角形的三条中线交于一点"时，画一个正三角形，应用对称性，证明非常简单。然而，他没有说明这个结论为什么对任意三角形也成立，因而这个证明是不完全的。但是，这位同学的上述想法，却反映了人们的普遍心理，即希望通过对特殊情形的研究（通常比较简单），能得到关于一般情形的结论。这里成败的关键是什么呢？

　　在数学上，把一般问题转化为特殊问题常用的方法之一是进行某种"变换"。平面到平面的平行投影，就是几何中变换的一例。这种变换可以想象为用一束平行光线，将一个平面上的图形，投射到另一个平面上。这样得到的新图形称为原来图形的象图形。例如，用平行投影可以把任意三角形、平行四边形和椭圆投射成正三角形、矩形和圆。我们希望从象图形（特殊图形）的性质得到原来图形（一般图形）的性质，关键是要弄清楚象图形的哪些性质是原来图形也具有的。我们知道在平行投影下，点变成点，直线变成直线，点在线上或线通过点这个关系不变，平行线变成平行线，一点分线段成两线段的比不变，等等。若原来图形的某种性质是在平行投影下不改变的（称为不变性），那么该性质必定也为它的象图形所具有。这样，当我们要证明一个关于任意三角形（平行四边形或椭圆）的性

253

四、数学科普

---

[*] 本文原载于《中学生数学》，1988，(3)：29-30.

质的命题时，只要所论及的是平行投影下的不变性，那我们就可以通过平行投影将该命题转化为一个关于正三角形（矩形或圆）的相应的命题来解决，而后者的证明要简单得多。本文开头的例子中，只须再指出三角形三中线交于一点是平行投影下的不变性，那种证明方法就全对了。

再举一个例子。如图 1，已知 $\triangle ABC$ 三边 AB，BC 及 CA 上各一点 L，M，N，每一点分所在边成两线段的比值相等，即

$$\frac{AL}{LB} = \frac{BM}{MC} = \frac{CN}{NA}。$$

求证 $\triangle ABC$ 和 $\triangle LMN$ 有相同的重心。

因为一点分线段成两线段的比及三角形的重心都是平行投影下的不变性质，所以可先通过适当的平行投影，将任意三角形变成正三角形，然后只要对正三角形 ABC 证明上述命题就行了。如图 2，因为正三角形的重心与内心、外心都重合，故易得 $\triangle LMN$ 亦为正三角形，且由 $GA = GB = GC$，可得 $GL = GM = GN$，即 $\triangle ABC$ 与 $\triangle LMN$ 的外心重合，即重心重合（证明细节请读者补出）。建议读者不妨再试一试直接对任意三角形证明这个命题，通过比较可以看出上述"通过平行投影将图形特殊化"的证明方法的优越性。

王敬庚数学教育文选

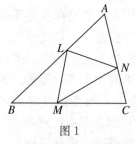

图 1

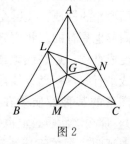

图 2

为了进一步领会这个方法，有兴趣的读者最好自己动手再举出几个能应用这种方法证明的例子来。

如果把平行投影中的平行光线换成从一点发出的光线，

就得到从平面到平面的中心投影。这是几何中又一个变换的例子。用中心投影可以把椭圆、双曲线和抛物线分别投射成圆（这个过程可以想象为用不同位置的平面去割直圆锥面，分别截得椭圆、双曲线和抛物线。因而这三种曲线统称为圆锥割线）。当我们研究圆锥割线的性质时，若论及的只是在中心投影下不变的性质，例如三点共线和三线共点就是这种性质，那么只要对圆研究就行了。17世纪法国年轻的数学家帕斯卡（Pascal，1623—1662），16岁时用这种方法通过对圆的研究，得到了关于圆锥割线的性质的著名的帕斯卡定理——任一圆锥割线，不论是椭圆、双曲线还是抛物线，它的任一内接六边形的三对对边的交点必共线（如图3）。他先证明了这个性质对圆成立，而三点共线在中心投影下是不变的，所以经过中心投影，圆变成了任意圆锥割线，这个性质仍成立。

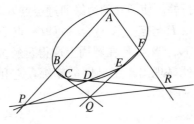

图3

当然，如果特殊图形（某个变换下的象图形）所具有的某个性质，不是该变换下的不变性，那么我们就不能断言它也为一般图形（原来图形）所具有。否则就犯了"以特殊代替一般"的错误。我们说一般寓于特殊之中，就是要在特殊事物所具有的性质中找出那些也为一般事物所具有的性质。这在数学上就表现为，凡给出一个变换，跟着就要找出这种变换下的不变性，这种不变性就是寓于特殊性之中的一般性。

■用纸折椭圆、双曲线和抛物线 [*]

我们将一张纸片折叠一次，纸片上就会留下一条折痕，所得折痕是一条直线。如果在纸上折出很多很多折痕直线以后，纸上能显现出一条曲线的轮廓，使得该曲线和每一条折痕直线都相切，我们就说是"折出了"这条曲线。我们把一条曲线的所有切线组成的集合，叫做该曲线的切线族。因此，我们所说的"折出一条曲线"实际上就是指折出该曲线的切线族。

我们先来折椭圆。

取一个圆纸片，圆心为 O。在圆内取定一点 A。将圆片的边缘向圆内折叠，使圆片的边缘通过定点 A，或者说使圆片边缘上的一点 P 与定点 A 重合。每取一点 P 折一次就得一折痕（如图1）。当点 P 在圆周上取得足够多且密时，所得的众多折痕就显现出一个椭圆的轮廓，它和所有的折痕直线都相切（见图2）。

王敬庚数学教育文选

256

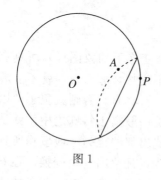

图1

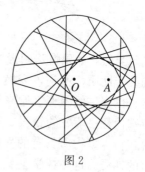

图2

* 本文原载于《中学生数学》，2000，（4上）：18.

这个椭圆以圆心 O 和定点 A 为它的两个焦点，已知圆的半径是它的长轴长。现在我们来证明，用上述方法折得的所有折痕，恰好组成该椭圆的切线族。

我们知道椭圆的焦点和切线有如下性质。

椭圆的焦点切线性质（图 3）：椭圆上任一点和两个焦点所连线段与椭圆在该点的切线构成相等的角；反之，若过椭圆上一点的直线使两个焦点在它的同侧，且它与该点和两个焦点所连线段构成相等的角，则该直线必为椭圆的切线。

先证依上法折出的每一条折痕都与上述椭圆相切。如图 4，设将圆周上一点 P 折到圆 O 内定点 A 所得折痕为 RS。于是 RS 垂直平分线段 AP。连 OP 交折痕 RS 于 N。连 AN，则 $AN=PN$，于是 $ON+AN=OP$，即知点 N 在以 O，A 为焦点，长轴长为 OP 的椭圆上。又由 $\angle RNO=\angle SNP=\angle SNA$，根据椭圆的焦点切线性质，即得折痕 RS 是上述椭圆（在点 N 处）的切线。

再证上述椭圆的每一条切线都可用上法折出。如图 4，设 RS 是椭圆在点 N 处的切线，连 ON，AN。则由椭圆的焦点切线性质得 $\angle RNO=\angle SNA$。延长 ON，与圆 O 交于 P，于是 $\angle PNS=\angle ANS$。再由 $NO+NA=OP$ 得 $NP=NA$。连 PA 交 RS 于 M，于是 $\triangle PNM\cong\triangle ANM$，得 MN 垂直平分线段 PA，即 RS 垂直平分线段 PA，即 RS 是把圆周上的点 P 折到圆内定点 A 所得的折痕。

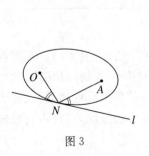

图 3

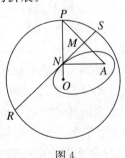

图 4

把上述两方面合起来，我们就证明了折痕的集合恰是上述椭圆的切线的集合，也就是所有的折痕组成了椭圆的切线族，即我们折出了上述椭圆。

用类似的方法可以折出双曲线和抛物线。

在纸上画一个圆（圆心为 O），在圆外取一定点 A，把点 A 分别折到圆周的不同点上，每折一次即在纸上得一折痕。当折叠的次数足够多，折痕足够密时，纸上就显现出一个双曲线的轮廓（见图 5）。该双曲线以圆心 O 和定点 A 为其焦点，其实轴长为已知圆 O 的半径。该双曲线与每一条折痕都相切，所有的折痕直线组成了双曲线的切线族。

取一矩形纸片，一个长边的中点为 F，对边为 a。将点 F 分别折到对边 a 的不同点上，每折一次就得到一条折痕，当折的次数足够多，折痕足够密时，纸上就显现出一条抛物线的轮廓（见图 6）。该抛物线以定点 F 为其焦点，定直线 a 为其准线。它与每一条折痕都相切，所有的折痕直线组成该抛物线的切线族。

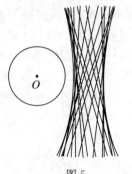

图 5

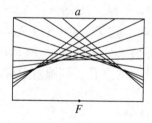

图 6

上述两个折法的证明与折椭圆的证明类似，有兴趣的读者，不妨自己试一试（证明时需注意到，和椭圆的情形类似，双曲线和抛物线也有相应的焦点切线性质）。读者也可以在作者的小册子《解析几何方法漫谈》（河南科技出版社 1997 年出版）中找到所要的证明。

■奇妙的默比乌斯带 *

　　将一个长方形纸条 ABCD（图 1）的一端绕横轴扭转半圈（即 180°）（图 2），然后再将两端 AB 和 CD 粘在一起（图 3）得一个默比乌斯带（图 4）。

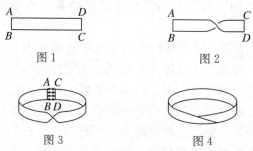

图 1　　　　　　　　　　图 2

图 3　　　　　　　　　　图 4

　　默比乌斯带是德国数学家默比乌斯（Möbius，1790～1868）于 1858 年发现的，它的奇妙之处在于它是一个单侧曲面。如果用一支蘸了红颜色的笔给默比乌斯带着色，色笔沿着带子的一个面涂色，色笔不需越过带子的边缘，就能将整个带子里里外外全都涂成红色，也就是说，默比乌斯带实际上只有一个面。给圆柱面着色时，若色笔不越过圆柱面的边缘，则永远只能在它的一个面上涂色，另一个面永远也涂不上色，可见圆柱面有两个面。我们说圆柱面是一个双侧曲面，而说默比乌斯带是一个单侧曲面。

　　人们利用默比乌斯带是单侧曲面这一特性，开发出很多实际应用。例如，工厂中把连接两个轮子之间的传送带

---

* 本文原载于《中学生数学》，2000，(11 上)：21.

做成默比乌斯带的形状，则可以使整个带子的"两面"均匀磨损。又例如，把录音带做成默比乌斯带的形状，则既可以两面录音（放音），又可免去倒带的麻烦，等等。

我们知道圆柱面的边缘是它两端的两个圆周，那么，默比乌斯带的边缘如何呢？也是两条曲线吗？我们在默比乌斯带的边缘上取一点标以 A，然后用手从点 A 出发沿着带子的边缘往前移动，当移过带子的全部边缘以后，又回到了点 A。这说明默比乌斯带只有一个边缘，该边缘是一条封闭的空间曲线。我们说默比乌斯带是一个单边的单侧曲面。

我们知道，沿着圆柱面的平行于边缘的中心线把圆柱面剪开，可得两个宽度为原来圆柱面宽度的一半，而长度不变的两个圆柱面。现在问：沿着默比乌斯带的平行于边缘的中心线将默比乌斯带剪开，会得到什么图形呢？也将默比乌斯带一分为二吗？结果出乎意料，得到的不是两个而是一个更大的纸带环儿，其宽度是原来的一半，而长度是原来的两倍，但它不再是一个默比乌斯带，而是一个扭转了两圈的纸带环儿，形状如图 5 所示。

王敬庚数学教育文选

图 5

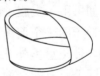

图 6

我们来考察"双层"默比乌斯带。将两张大小相同的矩形纸条重叠在一起，将它们的一端一起扭转 180°，然后将两端依次粘在一起，想象可以得到两个紧贴在一起的默比乌斯带，或者说一个"双层"的默比乌斯带（图 6）。我们的想象对吗？用一支铅笔插在两层带子中间，沿着带子移动铅笔会发生什么情形呢？铅笔移动一周后仍然回到原来的地方（铅笔的方向颠倒了）。难道真的是两个紧贴在一起的默比乌斯带吗？让我们把这个"双层"的带子打开看一看，结果发现它并不是两个默比乌斯带，而是一个长的纸带环儿，形状如图5，即和上述沿中心线剪开默比乌斯带所得到的图形是一样的，也是一个扭转了两圈的纸带环儿。真是使人惊奇！

现在再来看，在带宽的三分之一处沿着平行于默比乌斯带的边缘的一条曲线，将默比乌斯带剪开。会得到什么图形呢？我们发现剪开后得到宽度为原来带宽的三分之一、长度与原带长相同的一条默比乌斯带和一个宽度为原来的三分之一、长度为原来的两倍、扭转了两圈的形状如图5的纸带环儿。

我们将三张大小相同的矩形纸条重叠在一起，将它们的一端一起扭转180°，然后将两端依次粘在一起，想象得到紧贴在一起的三个默比乌斯带，或者说一个"三层"的默比乌斯带。果真是这样吗？打开看一看到底是什么图形？结果发现原来它和上述在带宽三分之一处平行于边缘剪开默比乌斯带所得的结果相同：一个默比乌斯带和一个扭转了两圈的长纸带环儿。

四、数学科普

■从一个线绳魔术谈纽结[*]

魔术师双手拿着一根线绳，先打一个结，不拉紧，接着再打一个结，也不拉紧。魔术师担心这个结不够结实就来加固它，将绳头在第一个结穿一下，又在第二个结穿一下，魔术师向观众示意现在这个结总算结实了，但他两手一拉绳，绳上的结竟然全部消失了，神奇无比。

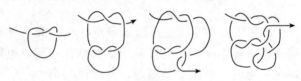

线绳魔术

如果把魔术中的线绳的两端捻在一起，将得到一个绳圈。上面这个小魔术说明，表面上看起来令人眼花缭乱的这个线绳，原来却可变成一个再简单不过的没有打结的圆圈。这个复杂的绳圈是怎样变成圆圈的？而比它简单得多的结如右手三叶结和左手三叶结却不能变成圆圈，且不能互变。这些问题都属于绳圈在连续变形下不变的性质，本文对此将作简单的介绍。

右手三叶结（左）和左手三叶结

王敬庚数学教育文选

---

* 本文原载于《科学》，2002，54（5）：50-51.

纽结和链环

自古以来，绳子打结用途极广，不仅水手和搬运工人会打得一手好结，人们的日常生活也离不开各种结。绳结可以构成很多优美的图案，从古老吉祥的中国结到时代感极强的北京申奥的五环标志，无不使人赏心悦目。

数学家直到 19 世纪才开始从数学上研究绳结。他们只关心绳结的几何形状，而且规定打完结的绳子的两端要捻在一起成为绳圈，否则结总可以解开。在数学上，把三维空间中的简单闭曲线叫做纽结，简单曲线就是曲线不自己相交，闭曲线就是把曲线段的两个端点连在一起形成圈。绳圈就是纽结的模型，没有打结的圆圈也是一个纽结，称为平凡结。最简单的打结曲线是右手三叶结和左手三叶结。方结结实牢靠，不易散开，受到水手们的喜爱，称它海员结（医生称它外科结）。而另一种与海员结近似的结却容易松散，称为易散结，水手们都蔑称它为"婆婆结"，难怪海员用的书上在这个结旁边要画一个醒目的骷髅！

海员结（左）和婆婆结

纽结和纽结之间也可以互相钩连套扣，组成链环。由有限个互不相交的纽结构成的空间图形称为链环。组成链环的每一个纽结，称为该链环的一个分支。纽结是只有一个分支的链环，常见的奥运会旗上的五环标志是有五个分支的链环。放在同一平面上的若干互不相交的圆圈组成的链环称为平凡链。

霍普夫（Hopf）链 所有带有两个连在一起的环的图形中最简单的一个。

 怀特海德（Whitehead）链 两个环并没有被连接起来，但它们分不开。

 鲍罗曼（Borromean）环 所有三个环都连在一起，但只要切断任意一个环，就会解开其余两个环。

纽结和链环，作为绳圈可以在空间中自由地连续变形，但不许剪断，也不许粘合。如果一个纽结（或链环）能经过这种移位变形变成另一个，就说这两个纽结（或链环）是等价的、同痕的，或者干脆说成是相同的。

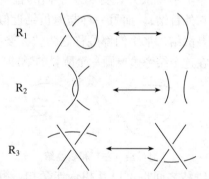

纽结投影图上的初等变换 R_1，消除或添加一个卷；R_2，消除或添加一个叠置的两边形；R_3，三角形变换。上述三种初等变换都只是在投影图上画出的局部进行的，其余部分不动。

纽结理论的基本问题是，任给一个纽结或链环，怎样判断它们是不是平凡的；任给两个纽结或链环，怎样识别它们是不是同痕的。就是说，寻找区分纽结的数学方法是纽结理论的主要课题。

判断两个纽结相同

如何在平面上画出空间纽结的图形，使得各线交叉穿越的情况一目了然？可以选择一个合适的投影方向，把空间中的这个简单封闭曲线投影到平面上。所得投影可以自己相交，不妨假定投影只有有限多个二重交点（即没有任何三节线段交于一点），且在每个二重点处，把从下面穿过的线段断开，这样得到的直观图样，称为该纽结的正规投影图，简称投影图。上文介绍各个纽结和链环时，用的就是其投影图。

由于纽结和链环由其投影图完全确定，因此可以通过投影图来研究它们。而且，投影图所在平面（可以看成是橡皮膜）做平面连续变形引起的投影图的变形，不会改变它们所表示的纽结。

四、数学科普

在 1920 年代，德国数学家瑞德迈斯特（K. W. F. Reidemeister）引入了作用在纽结投影图上的三种初等变换，它们都可以通过绳子的移动来实现。瑞德迈斯特断言，如果空间中的一个纽结（或链环）可以经过绳圈的移位变形变成另一个，那么第一个纽结的投影图一定可以通过一连串初等变换及平面变形变成第二个纽结的投影图，此时，就可以说这两个投影图是等价或同痕的。反之，通过判断投影图的同痕能够判断纽结（链环）的同痕，即两个纽结（链环）是同痕的，当且仅当通过初等变换及平面变形可使它们的投影图变得相同。

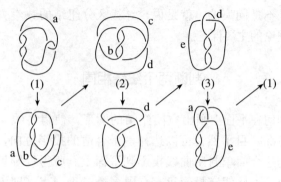

三个同痕纽结及其证明过程

现在来看本文开头的那个小魔术。魔术师做出的那个纽结，它的投影图很容易地就可变成一个圆圈。

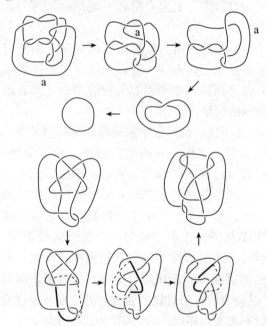

王敬庚数学教育文选

上方的这两个纽结，人们原以为它们是不同的，并已将它们列入 1899 年出版的纽结表中，75 年以后，才发现原来它们是同痕的。（图中列出了变形的详细过程，每一步变形是把粗实线移到粗虚线的位置。）

1985 年已经知道下图中的这两个纽结是同痕的。你想动手画一画给出证明吗？

四、数学科普

■漫话纽结、链环及其数学 *

尽管纽结很早就被注意——或应用于生活，或作为游戏，但只是到了晚近人们才认识到它对于数学（特别是拓扑学）乃至理论物理学、分子生物学的重要意义。

镜 像 问 题

数学家在研究一种对象时，首先想到的是分类，即找到本质上相同的对象，把它们归为一类；本质上不同的归到其他类别。对于"同类"的纽结，即可以互变的纽结，称其为"同痕"。

自然，首先想到研究一个纽结和它的镜像是否属于"同类"的问题——镜像问题，它是纽结理论中的一个重要问题。我们知道，纽结完全等价于它在平面上的投影图。设想把镜子放在画投影图的纸面，纽结（或链环）L 在镜子中的像记为 L^*。不必借助镜子，L^* 的投影图也可动手画出，这只须把 L 的投影图上的每个交叉点处的上线改作下线，下线改作上线，其他不动，就得到 L^* 的投影图了。例如，由右手三叶结和怀特黑德（Whitehead）链立刻可得它们的镜像左手三叶结和反怀特黑德链。

右手三叶结　　左手三叶结　　怀特黑德链　　反怀特黑德链

* 本文原载于《科学》，2002，54（6）：52-55.

如果纽结（或链环）L 不与它的镜像 L^* 同痕，就说 L 是有手征的。如果 L 与 L^* 同痕，就说 L 是无手征的。镜像问题是问任给一个纽结或链环，怎样判断它是否有手征。例如可以证明 8 字结和它的镜像同痕，是无手征的。

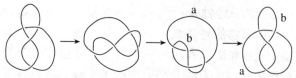

通过移动线绳说明 8 字结无手征性

几个最简单的同痕不变量

数学家们显然不满意通过移动线绳"看出"8 字结无手征的方法，因为要判断两个（特别是比较复杂的）纽结是否同痕，当试了很多次也未找到如何移动线绳把一个变成另一个的方法时，你能断言它们不同痕吗？现在没有找到，也许将来或别人能找到呢？只有保证不可能找到时，才能断言它们不同痕。可见，试探法只能证明同痕，证明不同痕则需要另一种思路——不变量法。

不变量之所以受到数学家的青睐，因为它们往往提供了某种"本质"的信号。纽结或链环在变形时不改变的性质称为纽结或链环的不变量。具体说，纽结的投影在初等变换 R_1，R_2，R_3（见《科学》54 卷 5 期 51 页或本书 264 页）下保持不变的性质，称为投影图的同痕不变量。既然同痕的纽结的投影图可以经过一连串的初等变换互相变来变去，那么它们就应该有相同的同痕不变量。这样，如果两个纽结有某个不变量不同，那么就可断言它们一定不同痕。于是找出既便于计算又有很强的鉴别力的同痕不变量，就成了纽结理论的一个主要课题。

现在来看几个最简单的同痕不变量。

显然，链环的分支数，即组成链环的圈儿的个数是链环的一个同痕不变量。因此，分支数不同的链环一定不同痕。特别地，任意一个分支数大于1的链环与任意一个纽结（它的分支数为1）不同痕。

　　投影图的三色性是一个同痕不变量。一个投影图称为三色的，如果它的每条线可以涂成红、黄、蓝（此处分别用实线、疏点和密点表示）三色之一，使得在每个交叉点处的三条线（一条上线及两边的两条下线）颜色各异或者相同，且规定不允许所有的线都涂成一色，但允许三种颜色不用全。

　　可以用三色性来证明右手三叶结不是平凡结，即右手三叶结和单个圆周不同痕。实际上，右手三叶结是三色的，而单个圆周不是三色的。因此凡具有三色性的纽结都不是平凡的，例如方结和易散结都不是平凡的。但是要注意，并不能说凡是不具有三色性的纽结都是平凡的，例如8字结不具有三色性，但它并不是平凡的（这要靠别的不变量来鉴别，见下一节）。

右手三色结　　　　方结　　　　易散结

三个具有三色性的非平凡纽结

　　若一个至少有两个分支的链环能经过变形分离成两部分，这个不连通的投影图，可以只涂两种颜色，符合三色性要求，因此，一个至少含两个分支的链环若不具有三色性。就可断言这个链环一定是扣连在一起不能分离的。这是三色性的又一个用途。例如鲍罗曼（Borromean）环不具有三色性，因此它确是扣在一起不能分离的。

有向链环的环绕数也是一个同痕不变量。在链环的每一个圈上指定一个前进的方向，在投影图上用箭头标出，就说取定了链环的一个走向。m 个分支的链环可以取 2^m 种不同的走向。我们把取定了走向的链环称为有向链环，未指定走向的链环称为无向链环，它们的投影图分别称为有向投影图和无向投影图。两个有向链环同痕不仅要求这两个链环同痕，而且要求它们的走向一致。投影图的初等变换 R_1、R_2 和 R_3 对有向投影图也有意义，只须在定义它们的图上添上箭头就可以了。对于有向投影图，可以同样定义同痕和同痕不变量。

如果把一个有向链环 L 的所有分支上的箭头全部反转，所得有向链环称为原来有向链环的逆，记为 L^{-1}。一个链环如果取定一个走向后与它的逆同痕，就说这个链环是可逆的，否则说它是不可逆的。许多简单的纽结，例如右手三叶结和 8 字结都是可逆的。直到 1964 年，数学家才得到不可逆纽结的第一个例子。判断一个纽结是否可逆往往比判断是否有手征更困难，因为至今还没有找到可以鉴别它们的有效的不变量。

在有向投影图中，可以规定每个交叉点 ρ 的正负号。从上线的箭头旋转到下线的箭头经过的最小转角，若是逆时针方向的，称为正交叉点，取 $+1$；若是顺时针方向的，称为负交叉点，取 -1。

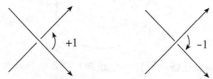

在有向投影图中规定每个交叉点 ρ 的正负号

设 K_1 和 K_2 是有向链环的两个分支，定义 K_1 与 K_2 的环绕数 $lk(K_1，K_2)$ 为圈 K_1 与圈 K_2 交叉点的正负号总和的一半。注意这里的交叉点既不包括 K_1 和 K_2 各自的自我交叉点，也不包括 K_1，K_2 与其他分支的交叉点，环绕数 $lk(K_1，K_2)$ 是同痕不变量，可用它衡量两个有向封闭曲线 K_1 和 K_2 互相环绕的程度。

例如，最简单的圈套（即一个封闭圆圈套住另一个封闭圆圈）显然有两种走向，它们不同痕。因为平凡的双分支链环是两个分离的圆周，无论怎样取定走向，两个分支间的环绕数都是 0，而上述最简单圈套的环绕数都不是 0，这就证明了它们不是平凡链。注意：不能由一个链环的环绕数是 0 就断定它是平凡链。

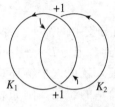 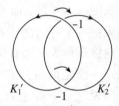

$$lk(K_1，K_2)=(1+1)/2=1 \qquad lk(K_1'，K_2')=(-1-1)/2=-1$$

两种不同走向的最简单圈套 这里 K_1 和 K_1' 方向相同，K_2 和 K_2' 方向相反。可见，当 K_1 和 K_2 之一方向反转时，环绕数改变正负号，这就证明了图中的两个链环（此处按环绕数的正负分别称为正的简单圈套和负的简单圈套）不同痕。

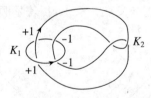

怀特黑德链（取定一个走向） 其环绕数为 $lk(K_1，K_2)=(1+1-1-1)/2=0$。它的环绕数虽然为 0，但由三色性可证明并不是平凡链。

琼斯的多项式不变量

　　1928 年，美国数学家亚历山大（J. Alexander）给每个纽结联系上一个多项式不变量。1969 年，英国数学家康韦（J. Conway）对其进行改进。对于每个有向投影图 L，改进后的亚历山大多项式 $\Delta(L)$ 具有拆接关系式，便于计算。这里说的多项式是指有限个形如 $a_i t^k$ 的项的和，系数 a_i 是整数，t 的方幂 k 可以是整数，也可以是半整数如 $\pm 1/2$，$\pm 3/2$ 等。亚历山大多项式 $\Delta(L)$ 是一个同痕不变量，它区分不同纽结的能力相当强，只要两个有向投影图的亚历山大多项式不同，则它们必不同痕。可以用它来证明右手三叶结不是平凡结。19 世纪末的纽结表中的那些交叉数不超过 8 的素纽结，它们的亚历山大多项式各不相同，这就证明了它们确实互不同痕。亚历山大多项式的发现是纽结理论的一个里程碑，但是它不能区分方结和易散结，也不能区分右手三叶结和左手三叶结。

273

　　1984 年，研究泛函分析的新西兰数学家琼斯（V. Jones）发现，在统计力学中用来解出模型的某些代数关系是描述纽结的多项式不变量数学性质的关键，他得到了一个新的同痕不变量——琼斯多项式。它和亚历山大多项式计算同样方便，但它能识别左、右手三叶结，为研究纽结和链环的手征性提供了强有力的工具。琼斯多项式的发现是纽结理论研究上的又一次重大突破，并推动了 1980 年代数学的发展。为此，四年一度的世界数学家大会 1990 年在日本京都举行时，授予琼斯菲尔兹奖，这在数学界相当于诺贝尔奖。

　　琼斯多项式可写成如下定理：

　　存在一个对应 V，把每个有向投影图 L 联系上 t 的整系数多项式 $V(L)$，满足以下三个条件：

（1）同痕不变性　如果有向投影图 L 和 L' 互相同痕，那么它们所对应的多项式相等，$V(L)=V(L')$。

（2）拆接关系式　$t^{-1} \cdot V(\text{✕})-t \cdot V(\text{✕})=(t^{1/2}-t^{-1/2}) \cdot V(\asymp)$，其中 ✕，✕，$\asymp$ 代表三个几乎完全一样的有向投影图，只在某一交叉点附近有这里所画出的不同形状。

（3）标准值　平凡结 $\bigcirc$ 所对应的多项式是 $V(\bigcirc)=1$。我们称 $V(L)$ 是 L 的琼斯多项式。

应用上述性质可以容易地计算出一些常见的纽结与链环的琼斯多项式。运用拆接关系式，一个投影图的琼斯多项式可以通过两个比它简单的投影图的琼斯多项式计算得到，因此每个投影图的琼斯多项式原则上都可以根据前述三条性质计算出来。

一些常见纽结与链环的琼斯多项式

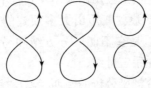

平凡链　把拆接关系式用于此图中的三个投影图，前两个都是平凡结，于是得 $t^{-1} \cdot 1-t \cdot 1=(t^{1/2}-t^{-1/2}) \cdot V(\bigcirc\bigcirc)$，从而 $V(\bigcirc\bigcirc)=-(t^{-1/2}+t^{1/2})$。记 $\delta=-(t^{-1/2}+t^{1/2})$，反复使用上述方法可得：若投影图 L 由 c 个互不相交的圆圈组成，则 $V(L)=\delta^{c-1}$。

一种简单圈套　运用拆接关系式，中间一个图是有两个分支的平凡链，右边是平凡结，于是有 $t^{-1} \cdot V(\textcircled{\bigcirc})-t \cdot [-(t^{-1/2}+t^{1/2})]=(t^{1/2}-t^{-1/2}) \cdot 1$，从而 $V(\textcircled{\bigcirc})=-t^{1/2}-t^{5/2}$。

另一种简单圈套　运用拆接关系式，左边是有两个分支的平凡链，右边是平凡结，于是可计算出 $V(\bigcirc\!\!\bigcirc) = -t^{-5/2} - t^{-1/2}$。这里又一次证明了简单圈套的两种不同走向，即正的简单圈套和负的简单圈套不同痕。

右手三叶结　运用拆接关系式，中间是平凡结，右边是正的简单圈套，于是有 $t^{-1} \cdot V(\oslash) - t \cdot 1 = (t^{1/2} - t^{-1/2}) \cdot (-t^{1/2} - t^{5/2})$，从而 $V(\oslash) = t + t^3 - t^4$。

左手三叶结　运用拆接关系式，可算出 $V(\oslash) = -t^{-4} + t^{-3} + t^{-1}$。由于左、右手三叶结的琼斯多项式不等，因此它们不同痕。

8字结　运用拆接关系式，中间是平凡结，右边是负的简单圈套，可算出 $V(8\text{字结}) = t^{-2} - t^{-1} + 1 - t + t^2$。尽管8字结不具有三色性但它不是平凡结，当时我们还不能给出证明，现由它的琼斯多项式不等于1，可以断言它不是平凡结了。

四、数学科普

编号 5_2 的纽结的琼斯多项式 这是有 5 个交叉点的一个纽结，运用拆接关系式，左边是左手三叶结，右边是负的简单圈套，于是可算出 $V(5_2) = -t^{-6} + t^{-5} - t^{-4} + 2t^{-3} - t^{-2} + t^{-1}$。

对于有向投影图 L 和它的逆 L^{-1}，由于在一个交叉点同时反转两条线的箭头并不改变该交叉点的正负号，可以证明总有 $V(L^{-1}) = V(L)$。这就是说一个有向链环和它的逆总有相同的琼斯多项式，而不管它们同痕不同痕。因此琼斯多项式不能鉴别出不可逆的链环。

纽结和链环的两种运算

两个链环互相分离地拼在一起所构成的新链环叫做这两个链环的拼，它的分支数是这两个链环的分支数之和。相应地，两个投影图互不交叉地凑在一起所得新投影图，叫做这两个投影图的拼，它是这两个投影图所代表的链环的拼的投影图。投影图 L_1 和 L_2 的拼记为 $L_1 \sqcup L_2$。

设一个纽结可以移动到某个位置，使得空间中某个平面与它只有两个交点，把位于该平面两侧的部分各用贴近平面的直线封闭起来分别得到两个纽结，就说原来的纽结分解为这两个新纽结之和。

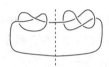

一纽结分解为两个新纽结之和　　如空间中某平面与一纽结仅有两交点，则可把位于该平面两侧的部分各用贴近平面的直线封闭起来分别得到两个新纽结。

反过来可以构作两个已知纽结的和，先在两个纽结上各取定一个走向，使之成为有向纽结，记为 K_1 和 K_2，把它们放在一个平面的两侧，分别把它们的任意一小段拉向分隔平面，然后把它们在平面处接通，使得走向互相协调，所得有向纽结就是原来两个有向纽结 K_1 和 K_2 的和，又称为连通和，记为 $K_1 \sharp K_2$。

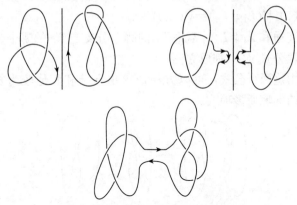

两个纽结合并成一个新纽结示意图

注意，定义连通和时，即使是无向纽结也必须先取定走向，否则不同的接通方式所得结果可能不同痕。

对于两个链环 L_1 与 L_2 的连通和可类似地定义，但须注意，这时不仅要取定走向，而且要具体指明 L_1 的哪个分支与 L_2 的哪个分支相接通，否则结果各不相同。

每个非平凡的纽结都可以唯一地分解为素纽结的连通

和。所谓素纽结是一个非平凡结，它不能再分解为两个非平凡结的连通和。例如左、右手三叶结，8字结都是素纽结，方结（能分解为一个右手三叶结与一个左手三叶结之和）、易散结（能分解为两个右手三叶结之和）以及前述的连通和均不是素纽结。

同样，一个非平凡的链环也可以唯一地分解为素链环的连通和，一个链环称为是素链环，如果它不是平凡结，而且如果它能分解为两个链环的和的话，那么这两个链环中必有一个是平凡结，这样，有两个分支的平凡链是素的。

素纽结和素链环就像积木块，其他的纽结和链环都可以由它们搭起来，因此历史上所有纽结表都只列出素纽结。

对于有向链环的拼与和的琼斯多项式，有如下结果：

(1) $V(L_1 \amalg L_2) = -(t^{1/2} + t^{-1/2})V(L_1)V(L_2)$；

(2) $V(L_1 \# L_2) = V(L_1)V(L_2)$。

对于连通和 $L_1 \# L_2$，不论 L_1 的哪个分支与 L_2 的哪个分支接通，公式（2）都成立。

由这两个公式，可以方便地求出方结和其他较为复杂的纽结的琼斯多项式。

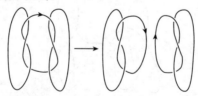

方结的琼斯多项式　由于方结可分解为左、右手三叶结之和。因此根据连通和的公式（2），只须将左右手三叶结的琼斯多项式相乘，即可得方结的琼斯多项式

$$V(方结) = -t^{-3} + t^{-2} - t^{-1} + 3 - t + t^2 - t^3。$$

参考文献

[1] 姜伯驹. 绳圈的数学. 长沙：湖南教育出版社，1991.

[2] 琼斯. 纽结理论与统计力学. 科学美国人（中译本），1991，

（3）：34.

［3］巴尔佳斯基，叶弗来莫维契著．裘光明译．拓扑学奇趣．北京：北京大学出版社，1987.

279

四、数学科普

■平分火腿三明治[*]

　　用两片不同颜色的面包，中间夹一片火腿，做成一个火腿三明治。问只切一刀就将这个三明治的三层同时分成等体积的两半，这个切法一定存在吗？

　　我们先来看平面上的一个简单情形。

　　对于平面上的一个任意形状的封闭图形，用一条直线将它平分为面积相等的两半，这样的直线一定存在吗？若存在，有多少条？

　　特殊地，如果这个图形是圆，那么很容易得到，通过圆心的任意一条直线，都将该圆平分为等积的两半（两部分不仅面积相等，而且形状也全等）。其实不仅是圆，只要是中心对称图形（例如正方形，平行四边形等）也都是这样。通过对称中心的每一条直线都符合要求，这样的直线有无穷多条。

　　对于非中心对称的图形，情形如何呢？

　　为了解决这个问题，我们先介绍函数连续性的概念。一个函数是连续的，直观地说，就是只要给自变量一个足够微小的改变，就可以使函数值的改变任意地小，或者说该函数的图象是一条连在一起的中间任何地方也不断开的曲线。下面我们要用到由连续性概念得到的一个重要结论：若函数在闭区间上是连续的，即当自变量连续变化时，函数值也连续变化，因此，当函数值从 y_1 变到 y_2 时，必经过 y_1 与 y_2 之间的一切值。一个特别有用且经常使用的结论

---

　　* 本文原载于《中学生数学》，2002，(55)：29-30.

是，若一个连续函数的值从负变到正（或从正变到负），则它必有一点的函数值为零。

取一条指定了正向的直线为基线（x 轴）。任意给定一个方向，设它的指向与 x 轴正向的夹角为 θ（见图1）。一条具有给定方向 θ 的动直线（称它的方向角为 θ）平行移动时（见图1），必在其中某一位置将图形平分。证明如下：当该直线连续地

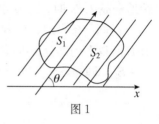

图1

平行移动时，被该直线割出的图形在该直线左侧部分（观察者面向给定方向）的面积，设为 S_1，也是连续变化的；同样，图形在该直线右侧的面积，设为 S_2，也是连续变化的；因而左右两侧面积之差 $S_1 - S_2$ 也是连续变化的。如果动直线自左而右连续地平行移动，那么图形被它分割成的左右两部分面积之差 $S_1 - S_2$ 就由开始时的小于零连续地变化成后来的大于零。根据连续性，我们得到该平行移动的直线必有一个位置，使 $S_1 - S_2 = 0$，即处于该位置的方向角为 θ 的直线平分该图形为等积的两部分。

由于平面上有无穷多个不同的方向，而指定一个方向，就有一条平行于该方向的直线平分这个图形，因此平分该图形的直线有无穷多条。

进一步我们再来考察，对于平面上的两个任意形状的封闭图形 A 和 B，是否一定存在一条直线能同时将图形 A 和图形 B 都分成等积的两半？

由前面的讨论，我们已经知道，对于图形 A，有无穷多条直线平分它为等积的两部分。现在我们来证明，在平分图形 A 的这无穷多条直线中，必有一条同时也平分图形 B。

记方向角为 θ 的平分图形 A 的直线为 $l(\theta)$。设 $l(\theta)$ 分图形 B 为两部分：记在 $l(\theta)$ 左侧部分（观察者面向 $l(\theta)$

四、数学科普

正向）的图形面积为 S_1，在 $l(\theta)$ 右侧部分的图形面积为 S_2（见图 2）。当方向角 θ 连续变化时，直线 $l(\theta)$ 的位置也连续变化，因此 S_1 和 S_2，因而 $S_1 - S_2$ 也连续变化。当 θ 连续地变成 $\theta + \pi$ 时，$l(\theta)$ 连续地变成 $l(\theta + \pi)$，$l(\theta + \pi)$ 与 $l(\theta)$ 是同一条直线，但方向正好相反。因此 $l(\theta + \pi)$ 分图形 B 所得左侧部分正好是 $l(\theta)$ 分图形 B 所得右侧部分，即 $S_1' = S_2$，同样，$S_2' = S_1$（见图 2）。于是

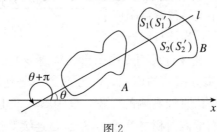

王敬庚数学教育文选

图 2

$$S_1' - S_2' = S_2 - S_1 = -(S_1 - S_2),$$

即左右两侧面积之差改变符号（由负变成正或由正变成负）。因此必有一个 θ_0（$\theta \leqslant \theta_0 \leqslant \theta + \pi$），使直线 $l(\theta_0)$ 分图形 B 所得左右两部分面积相等，这条直线必同时平分图形 A 和图形 B。

把上述平面上的情形推广到空间，由完全类似的分析我们可以得到，对于空间任意三个立体，必有一个平面同时把它们都平分成等体积的两部分。应用这个结果，我们就可以得到，只切一刀就可以把做成火腿三明治的两种不同颜色的面包片和中间夹的火腿片同时都平分成等体积的两半，这个结论虽然没有告诉我们具体怎样去切，但它断言这个切法是一定存在的。

应用上述结果，我们还可得到如下有趣的结论：一个煮熟的双黄咸鸭蛋，一定可以只切一刀，就将蛋白和两个蛋黄同时都切成等体积的两半。

■猜字谜与解数学题*

2006年春节至元宵期间,《北京晚报》刊登了不少灯谜,其中包括若干字谜,我们在学数学中养成的爱思考的习惯,使我们每当见到字谜,情不自禁地总要猜一猜,把它看成是对自己分析思考能力的一次挑战。

猜字谜,根据谜面猜一个字,实际上就是"解题":从已知求未知。因此我想,数学中关于解题的一般思考方法可能会帮助我们猜字谜。

如同解最简单的数学题一样,有些字谜的谜底,从谜面一眼就能看出。例如谜面为

1. 四四方方一花园,十字大街在里面;

2. 双人走钢丝;

3. 水落石出;

4. 三人同日去看花,

各打一字。从谜面提供的信息,可以直接得到待猜字的若干部分,组合起来即得谜底。对于上述诸谜,依次由"口"和"十"得"田"字;由"人,人"及"一"得"丛"字,由"石"和"水"得"泵"字;由"三人"和"日"得"春"字,正好与谜面中的"看花"相应。

大多数的字谜,谜面经过巧妙设计,将有用的信息隐藏起来,猜谜时也需要经过巧思妙想才行。例如谜面为

5. 岁岁除夕团圆;

6. 泉水落石溅玉珠;

* 本文原载于《中学生数学》,2006,(9上):34.

四、数学科普

7. 时至日落又相逢；

8. 半部春秋；

9. 彼此各一半；

10. 陕西省，西安人；

11. 清明前后先植树；

12. 山有大虫少人踪；

13. 倒休三天。

各打一字。如何猜呢？因谜底是一个字，所以我们要围绕
"字"来对谜面进行分析和思考，对谜面中的词义要从
"字"的角度作"另类"解读，设法得到所需要的信息——
待猜字的组成部分，从而得到谜底。

对上述各谜可以作如下分析：

"岁岁除夕团圆"中的"除夕"解读为"除去夕字"，
由"岁"字除去"夕"字得"山"字，由"岁岁除夕"得
两个"山"字，"团圆"是两个山字相重叠，得谜底"出"
字。

"泉水落石溅玉珠"中的"泉水落"，解读为"泉字去
掉水字"得"白"字，"溅玉珠"解读为"玉溅珠"即"玉
字去掉一点"得"王"字。由"白"、"王"、"石"组合成
的"碧"字即为谜底。

"时至日落又相逢"中的"时至日落"解读为"时字去
掉日字"得"寸"字，"又相逢"即再加上"又"字，得谜
底"对"字。

"半部春秋"解读为"春字之半和秋字之半"组合成谜
底"秦"字。同理"彼此各一半"为"彼字和此字的各一
半"组合成谜底"歧"字。

"陕西省，西安人"解读为"将陕字的西半部省掉"得
"夹"字，然后"在它的西边安放一个人字旁"得谜底
"侠"字。

王敬庚数学教育文选

"清明前后先植树"中的"清明前后"解读为"清字之前部（氵）和明字之后部（月）"，"植树"就是"造林"，于是得谜底"湒"（shān）字。

　　"山有大虫少人踪"中的"大…少人踪"即"大字去掉人字"得"一"字，将"山""一""虫"组合成"蚩"（chī）字即为谜底。

　　"倒休三天"中的"倒休"，解读为"把组成休字的人和木两个字颠倒顺序"得"木、人"，"三天"即"三日"，将"木"、"人"、"三"、"日"组合成"椿"字即谜底。

　　与解数学题一样，有些字谜的谜面，也需要先经过"联想"，"重新叙述"，再行解读，才能解开，例如谜面为

　　14. 半价出售；

　　15. 败诉。

各打一字。"半价出售"联想到"打五折"，解读为"把五字中间一笔折一下"得谜底"王"字。"败诉"重新叙述为"诉输了言"得谜底"斥"字。

　　上面只是简单地举例说明解数学题的一些分析思考方法可以帮助我们猜从谜面通过分析就能得出待猜字的结构、组成的这类字谜。除此之外，还有些字谜是根据谜面通过意会从而猜出谜底的。这种情况如同解数学题需要懂得相关的数学知识一样，猜这类字谜也需要有丰富的文学、历史等等相关的知识。

四、数学科普

■环面趣谈*

　　日常生活中我们最常见的封闭曲面，除了球面以外，就要数轮胎面了。轮胎面在数学上叫做环面。游泳圈和救生圈的表面都是环面。

　　环面的几何性质，既有一些与球面相同，也有一些与球面不同。

　　首先从生成看，环面和球面一样也是旋转曲面，且都是由圆绕一条直线旋转而成，不过球面是由圆绕其直径所在直线旋转得到的，而环面则是由圆绕其所在平面上与圆相离的一条直线旋转得到的（见图1，图2）。

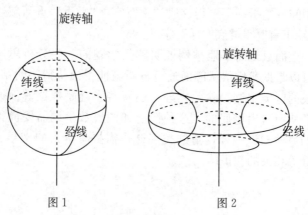

图1　　　　　　　　　　图2

　　图3是环面的一个直观图。

　　再从形状看，环面和球面一样，都是空间中的中心对

---

　　* 本文原载于《中学生数学》，2007，（2上）：30-31.

称图形，且都是轴对称图形。

本文将着重介绍环面与球面的如
下两个不同的性质。

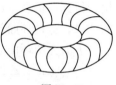

图 3

一、球面上任意画一个圆圈儿，
然后将这个圈儿在球面上慢慢缩小，
最终可以连续地收缩成一个点。数学上称具有这种性质的
曲面为单连通的。球面是单连通的（平面也是单连通的；
但平面上介于两个同心圆之间的区域——叫平环，就不是
单连通的了，这是因为如图 4 中包含小圆的任一圆圈 C，不
能越过它所包围的圆洞在平环内连续地收缩成一点）。

图 4

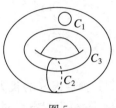

图 5

我们来看环面，见图 5，虽然环面上的圆圈 C_1 能在环
面上连续收缩成一点，但环面的任一经圆 C_2（环面与过旋
转轴的平面的交线）和任一纬圆 C_3（环面与垂直于旋转轴
的平面的交线）都不能在环面上连续收缩成一点，因此环
面不是单连通的。这是环面与球面的一个重要的不同点。

二、平面上任意画一个圆圈儿，都把平面分成内外两
部分，连接不同部分的任意两点的连线必与圆圈相交。或
者更形象地说，沿圆圈剪一周，一定可以从平面上剪下一
个圆片，球面也具有这个性质。球面上任意画一个圆圈儿，
一定能把球面分成两部分，或者说沿着圆圈剪一周，必定
把球面分成互相分离的两块，然而环面不具有这个性质。
例如环面上的任一经圆或纬圆，都不能把环面分成两部分，
即沿经圆或纬圆剪一周，都不能把环面分成互相分离的两

四、数学科普

块，得到的仍然是连在一起的一整块。可以参看图 5 想象剪的结果。这是环面与球面的又一个重要的不同点。

下面介绍环面的另一个生成方法（过程见图 6）。

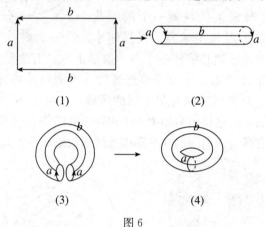

(1)　　　　　　　　　　(2)

(3)　　　　　　　　　　(4)

图 6

王敬庚数学教育文选

取一张弹性极好的长方形橡皮薄膜，两对对边分别标以 a 和 b，并分别附有相同的箭头方向（见图 6（1））；先将一对对边 b 按箭头方向相同粘在一起得一圆柱形面（见图 6（2））；再使圆柱面两端向中间弯曲（见图 6（3））；将两端的圆 a 按箭头方向相同粘在一起得环面（见图 6（4））。

有时为研究和表达方便，我们不画环面的直观图，就用矩形来表示由它按上述步骤粘合对边生成的环面。注意，这时矩形的每一对对边表示生成环面上的同一条曲线（分别是环面的一条经线和一条纬线）。

一个趣题，有甲、乙、丙三户人家，各修 3 条小路直接通往水井（A）、粮仓（B）和柴房（C），希望这 9 条小路互不相交，能否做到？若能，请具体画出，若不能，请说明理由。

在平面上是不可能做到互不相交的。如图 7，A 甲、甲 C、C 丙和丙 A 组成平面上的一个封闭的圈儿，而 B 和乙分别位于圈内和圈外，因此乙和 B 的任一连线必定和圈儿相交。在球面上也和在平面上一样是不可能做到互不相交的。但若这三户人家是住在环面上，9 条小路互不相交的要求

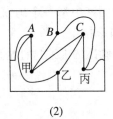

图 7

是完全可以做到的，一种画法见图 8，其中（1）是在环面直观图上画的，（2）是在表示环面的矩形上画的。

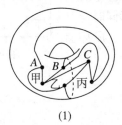

（1）

（2）

图 8

传说从前有一个国王，出了一道难题为公主招亲，答对者即为驸马。题目是：在如图 9 的图中，设法将每两个标号相同的圆圈用线段相连，使图中所有线段（包括新连线段和原有线段）都不相交。在平面上这是不可能做到的（为什么？），据说因此公主终身未嫁。倘若当时有人想到把图 9 画在环面上，则他必当驸马爷无疑，一种答案如图 10。

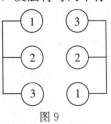

图 9

四、数学科普

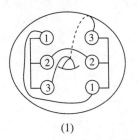

（1）

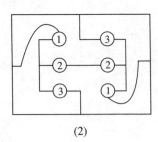

（2）

图 10

一个有趣的结果。平面上（或球面上）给地图着色，只要四种颜色就足够了，这个四色猜想困扰了人类100多年才得以解决。而在比平面和球面复杂得多的环面上，类似的问题却早就解决了。数学家早已证明给环面地图着色有七种不同的颜色就足够了。至少需要七种颜色，是因为环面上确有这样的情形：七个国家中每一个国家都同时与其他六个国家接壤。图11是在生成环面的矩形上画出的上述这种情形。

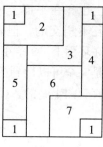

图 11

王敬庚数学教育文选

■你知道代数与算术的区别吗 [*]

同学们在小学数学课中学习了自然数、分数和小数的加、减、乘、除及乘方、开方运算，这些都是关于数和数（shǔ）数的学问，统称为算术。到中学后，学习了代数式及其运算、解方程等等，这些就是代数了。

在小学学习了数字的加、减、乘、除四则运算以后，用它解决了一些应用问题。后来学习了列方程解应用题。有些用四则运算解起来很困难的应用题，用列方程的方法解就不再困难了。

这是为什么呢？用方程解题的奥妙何在？代数和算术的本质区别究竟在哪里呢？

下面以著名的"鸡兔同笼"问题为例，来作一分析比较。

问题 今有若干鸡、兔同笼，已知其总头数为 20，总足数为 50，问鸡、兔各几何？

用算术方法（四则运算）来解。

方法一：假若 20 头全为鸡，则应有足数为 40，而已知总足数为 50，还差 10 只脚。又知一只兔比一只鸡多两只脚，因此需用 5 只兔来替换 5 只鸡。于是得到笼中有兔 5 只，鸡 15 只。

列出算式 （50－20×2）÷2＝5（兔数），

20－5＝15（鸡数）.

方法二：设想笼中所有的鸡都用一只脚站立作金鸡独

四、数学科普

---

* 本文原载于《中学生数学》，2006，（2 下）：15.

立，所有的兔都只用两只后腿站立起来，这时笼中着地的现有足数只是原足数的一半 25，而头数不变。其中每鸡 1 头 1 足，每兔 1 头 2 足，即每只兔的足数比头数多 1，因此现有足数减总头数之差即为兔数，于是得 $25-20=5$（兔数），$20-5=15$（鸡数）。

列出算式　　$50\div2-20=5$（兔），

$20-5=15$（鸡）．

用代数方法（列方程）来解。

方法三：用一元一次方程

设鸡为 x 只，则兔为 $20-x$ 只，于是由总足数为 50 得方程

$$2x+4(20-x)=50, \qquad ①$$

展开、合并、移项得

$$2x=30。$$

最后得 $x=15$（鸡数），$20-15=5$（兔数）。

292

王敬庚数学教育文选

方法四：用二元一次方程组

设鸡为 x 只，兔为 y 只，依题意有

$$\begin{cases} x+y=20, & ② \\ 2x+4y=50, & ③ \end{cases}$$

$③-②\times2$ 得　$2y=10$。

于是得 $y=5$（兔数），$x=15$（鸡数）。

将上述算术方法与代数方法进行比较，可以看出：

算术方法永远只能对已知的具体数字进行运算，最后求得未知数，而代数方法则是把问题看成是已经解决了的，根据题设条件列出包含未知数的等式即方程，然后将未知数与已知数同样对待，一起参加运算，从而确定未知数之值。

因此，算术方法要冥思苦想，分析各量之间的关系，想方设法利用已知数去求未知数。有时甚至需要奇招、怪

招才能解出（例如方法二），而代数方法一般可按自然的方式和顺序列出包括已知数和未知数的等式，即方程，而解方程则是关于字母的计算，关于字母构成的代数式的变换。在中学代数里，字母通常代表数，所以字母表示式的变换法则就是数的运算律。

例如，前述方程①左端

$$2x+4(20-x)。$$

若按算术运算要求需先算小括号，但小括号内有未知数，不知具体是多少，因此无法进行运算，而在代数中，只要字母表示的是数，就可应用分配律进行计算，得

$$2x+4\times20-4x=80-2x。$$

我们可以说从算术到代数的进步，真正的突破口在于数的加、乘和指数运算满足一系列用字母表示的运算律。算式中的未知数，虽然不知其具体数是多少，但肯定是一个数，于是，对于用字母代表的任何数都成立的运算律当然可用，而在算术中则不行。用字母表示的运算律的应用，乃是代数与算术的真正的分水岭。

由于看到了代数的上述巨大的威力，哲学家笛卡儿曾经设想把一切问题归结为方程问题来解。这个设想虽然失败了，但列方程确是解决很多重要问题的方法，是数学方法的重要应用模式之一。这也是我们在中学学习数学时，要努力领会和掌握的一种重要的思想和方法。

四、数学科普

■笛卡儿写书为何故意让人难懂[*]

　　"老师讲的都能听懂，教科书也能看明白，觉得并不难，但就是有时自己不会做题。"这是同学们对数学课常有的一种反映。为什么会出现这种情形呢？我想起了笛卡儿的一段有关的故事。

　　笛卡儿（1596～1650）法国人，是一位哲学家、生物学家、物理学家，也是一位数学家。他创立了解析几何——建立坐标系，将图形与方程联系起来，从而用代数方法解决几何问题，对数学的发展做出了伟大的贡献。恩格斯曾经对笛卡儿的功绩给予很高的评价，认为笛卡儿的变数是数学的转折点，从此运动进入了数学，辩证法进入了数学，微分和积分就立刻成为必要的了。数学的发展从此进入了变量数学（高等数学）的新阶段。

　　笛卡儿写的经典著作《更好地指导推理和寻求科学真理的方法论》有三个著名的附录：《几何》、《折光》和《陨星》。《几何》是他写的唯一的一本数学书，他关于解析几何的思想就包含在这本书中。但是笛卡儿的这本《几何》写得很不容易读，他声称欧洲当时几乎没有一位数学家能读懂它，书中很多模糊不清之处是他故意搞的。那么，人们要问：笛卡儿为什么要让他的书使人难懂呢？他自有理由。

　　理由之一　　他在给朋友的一封信中解释说："我没有做过任何不经心的删节，但我预见到，对于那些自命为无所

　　＊　本文原载于《中学生数学》，1991，（4）：7

不知的人，我如果写得使他们能充分理解，他们将不失机会地说我所写的都是他们已经知道的东西。"

理由之二　他在书中只约略指出作图法和证法，而留给别人去填入细节，为什么这样做？他在一封信里，把自己的工作比作建筑师的工作，即订立计划，指明什么是应该做的，而把手工操作留给木工和瓦工。他说他不愿意夺去读者们自己进行加工的乐趣。

理由之三　他的思想必须从他书中许多解出的例题里去推测。他说，他之所以删去绝大多数定理的证明，是因为如果有人不嫌麻烦而去系统地考查这些例题，一般定理的证明就成为显然的了，而且照这样去学习更为有益。

从笛卡儿说的上述三条理由之中，我以为我们至少可以得到如下的启示。

首先，切不可使自己成为笛卡儿非常反感的那种"自命为无所不知的人"。通常经过老师讲解你懂了，于是你便觉得"不难"，甚至在心里暗自认为"也没有什么"，"我也会这么做"。在这种态度下，你便不会去用心体会"证明的关键是什么？"，"如何想出来的？"，"妙在何处？"等等。而如果你没有深入思考过这些问题，你便没有真正学到手，这样当你拿到一个稍有变化的题目时，自己就不会做了。因此启示之一是学习首先要有一个"虚心"的态度。

其次，要耐心地去做笛卡儿所说的"木工和瓦工"的工作，而且要"不嫌麻烦地系统地去考查"解出的例题，分析解题的基本方法和思路。这样由于是"自己"做出来的，"自己"想出来的，"自己"才能从中得到乐趣，而且只有这样才能把书上的东西变成自己的，即真正学到手。因此启示之二是学习一定要自己"动手""动脑"。

现在我们的教科书以及老师的讲课，决不会像笛卡儿那样故意使同学们难懂，而是恰恰相反，老师讲的细而又

四、数学科普

细，唯恐同学们不懂，真是恨不能"嚼烂了喂给学生"，这样做的结果，使得同学们自己不需要动手动脑了，反而出现了本文开头所说的情形。怎么解决呢？受笛卡儿的启示，我建议同学们"把书合上，自己来证明定理，自己来解例题"，实在做不出时再看书，那时你才能体会到书上的证法解法"实在妙"，最好能再想一想"他这个解法是怎样想到的？为什么自己就没有想到呢？"这样就能从中学到一点自己原来不会的本事，再去做习题时，就不会束手无策了。虽然这样做好像要多花费一些时间，但唯有这样的学习才更有趣，也更有益，同学们不妨一试。

参考文献

[1] 克莱因. 古今数学思想：第 2 册. 上海：上海科学技术出版社，1979.

王敬庚数学教育文选

■欧拉是如何发现欧拉公式 $V-E+$ $F=2$ 的？ [*]

　　由多边形为面围成的凸多面体，尽管它们的形状各种各样，其顶点数（V），棱数（E）和面数（F）也各不相同，但都有一个简单的性质：$V-E+F=2$。这个性质早在距今三百多年前，就被解析几何的创始人、法国数学家笛卡儿于 1639 年发现了，但没有广泛流传开来。直到又经过一百多年，1750 年欧拉重新独立地发现了它以后，这个公式才广为世人所知。欧拉是如何发现这个公式的呢？美国数学教育家波利亚在《数学的发现》一书中，根据欧拉当时所写的论文，把这位数学大师当年通过类比和归纳发现这个公式的思考过程，原原本本地提供给了我们。我们从这个发现过程中比从公式本身能学到更多的东西。

297

　　任意一个三角形的内角和为 180°或 π，与三角形的形状无关，进而得到任一个凸 n 边形的内角和为 $(n-2)\pi$，表明凸多边形的内角和由边数完全决定，而与形状无关。这是一个多么简单而又漂亮的结论啊！推广到空间，对于由若干个多边形围成的凸多面体，是否也有某种类似的简单性质呢？欧拉就这样由类比提出了问题。

　　一个多面体有几种角呢？每条棱处有一个由两个面组成的二面角；每个顶点处，有一个由相交于这个顶点的各个面所围成的角，叫立体角（它的大小等于以立体角顶点

四、数学科普

　　* 本文原载于《中学生数学》，2002，（1 上）：19-21.

为球心的单位球面被这个立体角的各个面所截出的球面多边形的面积的大小）；每个面多边形的每一个内角，叫多面体的一个面角。欧拉首先考察多面体的所有二面角之和（记为 $\sum\delta$）及所有立体角之和（记为 $\sum\omega$），看它们是否有某种简单的性质。

欧拉从最简单的多面体——四面体开始考察。四面体由四个三角形围成（图1），为了便于计算，欧拉考察了两种退化的情形。

（1）四面体退化成一个三角形和它内部一点与三个顶点所连成的线段（图2）。

（2）四面体退化成一个平面凸四边形和它的两条对角线（图3）。

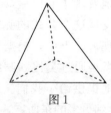

图1

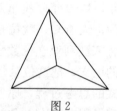

图2

对于情形（1）（图2），三角形三边处的二面角皆为 0，内部三条线段处的二面角皆为 π，所以 $\sum\delta=3\pi$。三角形三个顶点处立体角皆为 0，内部顶点处的立体角等于 2π（即半个单位球面的面积，球面面积为 $4\pi r^2$），所以 $\sum\omega=2\pi$。

对于情形（2）（图3），四边形四条边处的二面角皆为 0，两条对角线处的二面角皆为 π，所以 $\sum\delta=2\pi$。四个顶点处的立体角皆为 0，所以 $\sum\omega=0$。

可见四面体的二面角之和与

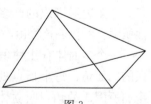

图3

立体角之和都与四面体的形状有关，没有类似于三角形内角和定理这样简单的性质。多么令人失望啊，然而欧拉并没有就此止步，因为还有面角和尚未考察呢。

记多面体的面角和为$\sum\alpha$，欧拉先考察四面体。四面体由四个三角形围成，所有面角之和$\sum\alpha=4\pi$，与四面体的形状无关。这个结果对欧拉是一个鼓舞。继续考察五面体。

五面体（一）（图4）由两个三角形和三个四边形围成，所有面角之和$\sum\alpha=2\times\pi+3\times(4-2)\pi=8\pi$。

五面体（二）（图5）由一个四边形和四个三角形围成，所有面角之和$\sum\alpha=(4-2)\pi+4\times\pi=6\pi$。

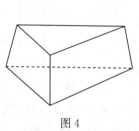

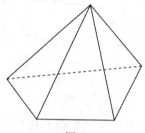

图4   图5

这两个$\sum\alpha$不等，说明面角和不能简单地由面的个数来决定。

欧拉接着又考察了几个多面体，看能不能从中发现什么规律？

立方体（图6）由六个正方形围成，所有面角之和$\sum\alpha=6\times(4-2)\pi=12\pi$。

正八面体（图7）由八个三角形围成，所有面角之和$\sum\alpha=8\times\pi=8\pi$。

五棱柱（图8）由两个凸五边形和五个平行四边形围成，所有面角之和$\sum\alpha=2\times(5-2)\pi+5\times(4-2)\pi=16\pi$。

尖顶塔形（图9）是在立方体上加一个四棱锥，由五个正方形和四个三角形围成，所有面角之和$\sum\alpha=5\times(4-2)\pi+4\times\pi=14\pi$。

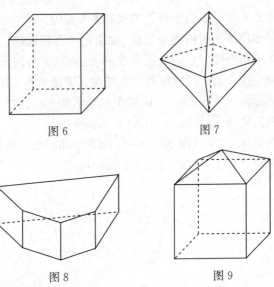

图 6

图 7

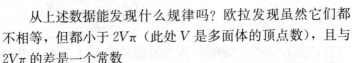

图 8

图 9

从上述数据能发现什么规律吗？欧拉发现虽然它们都不相等，但都小于 $2V\pi$（此处 V 是多面体的顶点数），且与 $2V\pi$ 的差是一个常数

$$2V\pi-\sum\alpha=4\pi.$$

将观察所得材料进行归纳，寻找和发现规律，决不是一种简单的一眼就能看出的事情，在这里，如何进行归纳是能否发现规律的关键。欧拉把观察所得面角和与 $2V\pi$ 进行比较，表现了非凡的创造性，导致了发现。

欧拉认为上述结果不像是偶然的巧合，因为在考察的多面体中，既有规则的（例如立方体、正四面体和正八面体）也有不规则的（例如五面体（一）和（二））以及五棱柱和尖顶塔形。于是欧拉猜想：对于任意凸多面体有

$$\sum\alpha=2V\pi-4\pi. \tag{1}$$

即多面体的面角和由它的顶点数完全决定。注意，这只是一个猜想。

欧拉接着又考察了一些多面体，结果可以列成下表。

多面体	F	$\sum\alpha$	V	$2V\pi$	$2V\pi-\sum\alpha$
正十二面体	12	36π	20	40π	4π
正二十面体	20	20π	12	24π	4π
n 棱柱	$n+2$	$(4n-4)\pi$	$2n$	$4n\pi$	4π
n 棱锥	$n+1$	$(2n-2)\pi$	$n+1$	$(2n+2)\pi$	4π

所得结果均支持上述猜想，这些虽然增加了猜想成立的可能性，但欧拉明白这还不是对一般情形的证明。

接下来，欧拉从另一角度计算多面体的面角和$\sum\alpha$。

设多面体各个面多边形的边数分别为 S_1，S_2，S_3，$\cdots$，S_F，此处 F 是多面体的面的个数。于是

$$\sum\alpha=(S_1-2)\pi+(S_2-2)\pi+\cdots+(S_F-2)\pi$$
$$=(S_1+S_2+\cdots+S_F-2F)\pi,$$

其中 $S_1+S_2+\cdots+S_F$ 是多面体所有 F 个面多边形的边数的总和。在这个总和中，多面体的每一条棱恰好被计算了两次（因为每一条棱都是相邻两个面的公共边）。设多面体的棱数为 E，于是有 $\quad S_1+S_2+\cdots+S_F=2E$。

因此得到 $\qquad\qquad \sum\alpha=2(E-F)\pi$。 $\qquad\qquad$ (2)

即多面体的面角和由它的棱数和面数完全决定。注意，关系式（2）是经过证明得到的结论，而不是猜想。

欧拉综合了猜想（1）和事实（2）（从这两个式子中消去$\sum\alpha$）得到 $\qquad V-E+F=2$， $\qquad\qquad$ (3)

因此（3）仍然是一个猜想，尚需要证明。

上述发现公式（3）的过程，基本上是按照欧拉关于这个问题的一篇论文叙述的。欧拉在这篇论文中没有给出公式的证明。在另一篇论文中，欧拉试图给出证明，但证明中有一个很大的漏洞。

下面介绍波利亚的书中给出的与前面的讨论很接近的一个证明。

注意到，将一个多面体连续地变形（例如使多面体变得更倾斜）时，多面体各面的交线（即棱）和各面的交点（即顶点）的位置也会连续地变化，但多面体的总体结构，即多面体的面、棱和顶点之间的相互关系不会改变，于是面数 F，棱数 E 及顶点数 F 也不会改变。虽然各个面角可能会改变，但前面已经证明 $\sum \alpha = 2\pi(E-F)$，即面角和 $\sum \alpha$ 是不会改变的。下面将多面体连续地变形到一个非常极端的情形来计算 $\sum \alpha$（我们对一般情形的多面体来证明，但我们心中可以具体想着一个立方体）。

　　以多面体的一个面为底，将其适当扩大，扩大到使其余 $F-1$ 个面向底面的正投影全都落在该底面内，然后将该多面体垂直压向底面。于是多面体被"压平"为两个重叠在一起的多边形。上下两块的外轮廓线互相重合。下面一块是整块（即底面），上面一块分成 $F-1$ 个多边形，每个小多边形都是原来多面体的一个面。例如以立方体的一个面 $ABCD$ 为底面，压平后的图形如图 10。

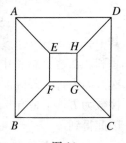

图 10

　　现在来计算压平后的多面体的面角和 $\sum \alpha$。设上下两块共同的轮廓线的边数为 m。于是下面一块（底面多边形）的面角和为 $(m-2)\pi$。上面一块的面角和分为两部分，在边上 m 个顶点处的面角和为 $(m-2)\pi$，在内部 $(V-m)$ 个顶点处的面角和为 $(V-m)2\pi$。于是

$$\sum \alpha = (m-2)\pi + (m-2)\pi + (V-m)2\pi$$
$$= 2V\pi - 4\pi.$$

这就证明了前面的猜想（1）。再由前面已经得到的 $\sum \alpha = 2\pi(E-F)$，也就证明了猜想（3）

$$V - E + F = 2.$$

参考文献

［1］波利亚. 数学的发现，第 2 卷. 刘远图，秦璋译. 科学出版社，1987，556-566.

303

四、数学科普

■欧拉是怎样解决七桥问题的 [*]

关于"七座桥的故事"现在差不多连小学生都已经知道，对于一个图能不能一笔画出，更是几乎成为"常识"了。但你知道当初欧拉是如何解决七桥问题的吗？

普鲁士的哥尼斯堡镇有一个岛叫奈发夫，普雷格尔河的两支绕流其旁（如图所示），七座桥横跨这两条支流，问能不能设计一条散步的路线，使得每座桥恰好走过一次。这就是著名的"哥尼斯堡七桥问题"。

王敬庚数学教育文选

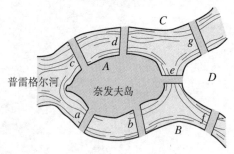

欧拉知道这个问题以后，并没有像人们通常所做的那样，把所有可能的走法列出来，逐一进行检查，他认为"这种解法太乏味而且太困难了，因为可能的组合的数目太大，而对于别的桥数更多的问题，它根本就不能用。"

欧拉的注意力并没有被"七座桥"这个具体问题所限制，而是给自己提出了一个非常一般的问题："给定任意一个河道图与任意多座桥，要判断可能不可能每座桥恰好走

---

* 本文原载于《中学生数学》，2002，（10 上）：36-37.

一次。"

　　欧拉致力于寻找解决上述一般问题的方法。

　　首先要将上述关于过桥的实际问题变成数学问题，即把实际问题抽象化和数学化，构建一个数学模型。欧拉设法"以适当的并且简易的方式把过桥记录下来"。他用大写字母 A，B，C，D…表示被河分割开的各块陆地。当一个人从 A 地过桥 a 或 b 到 B 地时，把这次过桥记为 AB，第一个字母 A 表示他来的地方，第二个字母 B 表示他过桥后所到的地方。如果步行者接着又从 B 过桥 f 到 D，这次过桥记作 BD，这接连的两次过桥 AB 和 BD，就用三个字母 ABD 来记录，中间的字母既表示第一次过桥进入的地方，又表示第二次过桥离开的地方。类似地，接连过三座桥用四个字母 $ABDC$ 来记录，表示步行者从 A 出发过桥到 B，再过桥到 D，最后过桥到 C。过四座桥则用五个字母来表示。一般地，"步行者过任意多座桥，表示他的路线的字母个数比桥数多一"。例如过七座桥则要用八个字母。

　　如果有一条路线能走遍哥尼斯堡的七座桥，且每桥恰走一次，那么就能用八个字母来表示这条路线，而且在这个字母串里，AB（或 BA）这个组合要出现两次，因为 A，B 间有两座桥，同样，AC 这个组合也要出现两次，而 AD，BD，CD 这些组合要各出现一次。于是，上述七桥问题转化为如下数学问题：怎样能用四个字母 A，B，C，D 排成八个字母的串，使得前面所列各种组合恰好出现所需要的次数。

　　欧拉并没有立即去寻求符合上述要求的排法，而是努力去"寻找一个法则，对于这个问题或所有类似的问题，用这个法则能简易地判断所要求的字母排法是不是行得通。"

　　欧拉通过观察和归纳，得到了某个字母在字母串中出现的次数与通往该字母所代表的地区的桥数之间的关系。他分别对通往一个地区的桥数是奇数和偶数两种情形寻找规律。

对于一个地区 A，如果只有一座桥通过 A，那么当步行者走过这座桥时，必定是过桥前在 A，或者过桥后到 A，所以在记录过桥路线的字母串中，字母 A 一定只出现一次。如果有三座桥通到 A，那么当步行者走过这三座桥各一次时，不管他是否从 A 出发，字母 A 将在表示他的路线的字母串中出现两次。如果有五座桥通过 A，那么在表示路线的字母串中，字母 A 将出现三次。一般地，如果通往 A 的桥数是奇数，那么桥数加一再取其半，恰好是字母 A 在字母串中应该出现的次数。

于是对于七桥问题，在表示过七座桥各一次的路线的八个字母的串中，字母 A 应该出现 3 次（因为有 5 座桥通往 A），B，C，D 应各出现 2 次（因为各有 3 座桥通往 B，C，D），而这是不可能的。这样就得到：七座桥各走一次的散步路线是不存在的。

当通往 A 的桥数是偶数时，必须考虑散步的路线是否从 A 开始。如果有两座桥通过 A 而且路线从 A 开始，那么字母 A 要出现两次，第一次表示从 A 出发过一座桥，第二次表示从另一座桥回到 A。然而，如果路线从另一地区开始，则字母 A 将只出现一次，这是因为按记录方法规定，这个 A 既表示进入 A 又表示离开 A。同样，若有四座桥通过 A，而且路线从 A 开始，则字母 A 在字母串中将出现三次，若不是从 A 开始，则字母 A 只出现两次。一般地，若通往 A 的桥数是偶数，则字母 A 出现的次数，当 A 为起点时等于桥数的一半加一；当 A 不是起点时等于桥数的一半。

综上，欧拉根据由通往各地区的桥数计算相应字母在表示整个路线的字母串中出现的次数的方法，得到如下判

别法则：当桥数是奇数时，加一取其半，当桥数是偶数时就取其半，如果所得各数之和等于实有桥数加一，则各桥恰走一次的散步可以实现；若和数大于实有桥数加一，则这种散步路线不存在；若和数等于实有桥数，则这种散步也能实现，因为这时出发地通偶数座桥，所以和数又该加一。

　　欧拉继续研究，寻求一种更简单得多的判别方法。

　　经过简单的推理欧拉得到：通奇数座桥的地区的个数一定是偶数，即如果有，只可能是两个或四个或六个等等。欧拉应用这个结论将上述判别法则大大简化，得到一个最简单的判别法则：

　　如果只有两个地方通奇数座桥，则可以从这两个地方出发，找出所要求的路线；若通奇数桥的地方不止两个，则满足要求的路线是不存在的；若没有一个地方通奇数座桥，则无论从哪里出发，所要求的路线总能实现。

　　这样，只要数一数通奇数座桥的地区的个数，就能判别每桥恰走一次的路线是否存在，多么简单易行的法则！这个结果真是太漂亮了。

　　最后，如果所要求的散步路线存在，欧拉还指出了具体的画法。

　　1736年欧拉就七桥问题在圣彼得堡科学院作了一个报告，题为《哥尼斯堡的七座桥》[1]。姜伯驹院士在上一世纪60年代为我国青少年朋友撰写的数学科普读物《一笔画和邮递路线问题》中收录了这个报告。本文就是根据欧拉的上述报告编写的。

　　从上述关于欧拉解决七桥问题的全过程的简单介绍中，我们可以具体体会到欧拉在提出问题、分析问题和解决问题中所表现出的非凡的创造性，并可从中领悟到什么是创造性的科学研究工作，以及数学家们是如何进行研究的。

学学欧拉，他是我们大家的老师。

参考文献

［1］欧拉. 哥尼斯堡的七座桥（见姜伯驹著：一笔画和邮递路线问题（附录 2）. 人民教育出版社，1964；或科学出版社，2002）

王敬庚数学教育文选

附录1

○ 王敬庚（赓）简历

1936—12—03	出生于江苏省姜堰市溱潼镇
1942—09～1945—07	江苏省东台县溱潼镇养正小学读小学一～三年级
1945—09～1946—07	江苏省东台县溱潼镇国民小学读小学四年级
1946—09～1948—07	江苏省东台县溱潼镇养正小学读高小五、六年级
1948—09～1949—01	江苏省立泰州中学读初一（第一学期）
1949—02～1951—07	江苏省泰县溱潼中学读初中（第二～六学期）
1951—01—25	加入中国新民主主义青年团，4月25日转正
1951—09～1954—07	江苏省泰州中学读高中
1954—09～1958—07	北京师范大学数学系本科学习
1956—11—27	加入中国共产党，后按时转正
1958—08～1959—08	北京师范大学数学系 1955 级学生年级主任
1959—09～1995—08	北京师范大学数学系几何教研室教师
1971—03～1971—12	山西临汾五七干校劳动
1979—02	北京师范大学数学系讲师
1980—09～1981—01	武汉大学进修
1988—07	北京师范大学数学系副教授
1995—08～	转入数学教育与数学史教研室
1996—07—01	教授

1997—03	硕士生导师
1997—04	退休
2000—01	《中学生数学》编委
2002—09	河北承德民族师范高等专科学校客座教授

310

附录 2

○ 王敬庚发表的论文和著作目录

—————— 论文目录 ——————

序号 作者 杂志名称. 年份，卷（期）：起页—止页

1. 王敬庚. 一般二次曲线为抛物线时位置的确定. 数学通报，1983，(2)：13-17.

2. 王敬庚. 在中学解析几何教学中注意灌输不变量的思想. 数学通报，1984，(10)：17-18.

3. 王敬庚. Euler 角. 中学生数学，1984，(6)：14，17.

4. 王敬庚. 点集拓扑中有关反例的教学的点滴体会. 教学研究（北京师范大学），1984，(1)：42-45.

5. 王敬庚. 贾绍勤，刘沪. 尽量讲清重要概念产生的背景. 数学通报，1984，(4)：26-28.

6. 王敬庚. 应注意"函数"和"到上函数"的区别. 数学通报，1985，(1)：24-25.

311

7. 王敬庚. 关于曲线族产生曲面的理论证明的一点补充. 数学通报，1985，(11)：16-19.

8. 王敬庚. 解析几何教学中的数学思想初探. 高等数学，1985，1 (1)：34-36.

9. 王敬庚，马谋超. 突变模型在汉字识别上的应用初探. 自然杂志，1985，8 (5)：360-362.

10. 王敬庚. 拓扑，外号叫"橡皮几何学". 数学通报，1986，(1)：33-36.

11. 王敬庚. 试论射影几何对中学几何教学的指导意义. 数学通报，1986，(12)：29-31.

12. 王敬庚. 一个并不成功的数学模型. 教育研究，1986，(9)：78-80.

13. 王敬庚. 从解析几何的产生谈教改的一点想法. 数学通报, 1987, (3)：13-14.

14. 王敬庚. 含一个参数的二元二次方程表示九类不同曲线的例子. 数学通报, 1988, (4)：38-39.

15. 王敬庚. 提出辅助问题, 类比, 猜想, 证明——关于向量外积分配律证明的教学尝试. 数学通报, 1988, (5)：39-41.

16. 王敬庚. 关于仿射变换和二阶曲线的定义. 数学通报, 1988, (7)：28-30.

17. 王敬庚. 一般寓于特殊之中. 中学生数学, 1988, (3)：29-30.

18. 王敬庚. 论反例. 数学通报, 1989, (9)：17-20.

19. 王敬庚. 射影平面的模型和默比乌斯带. 数学通报, 1989, (12)：0-2.

20. 王敬庚. 射影几何课程中的基本数学思想初探. 见赵宏量主编：几何教学探索（I）, 西南师范大学出版社, 1989：128-133.

21. 王敬庚. 试论几何直观教学的作用. 数学通报, 1990, (8)：38-42.

22. 王敬庚. 关于笛沙格定理的附注. 北京师范学院学报（自然科学版）, 1990, 11 (4)：76-79.

23. 王敬庚, 傅若男. 高等师范院校数学系解析几何课程改革. 北京高校教材研究, 1990, (1)：9-12.

24. 王敬庚. 射影几何指导中学解析几何教学举例. 数学通报, 1991, (4)：37-39.

25. 王敬庚. 笛卡儿写书为何故意让人难懂. 中学生数学, 1991, (4)：7.

26. 王敬庚. 试论坐标变换在解析几何中的地位和作用——对中学《解析几何》课本的一点意见. 数学通报,

王敬庚数学教育文选

1991，(9)：8-10.

27. 王敬庚. 浅谈数学课程函授中的集中面授教学. 北京成人教育研究，1991, 6 (2)：26-29.

28. 王敬庚. 关于单纯逼近的定义与 Croom 商榷. 北京师范大学学报（自然科学版），1991, 27 (3)：257-261.

29. 王敬庚. 关于一道成人高考试题的思考——兼谈解题教学. 数学通报，1992，(2)：25-27.

30. 王敬庚. 平面解析几何中的基本数学思想初探. 数学通报，1992，(11)：9-11.

31. 王敬庚. 关于解析几何是一个双刃工具的思考. 数学通报，1993，(5)：6-8.

32. 王敬庚. 解析几何中的轮换技巧. 湖南数学通讯，1993，(1) 15-17.

33. 王敬庚. 论几何直观与高师数学教学. 数学教育学报，1993, 2 (1)：75-80.

34. 王敬庚. 重视应用定比分点解题——从 1992 年全国成人高考的一道考题谈起. 湖南数学通讯，1993，(5)：17-19.

35. 王敬庚. 一道代数题的解析几何解法. 中学数学（湖北），1993，(11)：21-22.

36. 王敬庚. 关于提高中学平面解析几何教材思想性的两点建议. 学科教育，1994，(6)：4-6.

37. 王敬庚. 关于分类讨论的教学——以有向线段数量公式的教学为例. 数学通报，1994，(6)：30-33.

38. 王敬庚. 高观点下的解析几何. 数学教育学报，1994, 3 (1)：79-83.

39. 王敬庚. 先猜后证. 中小学数学教学（报），1994-10-12，第 420 期，第 3 版.

40. 王敬庚.《中学平面解析几何教学研究》：一门应用高等

数学观点的新课程. 数学教育学报，1995，4（增刊）：1-4.

41. 王敬庚. 努力挖掘定理证明中具有普遍意义的方法. 河北理科教学研究，1995，（2）：35-37.

42. 王敬庚. 关于在数学教学中强调通法的思考. 数学通报，1995，（5）：13-15.

43. 王敬庚. 关于重视几何直观分析的思考. 数学通报，1995，（12）：23-25.

44. 王敬庚. 先猜后证——证明定值问题的常用方法. 数学通报，1996，（2）：6-9.

45. 王敬庚. 对称地处理具有对称性的问题. 数学教学，1996，（6）：32-34.

46. 王敬庚. 采用齐次向量建立二维射影坐标系. 曲阜师范大学学报，1996，22（1）：83-86.

47. 王敬庚. 小魔术中有学问. 中学生数学，1996，（3）：18-19.

48. 王敬庚. 努力掌握笛卡儿模式. 中学生数学，1997，（3）：20.

49. 王敬庚. 几何中的变换思想. 数学通报，1999，（12）：24-25.

50. 王敬庚. 用纸折椭圆、双曲线和抛物线. 中学生数学，2000，（4 上）：18.

51. 王敬庚. 美国火星探测器失踪之谜. 中学生数学，2000，（4 下）：20.

52. 王敬庚. 奇妙的 9. 中学生数学，2000，（8 上）：21.

53. 王敬庚. 奇妙的默比乌斯带. 中学生数学，2000，（11 上）：21.

54. 王敬庚. 高师开设《直观拓扑》的尝试. 数学教育学报，2001，10（1）：101-102.

55. 王敬庚. 波利亚教我们怎样解题. 中学生数学, 2001, (1 上): 20; 初中生学习（中文读写）, 2004, (Z2).

56. 王敬庚. 无穷集合趣谈. 中学生数学, 2001, (5 上): 28.

57. 王敬庚. 有关希尔伯特青年时期的两个小故事. 中学生数学, 2001, (8 上): 26-27.

58. 王敬庚. 希尔伯特和闵可夫斯基友谊二三事. 中学生数学, 2001, (10 上): 23-24.

59. 王敬庚. 从一个线绳魔术谈纽结. 科学, 2002, 54 (5): 50-51.

60. 王敬庚. 漫话纽结、链环及其数学. 科学, 2002, 54 (6): 52-55.

61. 王敬庚. 欧拉是怎样发现公式 $V-E+F=2$ 的. 中学生数学, 2002, (1 上): 19-21.

62. 王敬庚. 数学帮你识诡辩. 中学生数学, 2002, (2 下): 22.

63. 王敬庚. 小华没有时间上学吗？中学生数学, 2002, (4 下): 20.

64. 王敬庚. 平分火腿三明治. 中学生数学, 2002, (5 上): 29-30.

65. 王敬庚. 平行投影. 中学生数学, 2002, (10 上): 30-31.

66. 王敬庚. 布尔代数与推理. 中学生数学, 2003, (6 上): 28-29.

67. 王敬庚. 王太太握了多少次手. 中学生数学, 2003, (11 上): 31.

68. 王敬庚. 一个填数字游戏. 中学生数学, 2004, (9 下): 16.

69. 王敬庚. 抽屉原理与智力趣题. 中学生数学, 2005, (9

下）：20.

70. 王敬庚. 为什么正多面体只有五种. 中学生数学，
    2005，（9 上）：28-29.

71. 王敬庚. 欧拉是怎样解决七桥问题的. 中学生数学，
    2005，（10 上）：36-37.

72. 王敬庚. 从"秃顶悖论"到模糊数学. 中学生数学，
    2005，（4 下）：16，40.

73. 王敬庚. "标准线段"是奇数条吗？中学生数学，2005，
    （12 上）：29.

74. 王敬庚. "如果一道题不解答两遍就等于没有做
    过"——读《千万别恨数学》. 中学生数学，2006，（1
    上）：34.

75. 王敬庚. 你知道代数与算术的区别吗. 中学生数学，
    2006，（2 下）：15.

76. 王敬庚. 吴文俊的学习方法. 中学生数学，2006，（4
    上）：34-35.

77. 王敬庚. 中国古代数学也是世界数学发展的主流——吴
    文俊对中国数学史研究的贡献. 中学生数学，2006，（8
    上）：33-34.

78. 王敬庚. 一个小魔术：$(13×5)/2＝(13×5)/2＋1$. 中
    学生数学，2006，（8 下）：18.

79. 王敬庚. 猜字谜与解数学题. 中学生数学，2006，（9
    上）：34.

80. 王敬庚. 一则算术幻方. 中学生数学，2006，（11 上）：
    35-36.

81. 王敬庚. 乘式猜数字. 中学生数学，2006，（11 下）：
    34.

82. 王敬庚. 存在性智力趣题与抽屉原理. 湖南教育（数学
    教师），2006，（9）：42-41.

王敬庚数学教育文选

83. 王敬庚. 智力趣题——圆圈填数. 湖南教育（数学教师），2007，（2）：44.

84. 王敬庚. 环面趣谈. 中学生数学，2007，（2 上）：30-31.

85. 王敬庚. 剖分趣题. 中学生数学，2007，（3 上）：33-34.

86. 王敬庚. 三则推理趣题. 中学生数学，2007，（5 下）：17-18.

87. 王敬庚. 等式数字谜. 湖南教育（数学教师），2007，（8）：43.

88. 王敬庚. 张景中的面积方法. 湖南教育（数学教师），2008，（2）：33-34.

89. 王敬庚. 一则障眼法智力题. 中学生数学，2008，（1 下）：17.

90. 王敬庚. 用特殊值法解题是有条件的. 中学生数学，2008，（4 下）：10-11.

317

91. 王敬庚. 一个数字小魔术. 中学生数学，2008，（11 下）：19.

92. 王敬庚. 对"特殊值法"的剖析. 中小学数学（初中版），2010，（12）：5-6，48.

93. 王敬庚. 谈谈我对方程的认识过程. 中小学数学（初中版），2011，（3）：22-33.

———————— 著作和译著目录 ————————

序号　著（译）者　书名　出版社　出版年份

1. 杨大纯主编，陈同鑫，王敬庚等编. 解析几何. 北京师范学院出版社，1987.

2. 杨大纯主编，陈同鑫，王敬庚等编. 解析几何教材辅导. 河北教育出版社，1987.

3. 余玄冰，王敬庚，蒋人璧. 拓扑学. 北京师范大学出版社，1990.

4. 陈绍菱，傅若男，王敬庚. 高等几何. 北京师范大学出版社，1994.

5. 王敬庚. 直观拓扑，第 1 版. 北京师范大学出版社，1995；第 2 版，2001；第 3 版，2010.

6. 王敬庚. 解析几何方法漫谈. 河南科学技术出版社，1997.

7. 王敬庚译. 反演. （台湾）九章出版社，（大陆）开明出版社，1998.

8. 王敬庚译. 依给定的比分割线段. （台湾）九章出版社，（大陆）开明出版社，1998.

9. 王敬庚，傅若男. 空间解析几何，第 1 版. 北京师范大学出版社，1999；第 2 版，2003.

10. 王德谋主编，王敬庚，高素志，罗承忠编. 高等数学基础. 北京师范大学出版社，1999.

11. 王德谋主编，王敬庚，高素志，罗承忠编. 高等数学基础自学辅导. 北京师范大学出版社，2000.

12. 王敬庚. 几何变换漫谈. 湖南教育出版社，2000.

13. 王敬庚参编. 普通高中课程标准实验教科书——数学（必修 2）（A 版）. 人民教育出版社，2004.

14. 高红铸，王敬庚，傅若男. 空间解析几何，第 3 版. 北京师范大学出版社，2007.

15. 王敬赓. 解析几何. 高等教育出版社，2010.

王敬庚数学教育文选

■后　记

　　北京师范大学数学科学学院/系的数学教育研究有着优良的传统，值得梳理、总结和弘扬，其中之一是出版老先生们的数学教育文选。首先应该考虑出版《傅种孙数学教育文集》，由于多种原因，此事一直未列入出版计划。1987年，在上海教育出版社出版了《赵慈庚数学教育文集》，这是数学系教师中出版的第一部文集。魏庚人教授于1950～1958年在北京师范大学数学系初等数学及数学教学法教研室工作，在1955～1958年曾任该教研室主任，后调到陕西师范学院（现称陕西师范大学）先后任数学系主任、名誉系主任，陕西省数学会副理事长、理事长、名誉理事长。1982～1986年担任中国教育学会数学教学研究会首任理事长。为庆祝魏先生90岁寿辰，陕西师范大学数学系张友余老师编辑整理了《魏庚人数学教育文集》于1991年在河南教育出版社出版。

　　2002年，在搜集和整理《北京师范大学数学系史》资料的过程中，我就开始考虑如何系统地搜集和整理北京师范大学数学系的历史资料，在可能的情况下发表或由出版社正式出版。其中之一就是主编并出版傅种孙、钟善基、丁尔陞、曹才翰、孙瑞清老师的数学教育文选。在人民教育出版社的领导和中学数学编辑室的数位编辑，尤其是章建跃编审的大力支持下，这个计划在2005～2006年得以实现。

　　北京师范大学数学科学学院的5部数学教育文选，作为一件拳头产品，无疑，傅种孙老师起着最重要的作用。后4

位老师：钟善基、丁尔陞、曹才翰、孙瑞清老师，以及数学教育教研室的其他老师们，作为一个整体，我们可以欣赏到北京师范大学数学科学学院这个大家庭中从事数学教育研究和教学的老师们：在 20 世纪 20～50 年代，对中学数学教育影响最大的领袖人物，傅种孙老师的教学法研究论文；在 20 世纪后半叶，在教材教法，数学教育这个学科群体中，几位老师各自发挥的重要作用。不夸张地说，他们的研究涵盖了当时数学教育学科的各个主要领域，且处于领先地位。2007 年，由我主编的《中国数学教育的先驱：傅种孙教授诞辰 110 周年纪念文集》在《数学通报》正式出版。

　　另外一件值得指出的是：1958 年 11 月，数学教育教研室的梁绍鸿老师（1917-04-26～1979-07-29）所著《初等数学复习及研究：平面几何》在人民教育出版社出版。该书是国内初等几何方面的一部经典名著，曾作为高等师范院校平面几何课程的通用教材使用，培育了一大批基础扎实的中学数学教师。该书在 1977 年之后曾多次重印，印数达 100 多万册。2008 年 9 月由哈尔滨工业大学出版社再版。这次新版，在原书基础上增补了梁老师生前未曾公开面世的珍贵文稿《朋力点》和他发表在 20 世纪 50 年代《数学通报》上的 3 篇初等几何论文。

　　3 位老师：王敬庚、王申怀、钱珮玲数学教育文选，与上面所提到的后 4 位老师：钟善基、丁尔陞、曹才翰、孙瑞清，教学与研究的经历又有较大的区别。在数学教育研究室工作的教师，研究数学教育是份内的事。在数学院系从事教学的其他教师，应该充分发挥自己的专业特长，除了开展数学科学研究之外，还应该用高观点研究数学教育，这也是份内的事，但可惜这样做的人是不多的。王敬庚老师本科毕业后在几何教研室工作，后转到数学教育与数学

王敬庚数学教育文选

史教研室工作。他在从事几何教学的同时，在用高等数学的观点指导中学数学教学的研究、高等数学教育中思想方法的研究，以及波利亚数学教育思想的传播和研究方面，做出了很好的工作，值得我们高等院校从事数学教学的老师们借鉴或学习。我们每一位从事数学教学的老师，在教学过程中，多动脑，勤动笔，做一位有心人，多发挥一些聪明才智，我们的教学水平，会得到不同程度的提高，学生们也将从教学中受益。

　　该文选的出版得到了人民教育出版社的大力支持，以及章建跃编审和本书责任编辑俞求是先生的热情帮助，在此表示衷心的感谢。

主编　李仲来
2011 年 05 月 04 日

321

后

记